电子技能实训

（第2版）

主　编　刘科建　李志江
副主编　石　鑫

北京理工大学出版社
BEIJING INSTITUTE OF TECHNOLOGY PRESS

图书在版编目（CIP）数据

电子技能实训/刘科建，李志江主编. —2版. —北京：北京理工大学出版社，2023.7重印

ISBN 978-7-5682-7779-2

Ⅰ.①电…　Ⅱ.①刘… ②李…　Ⅲ.①电子技术　Ⅳ.①TN

中国版本图书馆CIP数据核字（2019）第240598号

出版发行 / 北京理工大学出版社有限责任公司
社　　址 / 北京市海淀区中关村南大街 5 号
邮　　编 / 100081
电　　话 / （010）68914775（总编室）
（010）82562903（教材售后服务热线）
（010）68944723（其他图书服务热线）
网　　址 / http：//www.bitpress.com.cn
经　　销 / 全国各地新华书店
印　　刷 / 定州市新华印刷有限公司
开　　本 / 787 毫米 ×1092 毫米　1/16
印　　张 / 13
字　　数 / 302 千字
版　　次 / 2023 年 7 月第 2 版第 5 次印刷
定　　价 / 37.00 元

责任编辑 / 陈莉华
文案编辑 / 陈莉华
责任校对 / 周瑞红
责任印制 / 边心超

前言

FOREWORD

“电子技能实训”是中等职业学校机电类专业的一门技能实训课程。党的二十大报告提出“深入实施科教兴国战略、人才强国战略、创新驱动发展战略，开辟发展新领域新赛道，不断塑造发展新动能新优势。”基于此，教材中融入思政内容，聚焦于培育创新文化，弘扬科学家精神，涵养优良学风，营造创新氛围。

党的二十大报告中强调：“加快发展数字经济，促进数字经济和实体经济深度融合，打造具有国际竞争力的数字产业集群。”数字技术是方向，电子技能实训是数字技术基础技能之一，本课程的任务是：使学生掌握电子信息类、电气电力类等专业必备的电子技术基础知识和基本技能，具备分析和解决生产生活中一般电子问题的能力，具备学习后续电类专业技能课程的能力；对学生进行职业意识培养和职业道德教育，提高学生的综合素质与职业能力，在教学中落实党的二十大关于培养德智体美劳全面发展的社会主义建设者和接班人的要求。

使学生初步具备查阅电子元器件手册并合理选用元器件的能力；会使用常用电子仪器仪表；了解电子技术基本单元电路的组成、工作原理及典型应用；初步具备识读电路图、简单电路印制板和分析常见电子电路的能力；具备制作和调试常用电子电路及排除简单故障的能力；掌握电子技能实训，安全操作规范。

按照教学计划，本教材建议教学总课时为56课时（2周），各校可根据教学实际灵活安排。确定内容为三个篇章：入门篇　元器件识别、焊接练习及电子仪器的使用，提升篇　D/A 基本功能电路的制作、调试与检测和综合篇　电子 DIY 套件的制作与调试。每个篇章由 2~3 个项目组成，主要为了提高学生的学习积极性，提高学生电子技能学习的综合能力。

本教材由江苏省技师学院刘科建、李志江任主编，江苏航空职业技术学院石鑫任副主编，嘉善中专吴越、徐州技师学院刘瑜及宿迁经贸高等职业技术学校王程瑜为本书的编写提供了大量的帮助。编者在本书编写过程中参考了大量的资料，并引用了其中的一些内容，不能一一列举，在此向有关作者表示诚挚的感谢！

由于编者水平有限，书中难免存在不妥之处，恳请使用本书的师生批评指正，以期不断提高。

编　者

CONTENTS

入门篇
元器件识别、焊接练习及电子仪器的使用

提升篇
D/A 基本功能电路的制作、调试与检测

综合篇（选学）
电子 DIY 套件的制作与调试

入 门 篇

元器件识别、焊接练习及电子仪器的使用

项目一

常用电子元器件的识别与检测

大国重器·布局海洋

项目简介

本项目介绍了常用电子元器件的识别与检测的相关内容。通过对常用电子元器件电阻、电容、电感的学习，掌握电阻、电容、电感的识别与检测的方法；对常用电子元器件二极管、三极管的学习，掌握二极管及三极管的引脚识别、主要功能及测量方法等；对常用电子元器件集成芯片的学习，掌握集成芯片的引脚识别、主要功能及测量方法等。通过对上述常用电子元器件的识别与检测，掌握元器件的识别方法、万用表检测元器件的一般方法和元器件主要功能的分析能力。培养学生严谨认真的科学态度，提升学生的科学素养与人文素养。

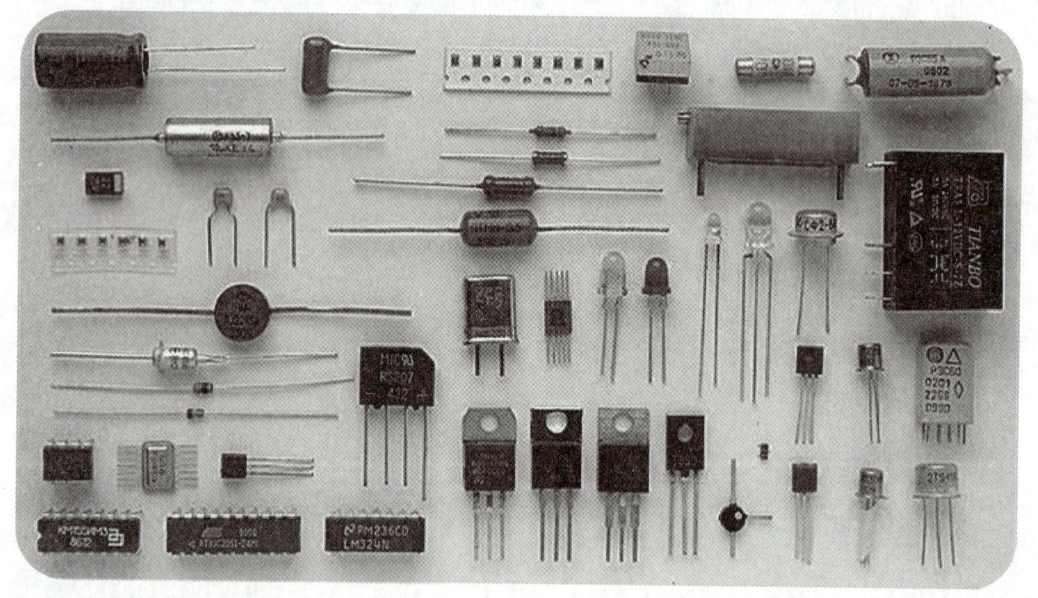

项目实训

任务一　电阻、电容、电感的识别与检测

任务目标

（1）掌握电阻的基础知识以及电阻的识别与检测。

（2）掌握电容充放电的相关知识以及电容的识别与检测。

（3）掌握电感的相关知识以及电感的识别与检测。

情景描述

在我们的生活中，电子元器件几乎无所不在，家用电器、电脑、手机等各种现代化的智能设备上都能看到它们的影子。电子元器件是元件和器件的总称。电子元件是指在工厂生产加工时不改变分子成分的成品。例如电阻器、电容器、电感器等，因为它本身不产生电子，它对电压、电流无控制和变换作用，所以又称为无源器件。电子器件是指在工厂生产加工时改变了分子结构的成品。例如晶体管、电子管、集成电路等，因为它本身能产生电子，对电压、电流有控制、变换作用（放大、开关、整流、检波、振荡和调制等），所以又称为有源器件。

任务准备

一、电阻的基础知识

1．电阻的定义

电阻器在日常生活中一般被直接称为电阻，它是一个限流元件。将电阻接在电路中后，电阻器的阻值是固定的，一般有两个引脚，它可限制通过它所连支路的电流大小。阻值不能改变的称为固定电阻器；阻值可变的称为电位器或可变电阻器。理想的电阻器是线性的，即通过电阻器的瞬时电流与外加瞬时电压成正比。用于分压的可变电阻器，在裸露的电阻体上，紧压着一至两个可移金属触点，触点位置确定电阻体任一端与触点间的阻值。

电阻的端电压与电流有确定函数关系，是体现电能转化为其他形式能的二端器件，用字母 R 来表示，单位为欧姆（Ω）。实际器件如灯泡、电热丝、电阻器等均可表示为电阻器元件。

电阻器元件的电阻值大小一般与温度、材料、长度、横截面积有关，衡量电阻受温度影响大小的物理量是温度系数，其定义为温度每升高 1 ℃时电阻值发生变化的百分数。电阻的主要物理特征是变电能为热能，也可说它是一个耗能元件，电流经过它时会产生内能。电阻在电路中通常起分压、分流的作用。对信号来说，交流与直流信号都可以通过电阻。

2．电阻的符号

电阻的符号如图 1-1 所示。

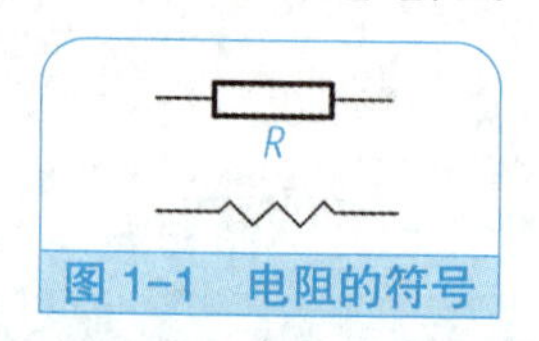

图 1-1 电阻的符号

3．电阻的命名方法

电阻的命名方法见表 1-1。

表 1-1 电阻的命名方法

第一部分		第二部分		第三部分		第四部分
用字母表示主称		用字母表示材料		用数字或字母表示特征		序号
符号	意义	符号	意义	符号	意义	
R	电阻器	T	碳膜	1，2	普通	包括：
RP	电位器	P	金属膜	3	超高频	额定功率
		U	合成膜	4	高阻	阻值
		C	沉积膜	5	高温	允许误差
		H	合成膜	7	精密	精度等级
		I	玻璃釉膜	8	高压	
		J	金属膜	9	特殊	
		Y	氧化膜	G	高功率	
		S	有机实芯	T	可调	
		N	无机实芯			
		X	线绕			
		R	热敏			
		G	光敏			
		M	压敏			

4．电阻的识读

电阻识别

电阻的阻值和允许偏差的标注方法有直标法、色标法和文字符号法。

标称阻值：用数字或色标在电阻器上标识的设计阻值，其单位为欧（Ω）、千欧（kΩ）、兆欧（MΩ）、太欧（TΩ）。

色环法是用色环或色点来表示电阻器的标称阻值、允许误差。色环有四道环（普通电阻）和五道环（精密电阻）两种，如图 1-2 所示。

四环电阻：一环颜色代表十位，二环颜色代表个位，三环颜色代表倍乘数，四环颜色代表误差。

例： 红橙黑金 $=23\times10^{0}=23\ \Omega$（±5%）。

五环电阻：一环颜色代表百位，二环颜色代表十位，三环颜色代表个位，四环颜色代表倍乘数，五环颜色代表误差。

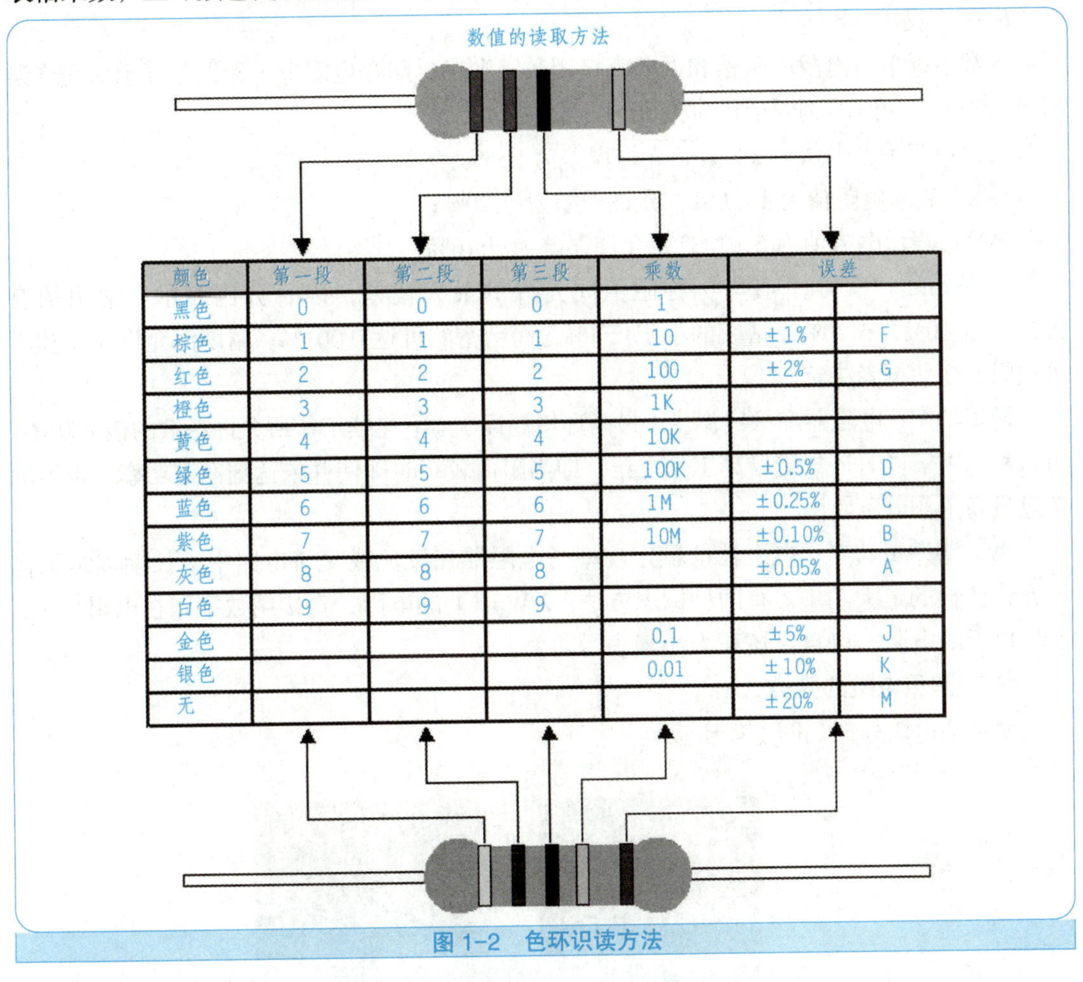

颜色	第一段	第二段	第三段	乘数	误差	
黑色	0	0	0	1		
棕色	1	1	1	10	±1%	F
红色	2	2	2	100	±2%	G
橙色	3	3	3	1K		
黄色	4	4	4	10K		
绿色	5	5	5	100K	±0.5%	D
蓝色	6	6	6	1M	±0.25%	C
紫色	7	7	7	10M	±0.10%	B
灰色	8	8	8		±0.05%	A
白色	9	9	9			
金色				0.1	±5%	J
银色				0.01	±10%	K
无					±20%	M

图 1-2　色环识读方法

例：红蓝绿黑棕 =265×10^0=265 Ω（±1%）。

直标法是指在一些体积较大的电阻器表面，直接用阿拉伯数字和单位符号标注出标称阻值，有的还直接用百分数标出允许偏差。例如，由图 1-3 可以读出电阻值大小为 510 Ω±5%。

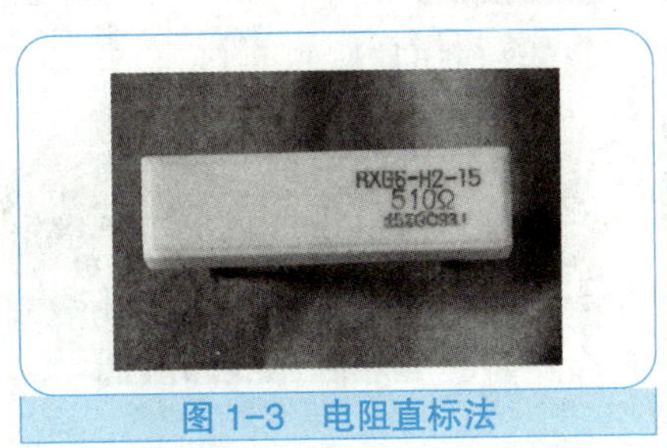

图 1-3　电阻直标法

通过电阻的命名方法还可以知道：

R——电阻的总称；

X——材料为线绕；

G——表示高功率；

6——表示序号。

通常情况下将电阻的阻值和误差直接用数字和字母印在电阻上（无误差标示为允许误差 ± 20%）。也有厂家采用习惯标记法，如：

3Ω3：表示电阻值为 3.3 Ω，允许误差为 ±5%；

1K8：表示电阻值为 1.8 kΩ，允许误差为 ±20%；

5M1：表示电阻值为 5.1 MΩ，允许误差为 ±10%。

允许偏差：实际阻值与标称阻值间允许的最大偏差，以百分比表示。常用的有 ±5%、±10%、±20%，精密的小于 ±1%，高精密的可达 0.001%。精度由允许偏差和不可逆阻值变化两者决定。

额定功率：电阻器在额定温度（最高环境温度）t_R 下连续工作所允许耗散的最大功率。对每种电阻器同时还规定最高工作电压，即当阻值较高时即使并未达到额定功率，也不能超过最高工作电压使用。

电阻器额定功率：电阻器的额定功率指电阻器在直流或交流电路中，长期连续工作所允许消耗的最大功率。有两种标志方法：2 W 以上的电阻，直接用数字印在电阻体上；2 W 以下的电阻，以自身体积大小来表示功率。

5. 常见电阻的分类

常见的电阻外形如图 1-4 所示。

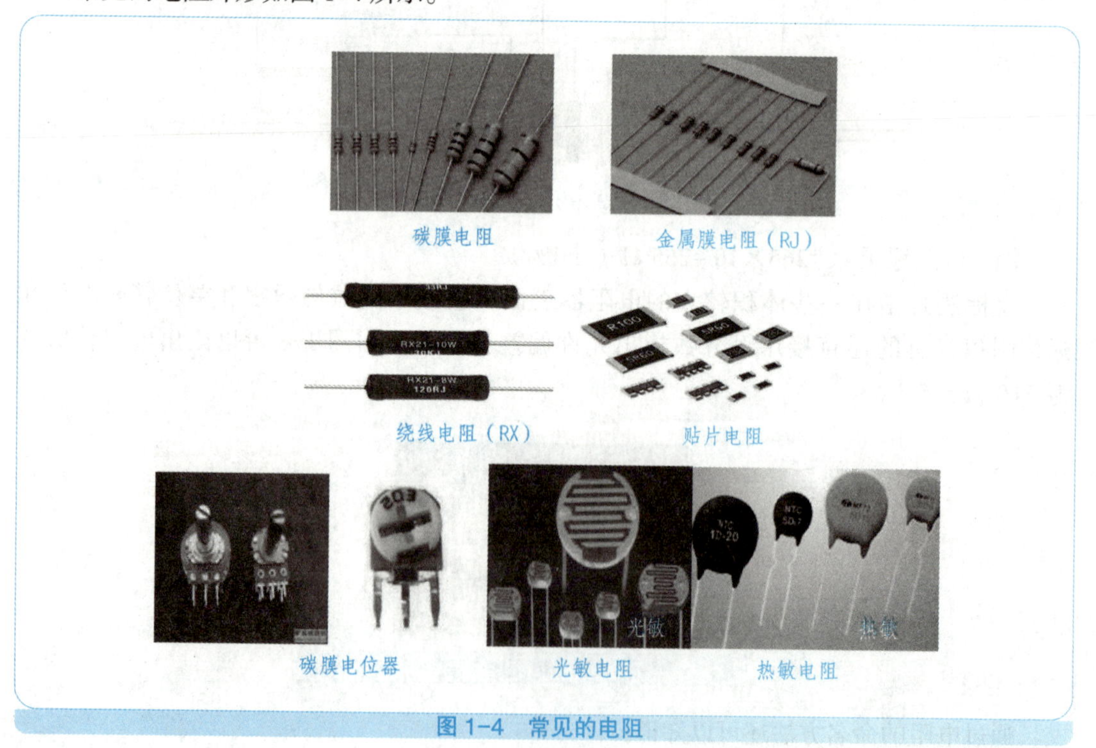

碳膜电阻　金属膜电阻（RJ）

绕线电阻（RX）　贴片电阻

碳膜电位器　光敏电阻　热敏电阻

图 1-4　常见的电阻

6. 万用表测量电阻的步骤

步骤 1
选挡位

把指针打到如图 1-5 所示的挡位（Ω 挡），这是测量电阻用的挡位。

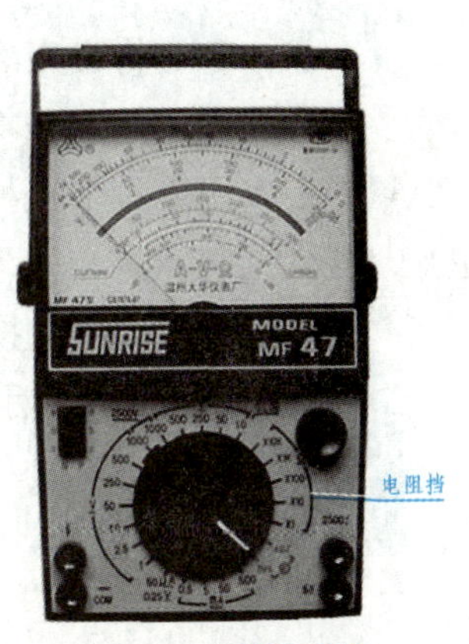

图 1-5　挡位选择

步骤 2
识刻度

电流和电压的读数的起始位置 0 在左边，而电阻挡的起始位置 0 在右边。找到电阻的读数表盘线（见图 1-6 中的刻度线），读数就是从这里开始读的。

图 1-6　认识刻度线

步骤 3
机械调零

万用表玻璃面下方中心有一圆形塑料，可用一字螺丝刀调节，使万用表不使用时指针调至静态零位，这称为机械调零，如图 1-7 所示。

图 1-7　机械调零

步骤 4
欧姆调零

将万用表两个笔头对接，然后看指针是否指向 0 位置。如果不是，万用表有个机械调节的地方，转动它让它归零（如果不能调零说明电池没电了）。每次换挡都要进行欧姆调零，如图 1-8 所示。

图 1-8 欧姆调零

步骤 5
测电阻

如图 1-9 所示，将两个笔头分别置于电阻两端，即可测量读数。这时读出的就是电阻阻值。这种方法不能测量电源电阻。电阻值 = 挡位 × 读数，比如挡位是 100 Ω，读数是 30，那么该电阻值就是 3 kΩ。

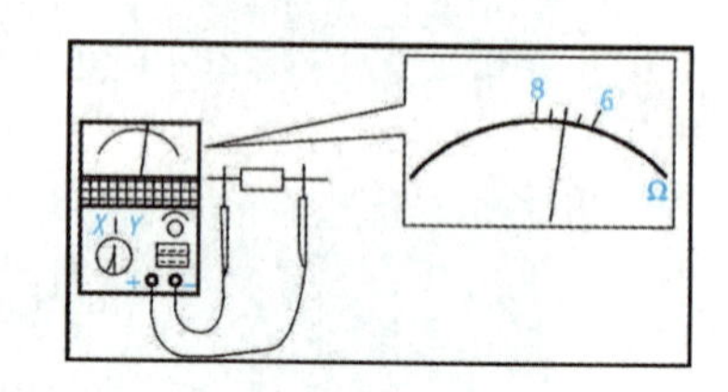

图 1-9 电阻测量

步骤 6
用数字万用表测电阻

用数字式万用表测电阻更简单，只需要将挡位打到欧姆挡即可读数，如图 1-10 所示。

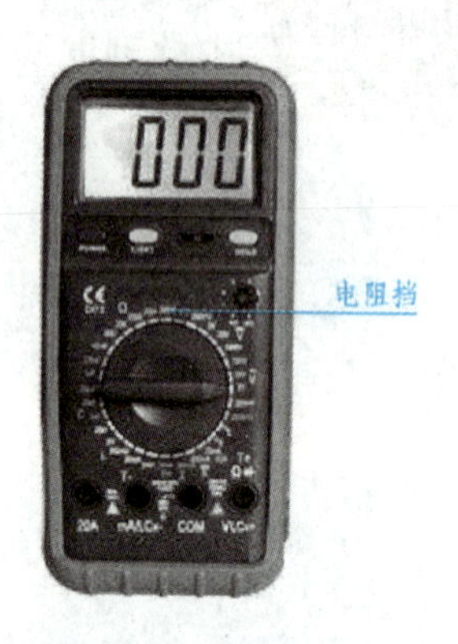

图 1-10 数字万用表

二、电容的基础知识

1. 电容的定义

通常称电容器容纳电荷的本领为电容，用字母 C 表示。

定义 1：电容器，顾名思义，是“装电的容器”，是一种容纳电荷的器件。电容器是电子设备中大量使用的电子元件之一，广泛应用于电路中的隔直通交、耦合、旁路、滤波、调谐回路、能量转换、控制等方面。

定义 2： 电容器，任何两个彼此绝缘且相隔很近的导体（包括导线）间都构成一个电容器。

电容与电容器不同。电容为基本物理量，符号为 C，单位为 F（法拉）。

电容的计算公式为：

$$C=Q/U$$

板间电场强度为：

$$E=U/d$$

电容器电容的决定式为：

$$C=\varepsilon S/(4\pi kd)$$

电容的常用单位有：法（F）、微法（μF）、皮法（pF）。三者的关系为：1 pF=10^{-6} μF=10^{-12} F。通常，容量在微法级的电容器直接在上面标注其容量，如 47 μF，但皮法级的电容用数字标注其容量，如 332 即表明容量为 3 300 pF，即最后一位为十的指数，这和用数字表示电阻值的方法是一样的。

随着电子信息技术的日新月异，数码电子产品的更新换代速度越来越快，以平板电视（LCD 和 PDP）、笔记本电脑、数码相机等产品为主的消费类电子产品产销量持续增长，带动了电容器产业增长。

2. 电容的特点

（1）电容具有充放电特性和阻止直流电流通过、允许交流电流通过的能力。

（2）在充电和放电过程中，两极板上的电荷有积累过程，也即电压有建立过程，因此，电容器上的电压不能突变。

电容器的充电：两板分别带等量异种电荷，每个极板带电量的绝对值叫电容器的带电量。

电容器的放电：电容器两极正负电荷通过导线中和。在放电过程中导线上有短暂的电流产生。

（3）电容器的容抗与频率、容量成反比。即分析容抗大小时就得考虑信号的频率高低、容量大小。

3. 电容的常用符号及命名方法

（1）电容的常用符号如图 1-11 所示。

新国标	旧国标	新国标	旧国标
固定电容器	固定电容器	可调电容器	可调电容器
+ 电解电容器	电解电容器	微调电容器	半可调电容器

图 1-11 电容常用符号

（2）电容器型号的命名方法。例如，某电容器标注为CZD-250-0.47-10%，其含义如下：

4. 常见电容的分类

1）电解电容

电解电容器是目前用得较多的大容量电容器，它体积小、耐压高（一般耐压越高体积也就越大），其介质为正极金属片表面上形成的一层氧化膜，负极为液体、半液体或胶状的电解液。因其有正负极之分，故只能工作在直流状态下，如果极性用反，将使漏电流剧增，在此情况下电容器将会急剧变热而损坏，甚至会引起爆炸。一般厂家会在电容器的表面上标出正极或负极，新买来的电容器引脚长的一端为正极。

2）云母电容

即用云母片做介质的电容器，其高频性能稳定，耐压高（几百伏～几千伏），漏电流小，但容量小，体积大。

3）瓷质电容

瓷质电容采用高介电常数、低损耗的陶瓷材料作介质，其体积小、损耗小、绝缘电阻大、漏电流小、性能稳定，可工作在超高频段，但耐压低，机械强度较差。常见的电容外形及图形符号如图1-12所示。

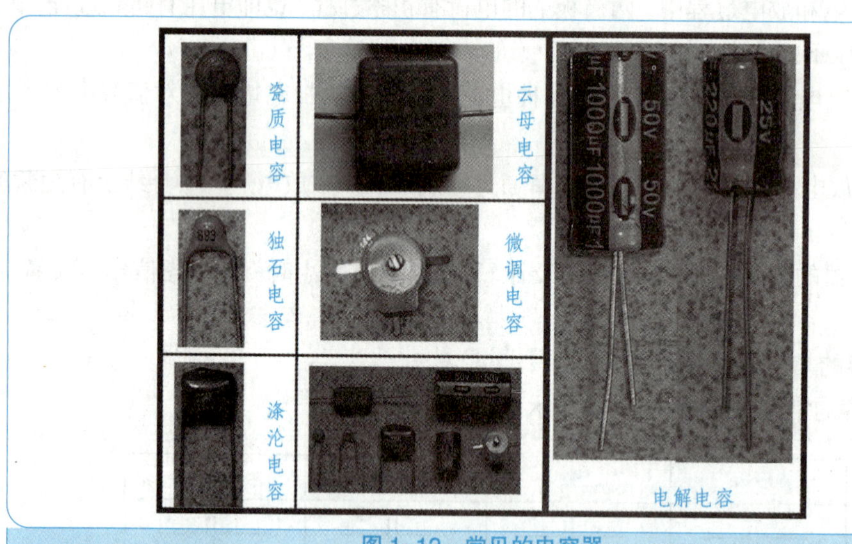

图1-12 常见的电容器

5. 电容的识别

识别方法：电容的识别方法与电阻的识别方法基本相同，分直标法、字母表示法、色标法和数标法4种。

（1）直标法。电容器的直标法与电阻器的直标法一样，在电容器外壳上直接标出标称容量和允许偏差。还有不标单位的情况，当用整数表示时，单位为pF；用小数表示时，单位为μF。

例如：2200 为 2 200 pF，0.056 为 0.056 μF。

（2）字母表示法。字母表示法是国际电工委员会推荐标注的方法，使用的标注字母有 4 个，即 p、n、μ、m，分别表示 pF、nF、μF、mF，用 2 ~ 4 个数字和 1 个字母表示电容量，字母前为容量的整数，字母后为容量的小数，如 1p5、4μ7、3n9 分别表示 1.5 pF、4.7 μF、3.9 nF。

（3）色标法。顺引线方向，第一、二位色环表示电容量的有效数字，第三位色环表示倍数（分别用黑、棕、红、橙、黄、绿、蓝、紫、灰、白表示 10^0、10^1、10^2、10^3、10^4、10^5、10^6、10^7、10^8、10^9），如电容色环为黄、紫、橙则表示 47×10^3 pF=47 000 pF。

（4）数标法：一般用 3 位数字表示容量大小，前两位表示有效数字，第三位数字是倍率。

例如：102 表示 10×10^2 pF=1 000 pF；224 表示 22×10^4 pF=0.22 μF。

6. 电解电容的检测

电容器检测

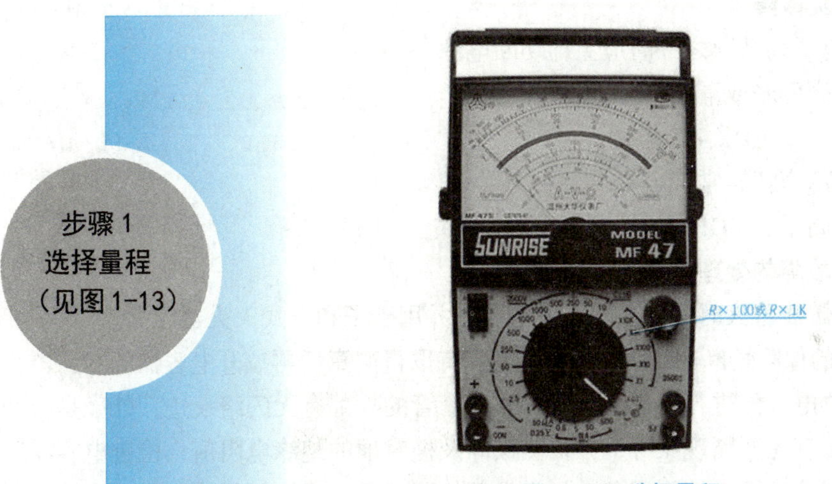

图 1-13 选择量程

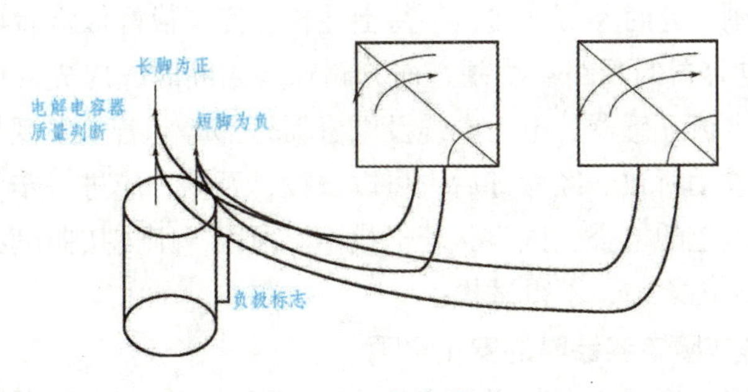

图 1-14 电容检测

用表笔分别接触电容器的两根引线，表针先朝顺时针方向转动，然后又慢慢地向反方

向退回到 $R=\infty$ 的位置（零点位置）。当指针不能回到零点时说明电容器漏电，如果表针距零点位置较远，表示电容器漏电严重，不能使用。

7. 电容使用注意事项

由于电容器的两极具有剩留残余电荷的特点，所以，首先应设法将其电荷放尽，否则容易发生触电事故。处理故障电容器时，首先应拉开电容器组的断路器及其上下隔离开关，如采用熔断器保护，则应先取下熔丝管。此时，电容器组虽已经过放电电阻自行放电，但仍会有部分残余电荷，因此，必须进行人工放电。放电时，要先将接地线的接地端与接地网固定好，再用接地棒多次对电容器放电，直至无火花和放电声为止，最后将接地线固定好。同时，还应注意，电容器如果有内部断线、熔丝熔断或引线接触不良时，其两极间还可能会有残余电荷，而在自动放电或人工放电时，这些残余电荷是不会被放掉的。故运行或检修人员在接触故障电容器前，还应戴好绝缘手套，并用短路线短接故障电容器的两极以使其放电。另外，对采用串联接线方式的电容器还应单独进行放电。

8. 电容常见故障处理

1）电容器的常见故障

当发现电容器有下列情况之一时应立即切断电源。

（1）电容器外壳膨胀或漏油。

（2）套管破裂，发生闪络有火花。

（3）电容器内部声音异常。

（4）外壳温升高于 55 ℃以上时示温片脱落。

2）电容器常见故障的处理方法

（1）当电容器爆炸着火时，应立即断开电源，并用砂子和干式灭火器灭火。

（2）当电容器的保险熔断时，应向调度汇报，待取得同意后再拉开电容器的断路器。切断电源对其进行放电，先进行外部检查，如检查套管的外部有无闪络痕迹，外壳是否变形，漏油及接地装置有无短路现象等，并摇测极间及极对地的绝缘电阻值，检查电容器组接线是否完整、牢固，是否有缺相现象，如未发现故障现象，可换好保险后投入。如送电后保险仍熔断，则应退出故障电容器，而恢复对其余部分送电。如果在保险熔断的同时，断路器也跳闸，此时不可强送，须待上述检查完毕换好保险后再投入。

（3）电容器的断路器跳闸，而分路保险未断时，应先对电容器放电 3 min 后，再检查断路器、电流互感器、电力电缆及电容器外部等。若未发现异常，则可能是由于外部故障母线电压波动所致。经检查后，可以试投；否则，应进一步对保护电路进行全面的通电试验。通过以上的检查、试验，若仍找不出原因，则需按制度办事，对电容器逐渐进行试验。未查明原因之前，不得试投。

3）处理故障电容器时的安全事项

处理故障电容器应在断开电容器的断路器后，拉开断路器两侧的隔离开关，并对电容器组放电后进行。电容器组经放电电阻、放电变压器或放电电压互感器放电之后，由于部分残余电荷一时放不尽，应将其接地端固定好，再用接地棒多次对电容器放电，直至无火花及放电声为止，然后将接地卡子固定好。由于故障电容器可能发生引线接触不良、内部断线或保险熔断等现象，因此仍可能有部分电荷未放出来，所以检修人员在接触故障电容器以前，还应戴上绝缘手套，用短路线将故障电容器的两极短接，单独进行放电。

三、电感的基础知识

1. 电感的定义

电感器（L）有存储电磁能的作用，在电路中表现为阻碍电流的变化。多用漆包线、纱包线绕在铁芯、磁芯上构成，圈与圈之间相互绝缘。

2. 电感器的分类

按外形分：空心线圈与实心线圈。

按工作性质分：高频电感器（各种天线线圈、振荡线圈）和低频电感器（各种扼流圈、滤波线圈等）。

按封装形式分：普通电感器、色环电感器、环氧树脂电感器、贴片电感器等。

按电感量分：固定电感器和可调电感器。

图 1-15 是几种常见的电感。

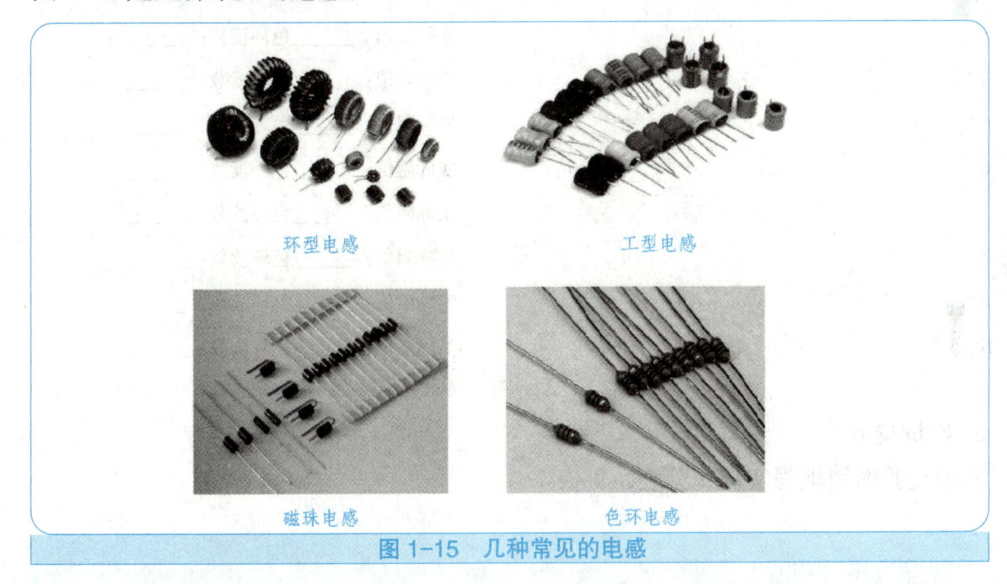

图 1-15 几种常见的电感

3. 电感器的识别

直标法：在采用直标法时，直接将电感量标在电感器外壳上，并同时标上允许偏差。

文字符号法：用文字符号表示电感的标称容量及允许偏差，当其单位为 μH 时用“R”作为电感的文字符号，其他与电阻器的标法相同。

数标法：电感的数码标示法与电阻器一样，前面的两位数为有效数，第三位为倍乘，单位为 μH。

色标法：电感器的色标法多采用色环标志法，色环电感识别方法与电阻相同。通常为四色环，色环电感中前面两条色环代表有效值，第三条色环代表倍乘，第四条色环为偏差。

任务实训

实训一：电阻的识别与检测

1. 设备及工量具

设备及工具：万用表（指针式、数字式）、镊子、螺丝刀。

元器件：碳膜电阻、金属膜电阻、绕线电阻、可调电阻、贴片电阻等。

2. 实训过程

在教师的指导下进行各种类型电阻的识别，并按照上述电阻的测量方法进行电阻的测量，并将识别与测量的内容记录到表 1-2 中。

表 1-2 电阻的识别与检测

步骤	电阻类型	规格	数量	量程选择	测试内容	好坏判断
1					实际阻值：______色环读数：______	
2					实际阻值：______色环读数：______	
3					实际阻值：______色环读数：______	
4					实际阻值：______色环读数：______	
5					实际阻值：______色环读数：______	
6					实际阻值：______色环读数：______	
7					实际阻值：______色环读数：______	
8					实际阻值：______色环读数：______	
9					实际阻值：______色环读数：______	
10					实际阻值：______色环读数：______	

3. 实训交验

实训交验时请填写实训交验表，见表 1-3。

表 1-3 实训交验表

实训名称：		
开工时间：		
竣工时间：		
验收情况：		
5S 管理情况：		
交接时间：		
交接人：	交：	接：
交接情况说明		

4. 实训评定

实训评定时请填写实训内容综合评价表，见表 1-4。

表 1-4 实训内容综合评价表

<table>
<tr><td>实训内容</td><td colspan="2">姓名</td><td>学号</td><td colspan="5">日期 年 月 日</td></tr>
<tr><td rowspan="2">评价指标</td><td colspan="2" rowspan="2">评价要点</td><td rowspan="2">权重/%</td><td colspan="4">等级评定</td></tr>
<tr><td>A</td><td>B</td><td>C</td><td>D</td></tr>
<tr><td rowspan="3">搜集信息</td><td colspan="2">能有效利用网络资源、工作手册查找有效信息</td><td>5</td><td></td><td></td><td></td><td></td></tr>
<tr><td colspan="2">能用自己的语言有条理地去解释、表述所学知识</td><td>5</td><td></td><td></td><td></td><td></td></tr>
<tr><td colspan="2">能对查找到的信息有效转换到任务中</td><td>5</td><td></td><td></td><td></td><td></td></tr>
<tr><td rowspan="2">实训分析</td><td colspan="2">是否熟悉你的实训任务</td><td>5</td><td></td><td></td><td></td><td></td></tr>
<tr><td colspan="2">在工作中，是否获得满足感</td><td>5</td><td></td><td></td><td></td><td></td></tr>
<tr><td rowspan="5">团队协作</td><td colspan="2">与教师、同学之间是否相互尊重、理解、平等</td><td>5</td><td></td><td></td><td></td><td></td></tr>
<tr><td colspan="2">与教师、同学之间是否能够保持多向、丰富、适宜的信息交流</td><td>5</td><td></td><td></td><td></td><td></td></tr>
<tr><td colspan="2">探究学习，自主学习不流于形式，处理好合作学习和独立思考的关系，做到有效学习</td><td>5</td><td></td><td></td><td></td><td></td></tr>
<tr><td colspan="2">能提出有意义的问题或能发表个人见解；能按要求正确操作；能够倾听、协作分享</td><td>5</td><td></td><td></td><td></td><td></td></tr>
<tr><td colspan="2">积极参与，在学习与工作过程中不断学习，使综合运用信息技术的能力提高很大</td><td>5</td><td></td><td></td><td></td><td></td></tr>
<tr><td rowspan="2">学习方法</td><td colspan="2">任务策划、操作技能是否符合规范要求</td><td>5</td><td></td><td></td><td></td><td></td></tr>
<tr><td colspan="2">是否获得了进一步自主学习的能力</td><td>5</td><td></td><td></td><td></td><td></td></tr>
<tr><td rowspan="3">任务实施</td><td colspan="2">遵守管理规程，操作过程符合现场管理要求</td><td>5</td><td></td><td></td><td></td><td></td></tr>
<tr><td colspan="2">平时上课的出勤情况和每天完成工作任务的情况</td><td>5</td><td></td><td></td><td></td><td></td></tr>
<tr><td colspan="2">善于多角度思考问题，能主动发现、提出有价值的问题</td><td>5</td><td></td><td></td><td></td><td></td></tr>
<tr><td>自我评价</td><td colspan="2">是否发现问题、提出问题、分析问题、解决问题</td><td>5</td><td></td><td></td><td></td><td></td></tr>
<tr><td rowspan="4">小组互评</td><td colspan="2">按时按质完成工作任务</td><td>5</td><td></td><td></td><td></td><td></td></tr>
<tr><td colspan="2">较好地掌握了专业知识点</td><td>5</td><td></td><td></td><td></td><td></td></tr>
<tr><td colspan="2">具有较强的信息分析能力和理解能力</td><td>5</td><td></td><td></td><td></td><td></td></tr>
<tr><td colspan="2">具有较为全面严谨的思维能力，并能条理明晰表述成文</td><td>5</td><td></td><td></td><td></td><td></td></tr>
<tr><td colspan="3">评价等级</td><td></td><td></td><td></td><td></td><td></td></tr>
<tr><td>有益的经验和做法</td><td colspan="8"></td></tr>
<tr><td>教师点评</td><td colspan="8">评定人：（签名） 年 月 日</td></tr>
</table>

等级评定：A：很满意　B：比较满意　C：一般　D：有待提高

实训二：电容的识别与检测

1. 设备及工量具

设备及工具：万用表（指针式、数字式）、镊子、螺丝刀。

元器件：电解电容、云母电容、瓷质电容等。

2. 实训过程

在教师的指导下进行各种类型电容的识别，并按照上述的电容测量方法进行电容的测量，并将识别与测量的内容记录到表 1-5 中。

表 1-5 电容的识别与检测

步骤	电容类型	规格	数量	量程选择	测试内容	好坏判断
1						
2						
3						
4						
5						
6						
7						
8						
9						
10						

3. 实训交验

实训交验时请填写实训交验表，见表 1-3。

4. 实训评定

实训评定时请填写实训内容综合评价表，见表 1-4。

实训三：电感的识别与检测

电感测量

1. 设备及工量具

设备及工具：万用表（指针式、数字式）、镊子、螺丝刀。

元器件：环型电感、工型电感、磁珠电感、色环电感等。

2. 实训过程

在教师的指导下进行各种类型电感的识别与检测，并将识别与测量的内容记录到表 1-6 中。

表 1-6 电感的识别与检测

步骤	电感类型	规格	数量	量程选择	测试内容	好坏判断
1						
2						
3						
4						
5						
6						
7						
8						
9						
10						

3. 实训交验

实训交验时请填写实训交验表，见表 1-3。

4. 实训评定

实训评定时请填写实训内容综合评价表，见表 1-4。

任务二　二极管、三极管的识别与检测

任务目标

（1）能掌握二极管的基础知识，尤其是单向导电性，学会二极管的识别与检测方法。

（2）能掌握三极管的相关知识，学会三极管的识别与检测方法。

情景描述

半导体二极管和三极管的出现代表着晶体管时代的到来，晶体管的大量应用使得电子设备的体积大大缩小，速度也越来越快。二极管、三极管在电子技术领域的运用也是极为广泛的，掌握它们的相关基础知识，学会它们的识别与检测将为我们以后的电子技术的学习打下坚实的基础。

任务准备

一、二极管的基础知识

1．二极管的定义

二极管：它是电子元件中，一种具有两个电极的装置，只允许电流由单一方向流过，许多使用中是应用其整流的功能。而变容二极管则用来当作电子式的可调电容器。大部分二极管所具备的电流方向性通常被称为“整流”功能。二极管最普遍的功能就是只允许电流由单一方向通过（称为顺向偏压），反向时阻断（称为逆向偏压）。因此，二极管可以被当成电子板的逆止阀。

早期的真空电子二极管：它是一种能够单向传导电流的电子器件。在半导体二极管内部有一个 PN 结，两个引线端子，这种电子器件按照外加电压的方向，具备单向电流的传导性。一般来讲，晶体二极管是一个由 P 型半导体和 N 型半导体烧结形成的 PN 结界面。在其界面的两侧形成空间电荷层，构成自建电场。当外加电压等于零时，由于 PN 结两边载流子的浓度差引起扩散电流和由自建电场引起的漂移电流相等而处于电平衡状态，这也是常态下的二极管特性。

现今最普遍的二极管大多使用半导体材料，如硅或锗。

2．二极管的特性

1）正向性

外加正向电压时，在正向特性的起始部分，正向电压很小，不足以克服 PN 结内电场的阻挡作用，正向电流几乎为零，这一段称为死区。这个不能使二极管导通的正向电压称为死区电压。当正向电压大于死区电压以后，PN 结内电场被克服，二极管正向导通，电流随电压增大而迅速上升。在正常使用的电流范围内，导通时二极管的端电压几乎维持不变，这个电压称为二极管的正向电压。当二极管两端的正向电压超过一定数值 U_{th}，内电场很快被削弱，特性电流迅速增长，二极管正向导通。U_{th} 叫作门槛电压或阈值电压，硅管约为 0.5 V，锗管约为 0.1 V。硅二极管的正向导通压降为 0.6 ～ 0.8 V，锗二极管的正向导通压降为 0.2 ～ 0.3 V。

2）反向性

外加反向电压不超过一定范围时，通过二极管的电流是少数载流子漂移运动所形成的反向电流。由于反向电流很小，二极管处于截止状态。这个反向电流又称为反向饱和电流或漏电流，二极管的反向饱和电流受温度影响很大。

一般硅管的反向电流比锗管小得多，小功率硅管的反向饱和电流在 nA 数量级，小功率锗管在 μA 数量级。温度升高时，半导体受热激发，少数载流子数目增加，反向饱和电流也随之增加。

3）击穿

外加反向电压超过某一数值时，反向电流会突然增大，这种现象称为电击穿。引起电击穿的临界电压称为二极管反向击穿电压。电击穿时二极管失去单向导电性。如果二极管没有因电击穿而引起过热，则单向导电性不一定会被永久破坏，在撤除外加电压后，其性能仍可恢复，否则二极管就损坏了。因而使用时应避免二极管外加的反向电压过高。

二极管是一种具有单向导电的二端器件，有电子二极管和晶体二极管之分，电子二极管因为灯丝的热损耗，效率比晶体二极管低，所以现已很少见到，比较常见和常用的多是晶体二极管。几乎在所有的电子电路中，都要用到半导体二极管，它在许多的电路中起着重要的作用，它是诞生最早的半导体器件之一，其应用也非常广泛。

二极管的管压降：硅二极管（不发光类型）正向管压降约为 0.7 V，锗二极管正向管压降约为 0.3 V，发光二极管正向管压降会随不同发光颜色而不同，主要有三种颜色，具体压降参考值如下：红色发光二极管的压降为 2.0 ～ 2.2 V，黄色发光二极管的压降为 1.8 ～ 2.0 V，绿色发光二极管的压降为 3.0 ～ 3.2 V，正常发光时的额定电流约为 20 mA。

二极管的电压与电流不是线性关系，所以在将不同的二极管并联的时候要接相适应的电阻。

二极管的主要特性是单向导电性，也就是在正向电压的作用下，导通电阻很小；而在反向电压作用下导通电阻极大或无穷大。正因为二极管具有上述特性，无绳电话机中常把它用在整流、隔离、稳压、极性保护、编码控制、调频调制和静噪等电路中。

口诀：正向导通，反向截止。

3. 二极管的分类

1）整流二极管

整流二极管用于整流电路，把交流电换成脉动的直流电。采用面接触型，结电容较大，故一般工作在 3 kHz 以下。有把 4 个二极管做成桥式整流封装起来使用的，也有专门用于高压、高频整流电路的高压整流堆。

2）稳压二极管

稳压二极管是利用二极管反向击穿时其两端电压基本保持不变的特性制成的。稳压二极管正常工作时要求输入电压应在一定范围内变化，当输入电压超过一定值，使流过稳压管的电流超过其上限值时，将会使稳压管损坏，而当输入电压小于稳压管的稳压范围时，电路将得不到预期的稳定电压。

3）变容二极管

变容二极管一般工作于反偏状态，其势垒电容会随着外加电压的变化而变化，电压变大电容就变小。在高频自动调谐电路中，用电压去控制变容二极管从而控制电路的谐振频率。自动选台的电视机就要用到这种电容。

4）发光二极管

发光二极管能把电能转化为光能，发光二极管正向导通时能发出红、绿、蓝、黄及红外光，可用作指示灯和微光照明；可以用直流、交流（要考虑反向峰值电压是否会超过反向击穿电压）、脉动电流驱动。一般发光二极管的正向电阻较小。常见的二极管符号及外形如图 1-16 所示。

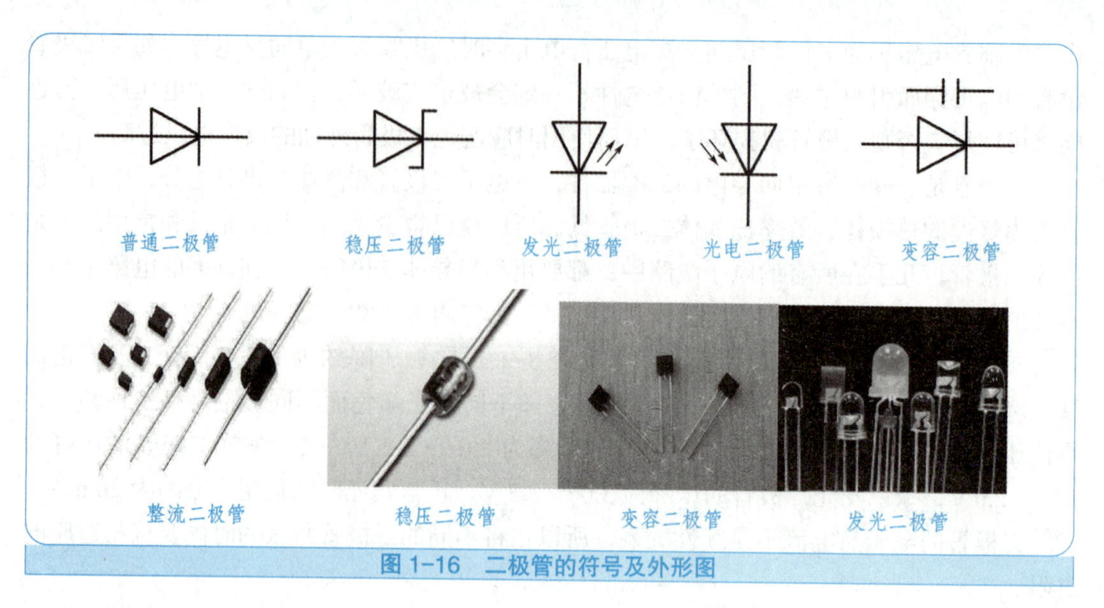

图 1-16　二极管的符号及外形图

4．二极管的识别

二极管的识别很简单，小功率二极管的 N 极（负极）在二极管外表，大多采用一种色圈标出来。有些二极管也用二极管专用符号来表示 P 极（正极）或 N 极（负极），也有采用符号标志“P”“N”来确定二极管极性的。发光二极管的正负极可从引脚长短来识别，长脚为正，短脚为负。如图 1-17 所示。

二极管测试

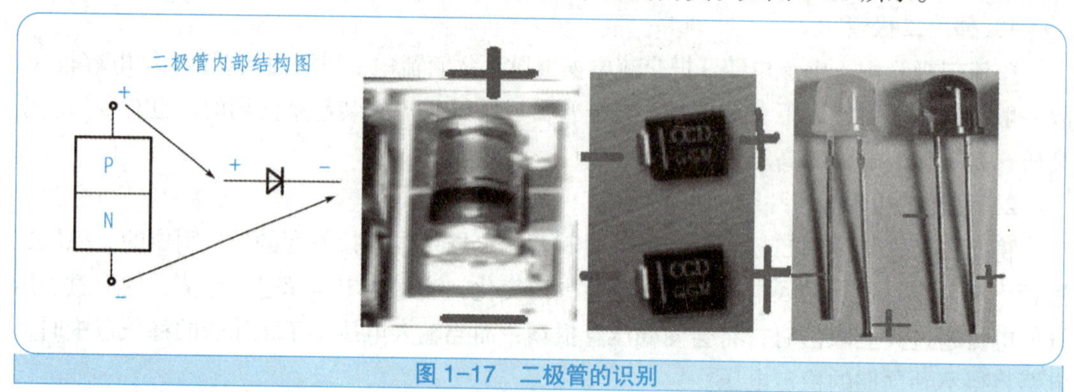

图 1-17　二极管的识别

5．二极管的检测

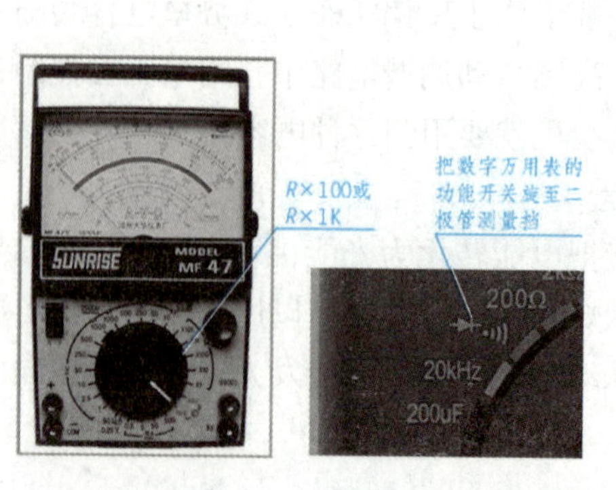

图 1-18　选挡位

步骤 2 二极管极性检测

将两支表笔分别接二极管的两个电极测其电阻值，如图 1-19（a）所示，记下此时的阻值；然后对调两表笔如图 1-19（b）所示，再测一次阻值。在两次测量中，阻值小的那一次，黑表笔所接触的电极是二极管的正极，红表笔所接触的电极是二极管的负极。

把数字万用表的功能开关旋至二极管测量挡，将两表笔分别接在二极管两管脚上，当表头显示为 0.5 ～ 0.7 V 或 0.1 ～ 0.3 V 时，表示 PN 结正偏，显示值为二极管的正向压降，此时红表笔所接的管脚为二极管的正极；当表头显示为溢出符号“1”时，表示 PN 结反偏，应对调表笔重测，如图 1-20 所示。

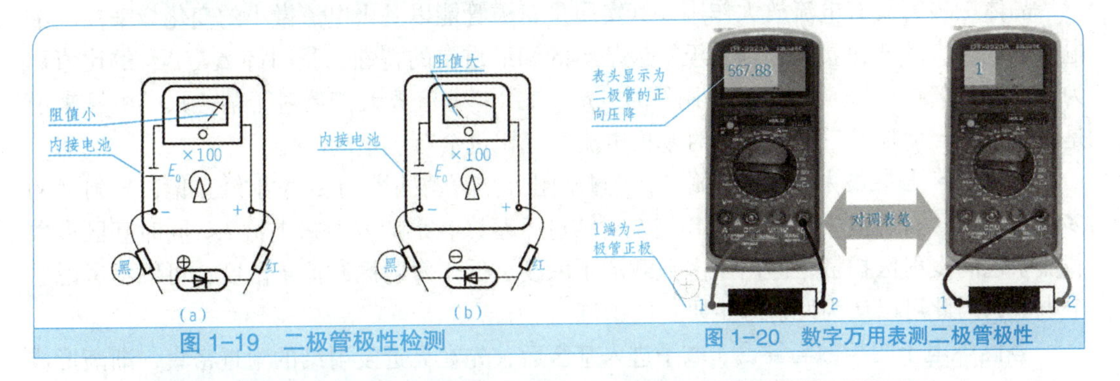

图 1-19　二极管极性检测

图 1-20　数字万用表测二极管极性

步骤 3 二极管好坏的判断

用万用表测二极管的正、反向电阻值时，以其正、反向电阻值的差距来判断它的质量。测出二极管正、反向两个电阻值，阻值相差越大，说明它的单向导电性能越好。

测量时，若测得二极管正、反向电阻近似为 0 Ω，表示管子内部已短路；如果测得其正、反向电阻为无穷大，即表针不动，则表明管子内部已断路；如果其正、反向电阻值比较接近，说明管子损坏或失效。这几种情况都说明二极管已损坏，不能使用。二级管好坏的判断如图 1-21 所示。

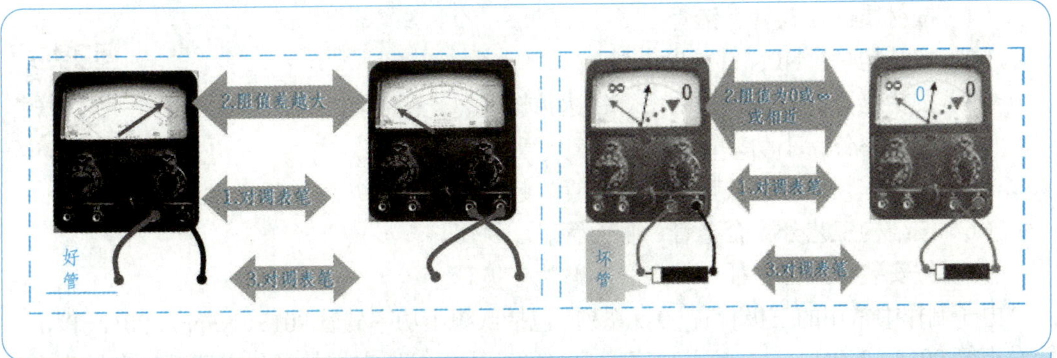

图 1-21　二极管好坏的判断

二、三极管的基础知识

1. 三极管的定义

三极管：全称应为半导体三极管，也称双极型晶体管、晶体三极管，是一种电流控制电流的半导体器件。其作用是把微弱信号放大成幅度值较大的电信号，也用作无触点开关。三极管是半导体基本元器件之一，具有电流放大作用，是电子电路的核心元件。三极管是在一块半导体基片上制作两个相距很近的 PN 结，两个 PN 结把整块半导体分成三部分，中间部分是基区，两侧部分是发射区和集电区，排列方式有 PNP 和 NPN 两种。

2. 三极管的特性

晶体三极管具有电流放大作用，其实质是三极管能以基极电流微小的变化量来控制集电极电流较大的变化量，这是三极管最基本的和最重要的特性。我们将 $\Delta I_c/\Delta I_b$ 的比值称为晶体三极管的电流放大倍数，用符号“β”表示。电流放大倍数对于某一只三极管来说是一个定值，但随着三极管工作时基极电流的变化也会有一定的改变。

发射区向基区发射电子：电源 U_b 经过电阻 R_b 加在发射结上，发射结正偏，发射区的多数载流子（自由电子）不断地越过发射结进入基区，形成发射极电流 I_e。同时基区多数载流子也向发射区扩散，但由于多数载流子浓度远低于发射区载流子浓度，可以不考虑这个电流，因此可以认为发射结主要是电子流。

基区中电子的扩散与复合：电子进入基区后，先在靠近发射结的附近密集，渐渐形成电子浓度差，在浓度差的作用下，促使电子流在基区中向集电结扩散，被集电结电场拉入集电区形成集电极电流 I_c。也有很小一部分电子（因为基区很薄）与基区的空穴复合，扩散的电子流与复合电子流之比例决定了三极管的放大能力。

集电区收集电子：由于集电结外加反向电压很大，这个反向电压产生的电场力将阻止集电区电子向基区扩散，同时将扩散到集电结附近的电子拉入集电区从而形成集电极主电流 I_{cn}。另外，集电区的少数载流子（空穴）也会产生漂移运动，流向基区形成反向饱和电流，用 I_{cbo} 来表示，其数值很小，但对温度却异常敏感。

3. 三极管的分类

（1）按材质分：硅管、锗管。

（2）按结构分：NPN 管、PNP 管。

（3）按功能分：开关管、功率管、达林顿管、光敏管等。

（4）按功率分：小功率管、中功率管、大功率管。

（5）按工作频率分：低频管、高频管、超频管。

（6）按结构工艺分：合金管、平面管。

（7）按安装方式分：插件三极管、贴片三极管。

三极管测试题

电子制作中常用的三极管有 90xx 系列，包括低频小功率硅管 9013（NPN）、9012（PNP），低噪声管 9014（NPN），高频小功率管 9018（NPN）等。它们的型号一般都标在塑壳上，而样子都一样，都是 TO—92 标准封装。在老式的电子产品中还能见 3DG6（低频小功率硅管）、3AX31（低频小功率锗管）等，它们的型号也都印在金属的外壳上。我国生产的晶体管有一套命名规则，电子工程技术人员和电子爱好者应该都了解三极管符号的含义。符号的第一部分“3”表示三极管。符号的第二部分表示器件的材料和结构：A—PNP 型锗材料；B—NPN 型锗材料；C—PNP 型硅材料；D—NPN 型硅材料。符号的第三部分表示功能：U—光电管；K—开关管；X—低频小功率管；G—高频小功率管；D—低频大功率管；A—高频大功率管。另外，3DI 型为场效应管，BT 打头的表示半导体特殊元件。

常见三极管的符号及外形如图 1-22 所示。

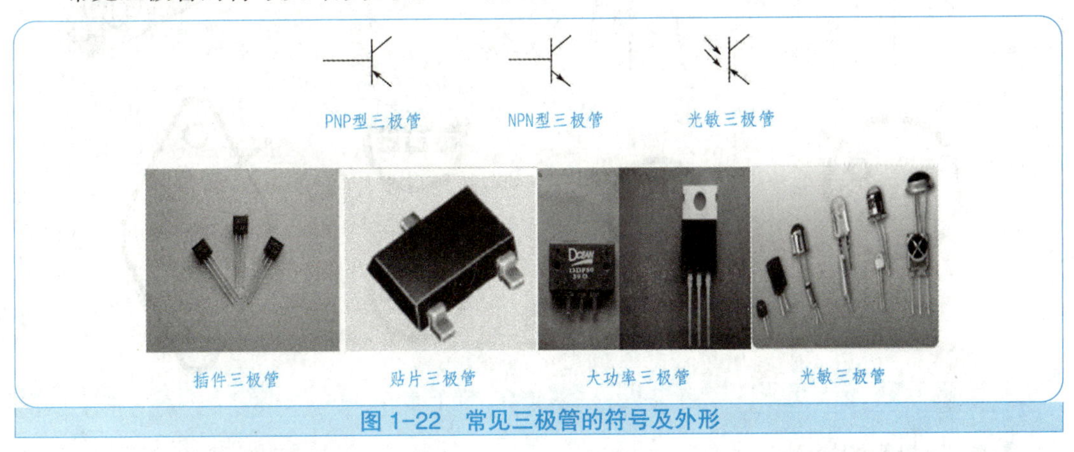

图 1-22 常见三极管的符号及外形

4. 三极管的工作状态

截止状态：当加在三极管发射结的电压小于 PN 结的导通电压，基极电流为零，集电极电流和发射极电流都为零，三极管这时失去了电流放大作用，集电极和发射极之间相当于开关的断开状态。

放大状态：当加在三极管发射结的电压大于 PN 结的导通电压，并处于某一恰当的值时，三极管的发射结正向偏置，集电结反向偏置，这时基极电流对集电极电流起着控制作用，使三极管具有电流放大作用，其电流放大倍数 $\beta = \Delta I_c / \Delta I_b$，这时三极管处于放大状态。

饱和导通状态：当加在三极管发射结的电压大于 PN 结的导通电压，并当基极电流增大到一定程度时，集电极电流不再随着基极电流的增大而增大，而是处于某一定值附近不怎么变化，这时三极管失去电流放大作用，集电极与发射极之间的电压很小，集电极和发射极之间相当于开关的导通状态。

5. 三极管的识别

三极管的管型及管脚的判别是电子技能实训的学生的一项基本功，为了帮助同学们迅速掌握测判方法，我们总结了目测识别方法，如图 1-23 所示。

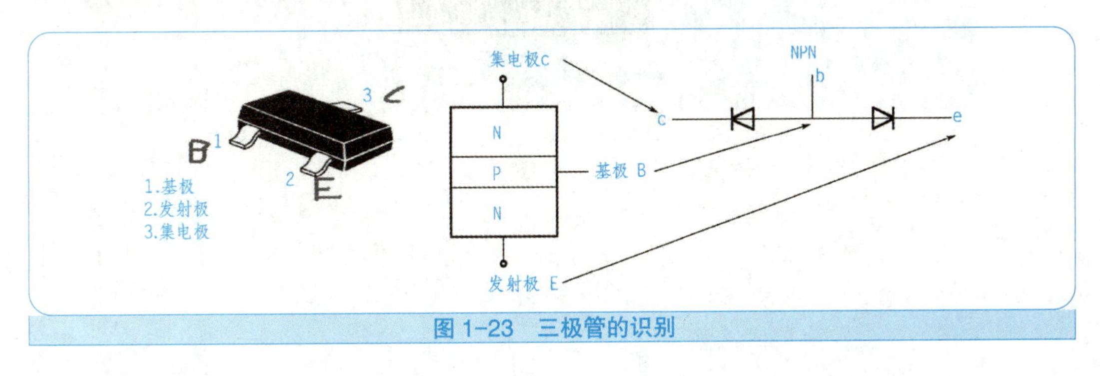

图 1-23 三极管的识别

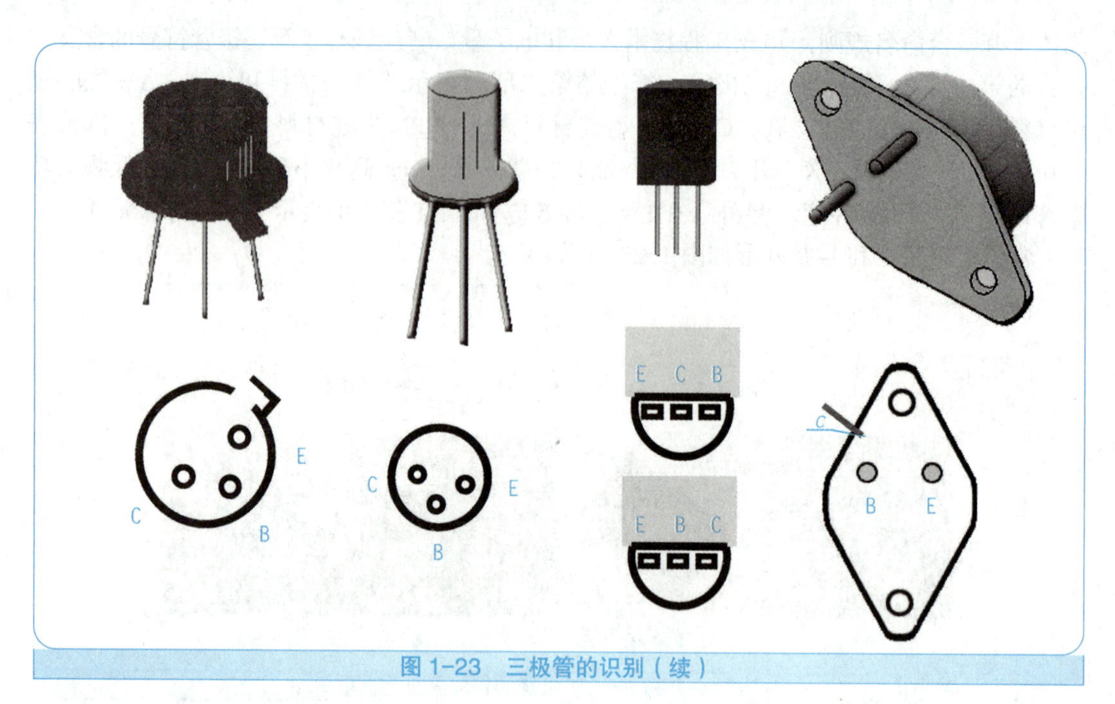

图 1-23 三极管的识别（续）

6. 三极管的检测

口诀：“三颠倒，找基极；PN 结，定管型；顺箭头，偏转大；测不出，动嘴巴。”

步骤 1 选挡位

将万用表旋到“$R\times100$”或“$R\times1K$”的欧姆挡，如图 1-24 所示。

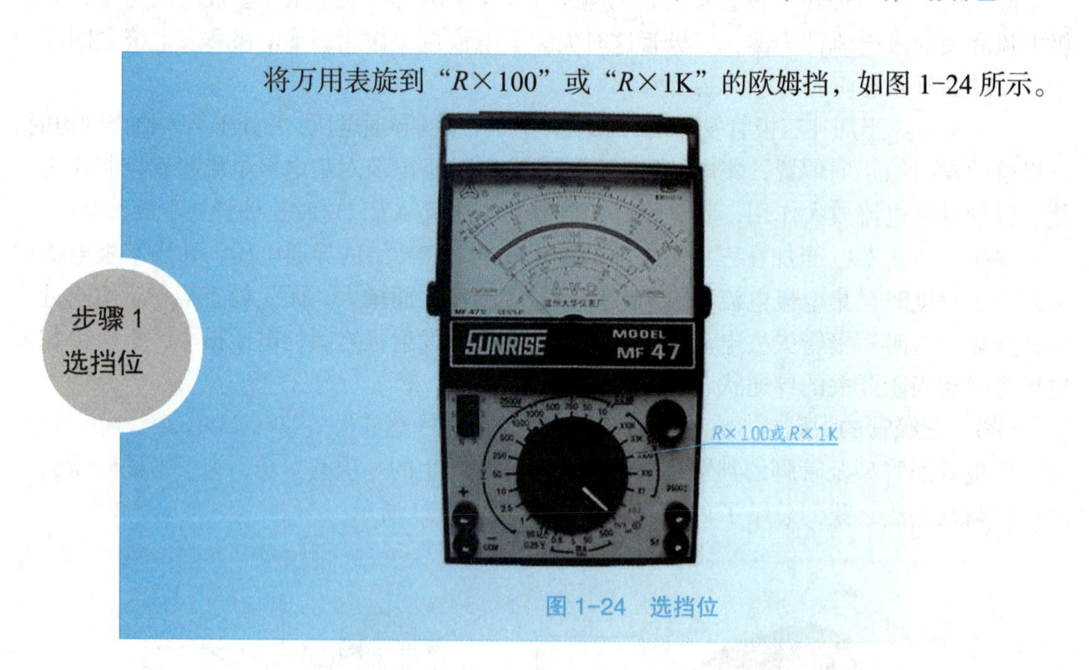

图 1-24 选挡位

步骤 2
三颠倒，找基极（见图 1-25）

大家知道，三极管是含有两个 PN 结的半导体器件。根据两个 PN 结连接方式不同，可以分为 NPN 型和 PNP 型两种不同导电类型的三极管。测试三极管要使用万用电表的欧姆挡，并选择“$R\times100$”或“$R\times1$K”挡位。红表笔所连接的是表内电池的负极，黑表笔则连接着表内电池的正极。

假定我们并不知道被测三极管是 NPN 型还是 PNP 型，也分不清各管脚是什么电极。测试的第一步是判断哪个管脚是基极。这时，我们任取两个电极（如这两个电极为 1、2），用万用电表两支表笔颠倒测量它的正、反向电阻，观察表针的偏转角度；接着，再取 1、3 两个电极和 2、3 两个电极，分别颠倒测量它们的正、反向电阻，观察表针的偏转角度。在这三次颠倒测量中，必然有两次测量结果相近，即颠倒测量中表针一次偏转大，一次偏转小；剩下一次必然是颠倒测量前后指针偏转角度都很大（电阻值小），这一次未测的那只管脚就是我们要寻找的基极。

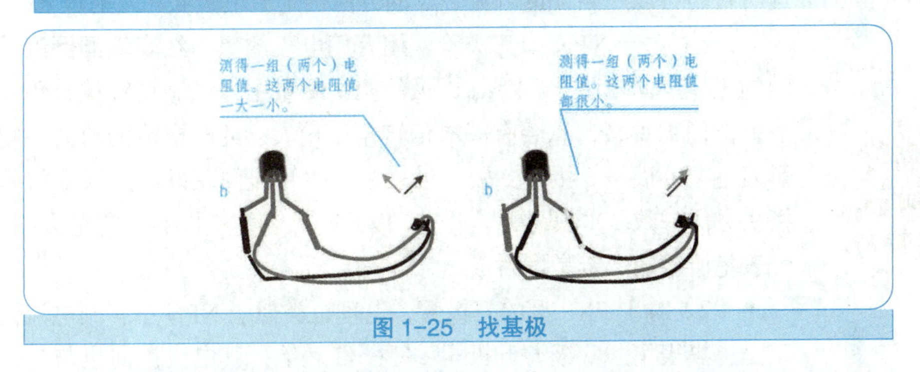

图 1-25 找基极

步骤 3
定管型（见图 1-26）

找出三极管的基极后，我们就可以根据基极与另外两个电极之间 PN 结的方向来确定管子的导电类型。将万用表的黑表笔接触基极，红表笔接触另外两个电极中的任一电极，若表头指针偏转角度很大，则说明被测三极管为 NPN 型管；若表头指针偏转角度很小，则被测管即为 PNP 型管。

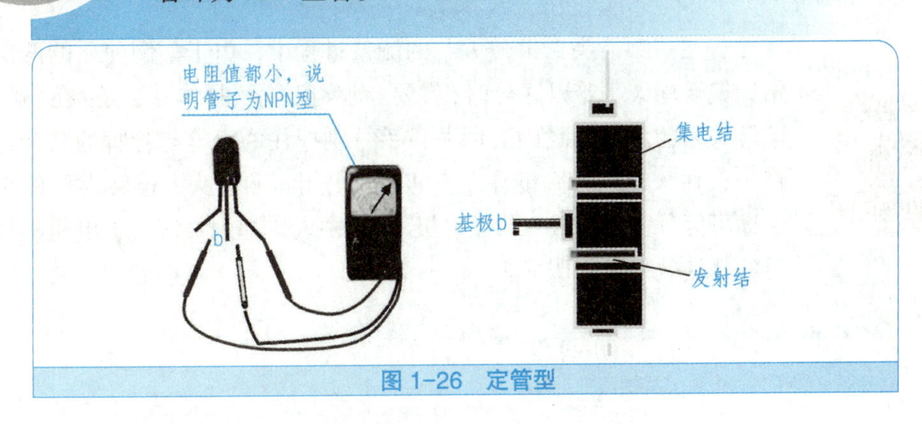

图 1-26 定管型

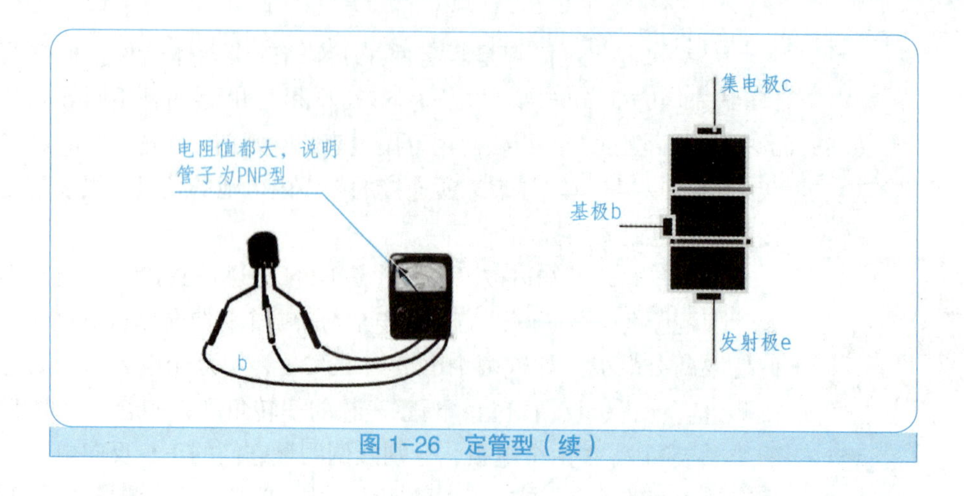

图 1-26　定管型（续）

步骤 4
顺箭头，
偏转大

找出了基极 b，另外两个电极哪个是集电极 c，哪个是发射极 e 呢？这时我们可以用测穿透电流 I_{CEO} 的方法确定集电极 c 和发射极 e。

（1）对于 NPN 型三极管，用万用电表的黑、红表笔颠倒测量两极间的正、反向电阻 R_{ce} 和 R_{ec}，虽然两次测量中万用表指针偏转角度都很小，但仔细观察，总会有一次偏转角度稍大，此时电流的流向一定是：黑表笔→c 极→b 极→e 极→红表笔，电流流向正好与三极管符号中的箭头方向一致（“顺箭头”），所以此时黑表笔所接的一定是集电极 c，红表笔所接的一定是发射极 e。

（2）对于 PNP 型的三极管，道理也类似于 NPN 型，其电流流向一定是：黑表笔→e 极→b 极→c 极→红表笔，其电流流向也与三极管符号中的箭头方向一致，所以此时黑表笔所接的一定是发射极 e，红表笔所接的一定是集电极 c。

步骤 5
测不出，
动嘴巴

若在“顺箭头，偏转大”的测量过程中，由于颠倒前后的两次测量指针偏转均太小难以区分时，就要“动嘴巴”了。具体方法是：在“顺箭头，偏转大”的两次测量中，用两只手分别捏住两表笔与管脚的结合部，用嘴巴含住（或用舌头抵住）基极 b，仍用“顺箭头，偏转大”的判别方法即可区分开集电极 c 与发射极 e。其中人体起到直流偏置电阻的作用，目的是使效果更加明显。

步骤 6 判断好坏（见图 1-27）

对于 NPN 型：让黑表笔接集电极 c，红表笔接发射极 e。若阻值很小，说明穿透电流大，已接近击穿，稳定性差。若阻值为零，说明管子已经击穿。若阻值无穷大，说明管子内部断路。若阻值不稳定或阻值逐渐下降，说明管子噪声大、不稳定，不宜采用。

对于 PNP 型：让红表笔接集电极 c，黑表笔接发射极 e。若阻值很小，说明穿透电流大，已接近击穿，稳定性差。若阻值为零，说明管子已经击穿。若阻值无穷大，说明管子内部断路。若阻值不稳定或阻值逐渐下降，说明管子噪声大、不稳定，不宜采用。

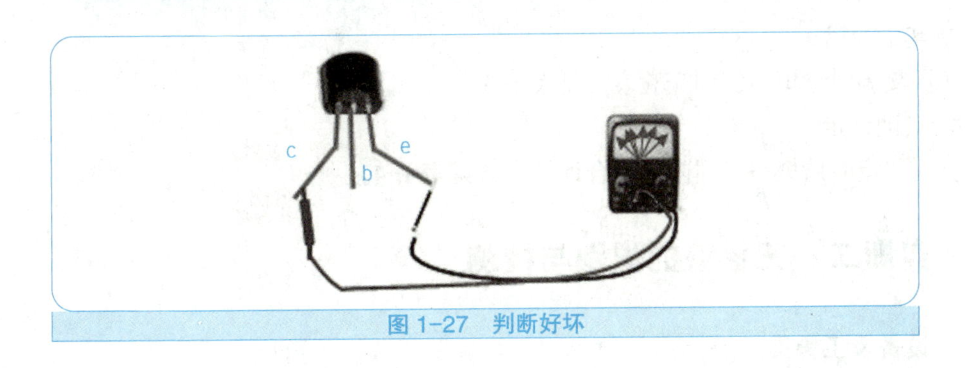

图 1-27　判断好坏

任务实训

实训一：二极管的识别与检测

1. 设备及工量具

设备及工具：万用表（指针式、数字式）、镊子、螺丝刀。

元器件：整流二极管、稳压二极管、变容二极管、发光二极管等。

2. 实训过程

在教师的指导下进行各种类型二极管极性的识别，并按照上述二极管的检测方法使用万用表（指针式、数字式）进行二极管极性及好坏的判断，并将识别与检测的内容记录到表 1-7 中。

表 1-7　二极管的识别与检测

步骤	二极管类型	规格	数量	量程选择	极性检测	好坏判断
1					识别：　万用表：	
2					识别：　万用表：	
3					识别：　万用表：	
4					识别：　万用表：	

续表

步骤	二极管类型	规格	数量	量程选择	极性检测	好坏判断
5					识别：　　万用表：	
6					识别：　　万用表：	
7					识别：　　万用表：	
8					识别：　　万用表：	
9					识别：　　万用表：	
10					识别：　　万用表：	

3. 实训交验

实训交验时请填写实训交验表，见表 1-3。

4. 实训评定

实训评定时请填写实训内容综合评价表，见表 1-4。

实训二：三极管的识别与检测

1. 设备及工量具

设备及工具：万用表（指针式、数字式）、镊子、螺丝刀。

元器件：插件三极管、贴片三极管、大功率三极管、光敏三极管等。

2. 实训过程

在教师的指导下进行各种类型三极管极性的识别，并按照上述三极管的检测方法使用万用表（指针式、数字式）进行三极管极性及好坏的判断，并将识别与检测的内容记录到表 1-8 中。

表 1-8　三极管的识别与检测

步骤	三极管类型	规格	数量	量程选择	极性检测	好坏判断
1					识别：　　万用表：	
2					识别：　　万用表：	
3					识别：　　万用表：	
4					识别：　　万用表：	
5					识别：　　万用表：	
6					识别：　　万用表：	
7					识别：　　万用表：	
8					识别：　　万用表：	
9					识别：　　万用表：	
10					识别：　　万用表：	

3. 实训交验

实训交验时请填写实训交验表，见表 1-3。

4. 实训评定

实训评定时请填写实训内容综合评价表，见表 1-4。

任务三　集成电路的识别与检测

任务目标

（1）能掌握集成电路的定义，了解集成电路的特点，掌握集成电路的类别。

（2）能掌握集成电路识别与检测的方法。

情景描述

集成电路（简称 IC）是 20 世纪 50 年代后期至 60 年代发展起来的一种新型半导体器件。它是经过氧化、光刻、扩散、外延等半导体制造工艺，把构成具有一定功能的电路所需的半导体、电阻、电容等元件及它们之间的连接导线全部集成在一小块硅片上，然后焊接封装在一个管壳内的电子器件。其封装外壳有圆壳式、扁平式或双列直插式等多种形式。集成电路技术包括芯片制造技术与设计技术，主要体现在加工设备、加工工艺、封装测试、批量生产及设计创新的能力上。学会它们的识别与检测将为我们以后的电子技术的学习打下坚实的基础。

任务准备

集成电路的基础知识

1. 集成电路的定义

集成电路是一种微型电子器件或部件。它是采用一定的工艺，把一个电路中所需的晶体管、电阻、电容和电感等元件及布线连接在一起，制作在一小块或几小块半导体晶片或介质基片上，然后封装在一个管壳内，成为具有所需电路功能的微型结构；其中所有元件在结构上已组成一个整体，使电子元件向着微小型化、低功耗、智能化和高可靠性方面迈进了一大步。它在电路中用字母“IC”表示。

2. 集成电路的特点

集成电路具有体积小、质量轻、引出线和焊接点少、寿命长、可靠性高、性能好等优点，同时成本低，便于大规模生产。它不仅在工、民用电子设备如收录机、电视机、计算机等方面得到广泛的应用，同时在军事、通信、遥控等方面也得到广泛的应用。用集成电路来装配电子设备，其装配密度比晶体管可提高几十倍至几千倍，设备的稳定工作时间也可大大提高。

3. 集成电路的分类

1）集成稳压器

集成电路考考你

集成稳压器又叫集成稳压电路，是指将不稳定的直流电压变为稳定的直流电压的集成电路。近年来，集成稳压电源已得到广泛应用，其中小功率的稳压电源以三端式串联型稳压器应用最为普遍。

最简单的集成稳压电源只有输入、输出和公共引出端，故称之为三端集成稳压器，常见的分为 78XX 和 79XX 两大系列。常见稳压器外形及管脚如图 1-28 所示。

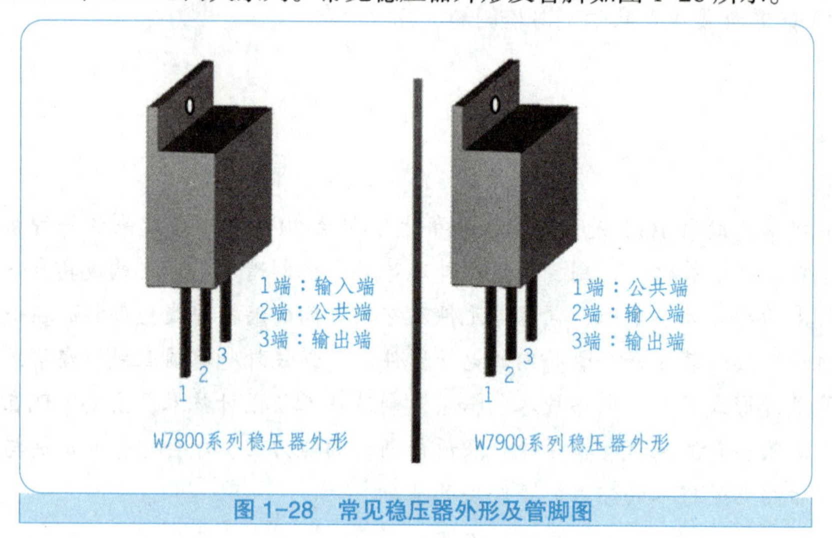

图 1-28 常见稳压器外形及管脚图

（1）78XX 系列集成稳压器。78XX 系列集成稳压器是常用的固定正输出电压的集成稳压器，输出电压有 5 V、6 V、9 V、12 V、15 V、18 V 及 24 V 等规格。其中，XX 表示固定电压输出的数值，如 7805、7806、7809、7812、7815、7818、7824，对应的输出电压分别是 +5 V、+6 V、+9 V、+12 V、+15 V、+18 V、+24 V。

（2）79XX 系列集成稳压器。79XX 系列集成稳压器是常用的固定负输出电压的三端集成稳压器，除输入电压和输出电压均为负值外，其他参数和特点与 78XX 系列集成稳压器相同。

（3）可调集成稳压器。可调集成稳压器是指稳压器的输出电压可以根据电路需要调整，一般可调集成稳压器的输出电压都在一定范围，如 LM317 可调集成稳压器的输出电压为 1.25 ～ 40 V。

2）集成运算放大器

集成运算放大器简称集成运放，是由多级直接耦合放大电路组成的高增益模拟集成电路。集成运算放大器主要由 4 部分组成，即偏置电路、输入级、中间级和输出级。常见集成运算放大器管脚如图 1-29 所示。

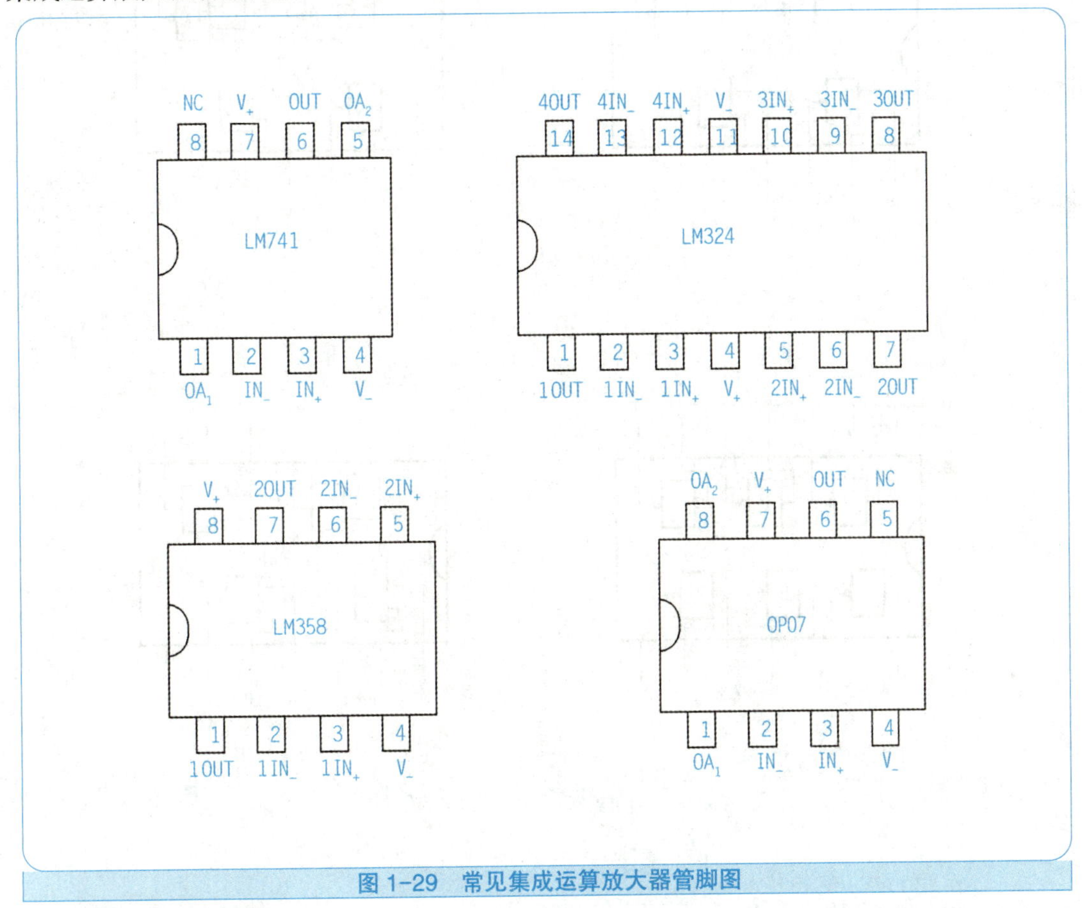

图 1-29 常见集成运算放大器管脚图

3）数字集成电路

数字集成电路（见图 1-30）是将元器件和连线集成于同一半导体芯片上而制成的数字逻辑电路或系统。数字集成电路可以分为组合逻辑电路（也称组合电路）和时序逻辑电路两种。其中，组合逻辑电路包括门电路、编译码器等；时序逻辑电路包括触发器、计数器、寄存器等。

4）555 时基集成电路

555 时基集成电路（见图 1-31）是数字集成电路，是由 21 个晶体三极管、4 个晶体二极管和 16 个电阻组成的定时器，有分压器、比较器、触发器和放电器等功能的电路。它具有成本低、易使用、适应面广、驱动电流大和一定的负载能力的特点。在电子制作中只需经过简单调试，就可以做成多种实用的各种小电路，远远优于三极管电路。

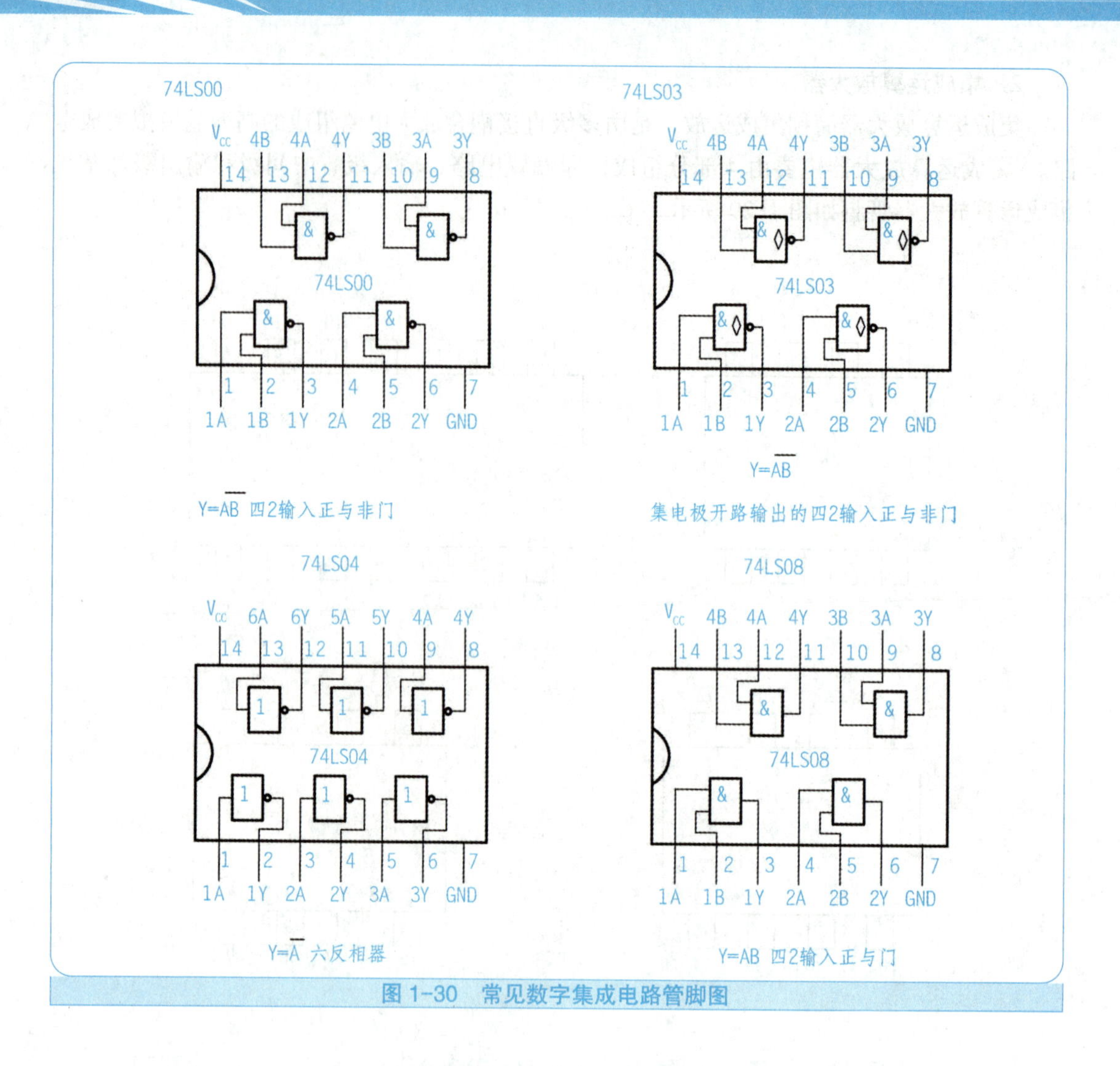

图 1-30 常见数字集成电路管脚图

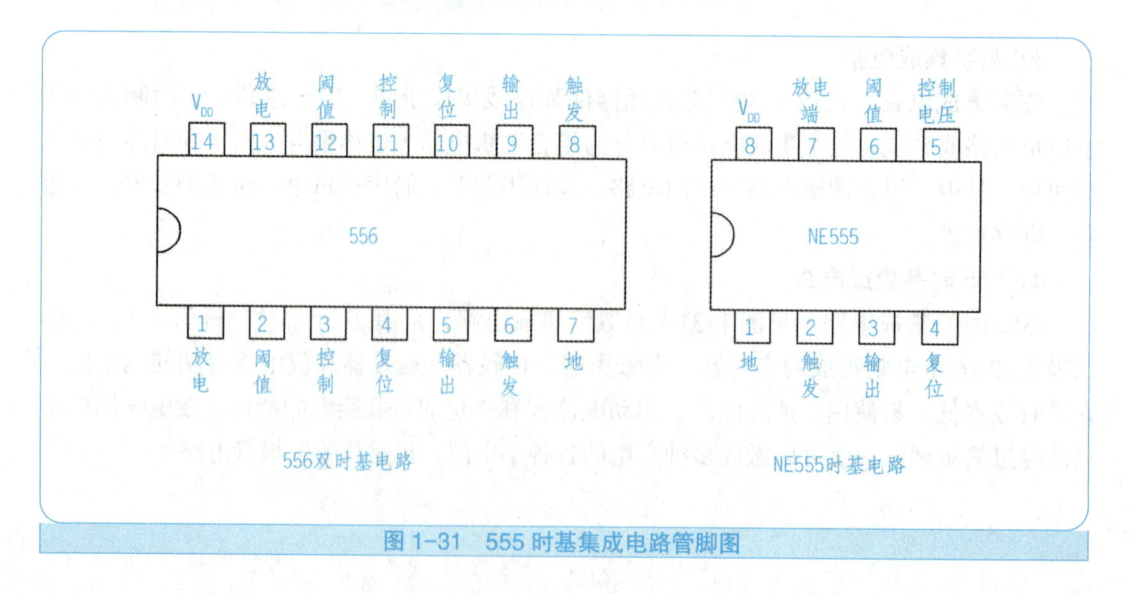

图 1-31 555 时基集成电路管脚图

4. 集成电路的检测

步骤 1
IC 检测的
注意事项

检测前了解集成电路及其相关电路的工作原理，检查和修理集成电路前首先要熟悉所用集成电路的功能、内部电路、主要电气参数、各引脚的作用、引脚的正常电压和波形以及外围元件组成电路的工作原理。

测试时不要造成引脚间短路。电压测量或用示波器探头测试波形时，表笔或探头滑动会造成集成电路引脚间短路，最好在与引脚直接连通的外围印刷电路上进行测量。

步骤 2
IC 检测的
一般方法

集成电路常用的检测方法有非在线测量法、在线测量法和代换法。

非在线测量法：是在集成电路未焊入电路时，通过测量其各引脚之间的直流电阻值与已知正常同型号集成电路各引脚之间的直流电阻值进行对比，确定其是否正常。具体方法如下：

（1）将指针式万用表调到“$R\times1\text{K}$”挡。

（2）测量集成电路各引脚与接地引脚之间的正、反向电阻。

（3）将测量的电阻值与正品的内部电阻值相比较。

在线测量法：在线测量法是利用电压测量法、电阻测量法及电流测量法等，通过在电路上测量集成电路的各引脚电压值、电阻值和电流值是否正常，来判断该集成电路是否损坏。

代换法：代换法是用已知完好的同型号、同规格集成电路来代换被测集成电路，可以判断出该集成电路是否损坏。

步骤 3
集成稳压
器的检测

以三端集成稳压器为例，测量引脚间电阻值的方法如下：

（1）将指针式万用表的旋钮调到“$R\times1\text{K}$”挡。

（2）将黑表笔接稳压器的接地端，红表笔依次接触另外两只引脚，测量引脚间的正向电阻。再将红表笔接地端，黑表笔依次接触另外两只引脚，测量引脚间的反向电阻。

（3）如果测量的引脚间的正向电阻值为一固定值，而反向电阻值为无穷大，则集成稳压器正常；如果测得某两脚之间的正、反向电阻值均很小或接近 0 Ω，则可判断该集成稳压器内部已击穿损坏；如果测得两脚之间的正、反向电阻值均为无穷大，则说明该集成稳压器已开路损坏；如果测得集成稳压器的阻值不稳定，随温度的变化而改变，则说明该集成稳压器的热稳定性能不良。

提示

由于集成稳压器的品牌及型号众多，其电参数具有一定的离散性，通过测量集成稳压器引脚之间的电阻值，只能估测出集成稳压器是否损坏。

测量稳压值的方法如下：

将指针式万用表调到直流电压挡的“10”或“50”挡（根据集成稳压器的输出电压大小）；将被测集成稳压器的电压输入端与接地端之间加上一个直流电压；将万用表的红表笔接输出端，黑表笔接地，测量输出的稳压值。如果输出的稳压值正常，则集成稳压器正常；如果输出的稳压值不正常，则集成稳压器已损坏。

步骤 4 开关电源集成电路的检测

测量各引脚对地的电压值和电阻值，若与正常值相差较大，在其外围元器件正常的情况下，可以确定是该集成电路已损坏。内置大功率开关管的厚膜集成电路，还可通过测量开关管 C、B、E 极之间的正、反向电阻值，来判断开关管是否正常。

步骤 5 音频功放集成电路的检测

检查音频功放集成电路时，应先检测其电源端（正电源端和负电源端）、音频输入端、音频输出端及反馈端对地的电压值和电阻值。若测得各引脚的数据值与正常值相差较大，其外围元件正常，则是该集成电路内部已损坏。

对引起无声故障的音频功放集成电路，测量其电源电压是否正常时，可用信号干扰法来检查。测量时，万用表应置于“$R\times1$”挡，将红表笔接地，用黑表笔点触音频输入端，正常时扬声器中应有较强的“喀喀”声。

任务实训

实训：集成电路（IC）的识别与检测

1. 设备及工量具

设备及工具：万用表（指针式、数字式）、镊子、螺丝刀。

元器件：集成稳压器、集成运算放大器、数字集成电路等。

2. 实训过程

在教师的指导下进行集成稳压器、集成运算放大器、数字集成电路的识别，并按照上述集成电路的测量方法使用万用表（指针式、数字式）进行集成电路的检测，并将检测的内容分别记录到表 1-9 ～表 1-11 中。

表 1-9　集成稳压器的识别与检测

步骤	型号	功能	数量	量程选择	引脚电阻	稳压值
1						
2						
3						
4						
5						
6						

表 1-10　集成运算放大器的识别与检测

步骤	型号	功能	数量	量程选择	输出端与负电源端之间的电压
1					
2					
3					
4					
5					
6					

表 1-11 数字集成电路的识别与检测

步骤	型号	功能	数量	量程选择	引脚电阻	输出电压
1						
2						
3						
4						
5						
6						

3. 实训交验

实训交验时请填写实训交验表，见表 1-3。

4. 实训评定

实训评定时请填写实训内容综合评价表，见表 1-4。

知识拓展

中国制造 2025
（国家行动纲领）

《中国制造 2025》是经国务院总理李克强签批，由国务院于 2015 年 5 月印发的部署全面推进实施制造强国的战略文件，是中国实施制造强国战略第一个十年的行动纲领。《中国制造 2025》由百余名院士专家着手制定，为中国制造业未来 10 年设计顶层规划和路线图，通过努力实现中国制造向中国创造、中国速度向中国质量、中国产品向中国品牌三大转变，推动中国到 2025 年基本实现工业化，迈入制造强国行列。

中国制造 2025 可以概括为“一二三四五五十”的总体结构：

“一”，就是从制造业大国向制造业强国转变，最终实现制造业强国的一个目标。

“二”，就是通过两化融合发展来实现这一目标。党的十八大提出了用信息化和工业化两化深度融合来引领和带动整个制造业的发展，这也是我国制造业所要占据的一个制高点。

“三”，就是要通过“三步走”的一个战略，大体上每一步用十年左右的时间来实现我国从制造业大国向制造业强国转变的目标。

“四”，就是确定了四项原则。第一项原则是市场主导、政府引导。第二项原则是既立足当前，又着眼长远。第三项原则是全面推进、重点突破。第四项原则是自主发展和合作共赢。

“五五”，就是有两个“五”。第一就是有五条方针，即创新驱动、质量为先、绿色发展、结构优化和人才为本。还有一个“五”就是实行五大工程，包括制造业创新中心建设的工程、强化基础的工程、智能制造工程、绿色制造工程和高端装备创新工程。

“十”，就是十大领域，包括新一代信息技术产业、高档数控机床和机器人、航空航天装备、海洋工程装备及高技术船舶、先进轨道交通装备、节能与新能源汽车、电力装备、农机装备、新材料、生物医药及高性能医疗器械等十个重点领域。

拓展训练

“常用电工工具和仪表使用小窍门”手抄报比赛

一、比赛目标

1. 培养学生信息检索能力、分析能力、团队精神、文档处理能力和演讲能力。
2. 培养学制作展板、手抄报的能力。

二、比赛材料

1. 笔和纸。
2. 网络资源。
3. 相关书籍和材料。

三、比赛内容

同学们自由组合，2~3 人为宜，制作以常用电工工具和仪表使用小窍门为主题的手抄报，然后组织评选。将同学们搜集的小窍门分类整理，制作小册子，供大家学习交流使用，小册子可以随时补充完善。

创意 DIY

废旧电子元器件的创意设计

请同学们发挥想象力，搜集废旧的电子元器件，利用它们做一些小小的创意设计作品，如图 1-32 所示。

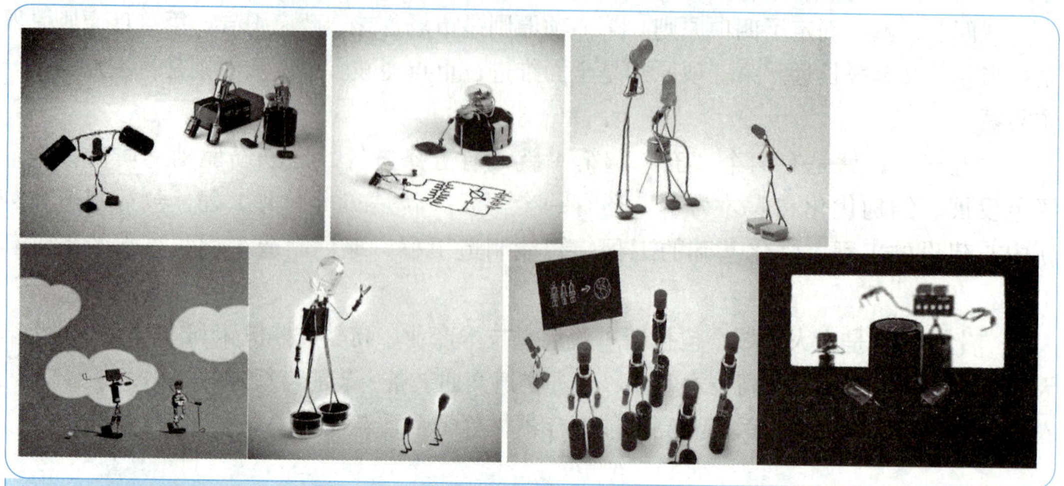

图 1-32 废旧电子元器件创意设计参考图

项目二 手工焊接技术训练

大国重器·发动中国

项目简介

流水线手工焊接

我国电子工业发达的上海市曾对60万台电视机进行老化试验，有故障的达1 564台，其中属于焊接质量不好造成虚焊、假焊的故障机占42%。可见焊接技术不仅关系到整机装配的劳动生产率的高低和生产成本的大小，而且也是电子产品质量的关键。

焊接是使金属连接的一种方法。它利用加热手段，在两种金属的接触面，通过焊接材料的原子或分子相互扩散作用，使两种金属间形成一种永久的牢固结合。利用焊接的方法进行连接而形成的接点叫作焊点。培养学生的创新实践能力；学习前人的思维方法和坚韧不拔的科学精神。

项目实训

任务一 直插元件手工锡焊训练

任务目标

（1）了解焊接及焊接设备的基本知识。

（2）掌握手工烙铁焊接技巧、锡焊方法、要求及其注意事项。

（3）熟练掌握引线成型锡焊方法。

（4）掌握导线的加工、连接方法。

情景描述

任何电子产品，从几个零件构成的整流器到成千上万个零部件组成的计算机系统，都是由基本的电子元器件和功能构成，按电路工作原理，用一定的工艺方法连接而成。虽然连接方法有多种（例如铆接、绕接、压接、粘接等），但使用最广泛的方法是锡焊。在无线电工程的焊接中，最常用的焊料为锡铅焊料，锡焊方法简便，只需使用简单的工具（如电烙铁）即可完成焊点整修、元器件折换、重新焊接等工艺过程。此外，锡焊还具有成本低、易实现自动化等优点，在无线电工程中，它是使用最早、最广、占比重最大的焊接方法。

任务准备

一、电烙铁的基础知识

电烙铁是最常用的手工焊接工具之一，被广泛用于各种电子产品的生产与维修。

1. 内热式电烙铁

内热式电烙铁（见图 2-1）主要由发热元件、烙铁头、连接杆以及手柄等组成，它具有发热快、体积小、质量轻、效率高等特点，因而得到普遍应用。

电烙铁的加热芯实际上是绕了很多圈的电阻丝，电阻的长度或它所选用的材料不同，功率也就不同，常用的内热式电烙铁的规格有 20 W、35 W、50 W 等，20 W 烙铁头的温度可达 350 ℃左右。电烙铁的功率越大，烙铁头的温度就越高。焊接集成电路、一般小型元器件选用 20 W 内热式电烙铁即可。若使用的电烙铁功率过大，容易烫坏元件（二极管和三极管等半导体元器件当温度超过 200 ℃时就会烧毁）和使印制板上的铜箔线脱落；若电烙铁的功率太小，不能使被焊接物充分加热而导致焊点不光滑、不牢固，易产生虚焊。

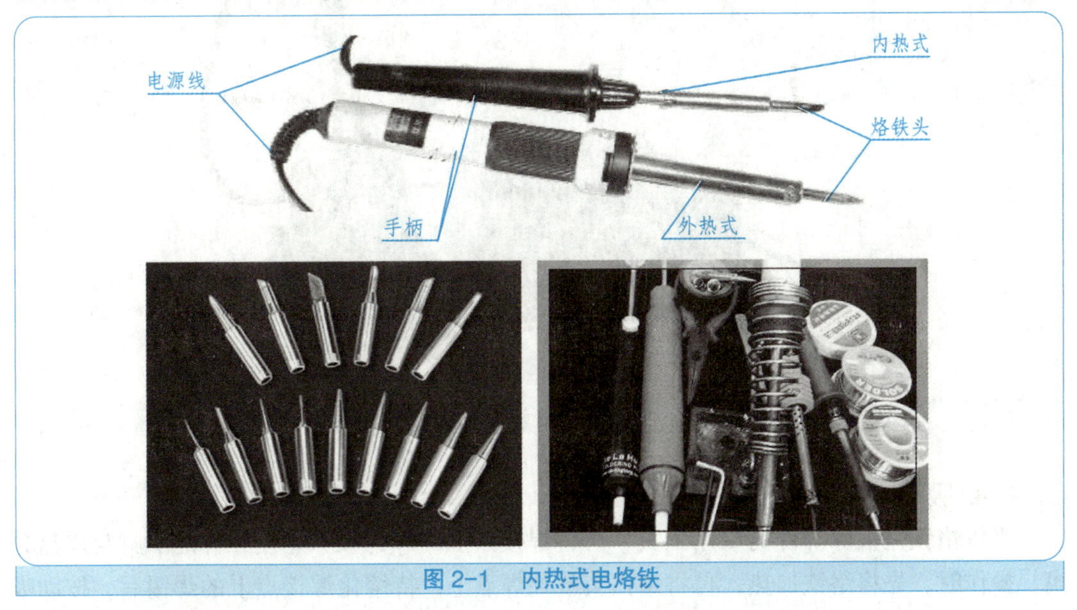

图 2-1　内热式电烙铁

2. 外热式电烙铁

外热式电烙铁（见图 2-2）由烙铁芯、烙铁头、手柄等组成。烙铁芯由电热丝绕在薄云母片和绝缘筒上制成。

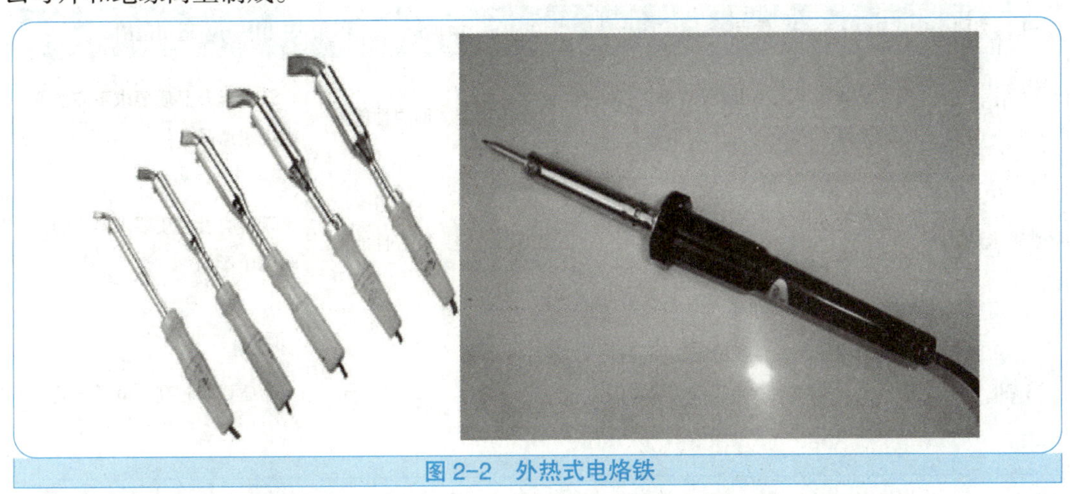

图 2-2　外热式电烙铁

外热式电烙铁常用的规格有 25 W、45 W、75 W、100 W 等，当被焊接物较大时常使用外热式电烙铁。它的烙铁头可以被加工成各种形状以适应不同焊接面的需要。

3. 恒温电烙铁

恒温电烙铁（见图 2-3）是用电烙铁内部的磁控开关来控制烙铁的加热电路，使烙铁头保持恒温。磁控开关的软磁铁被加热到一定的温度时，便失去磁性，使触点断开，切断电源。恒温电烙铁也有用热敏元件来测温以控制加热电路使烙铁头保持恒温的。

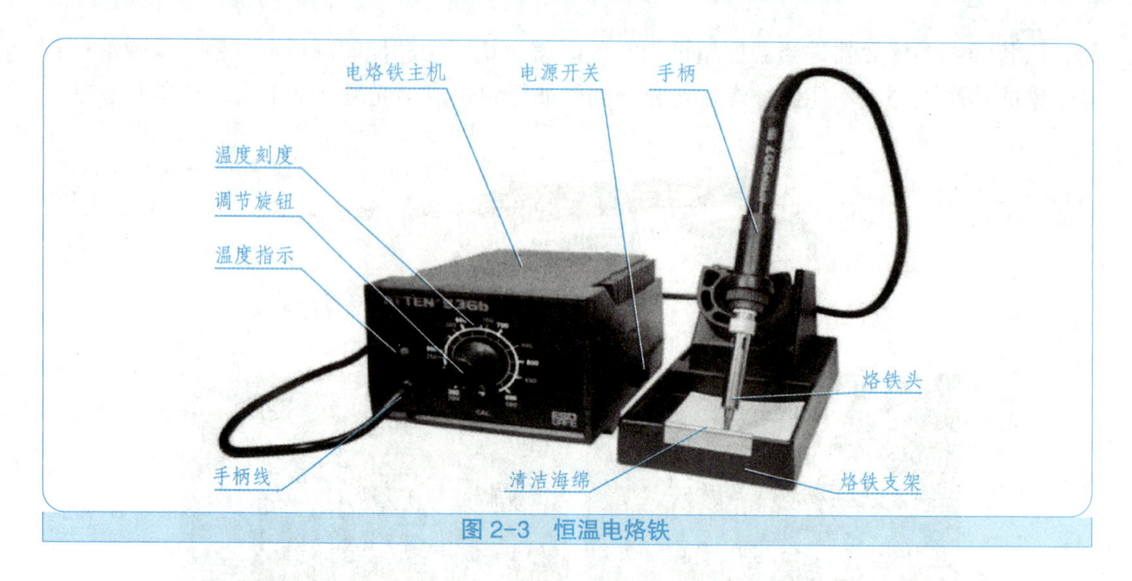

图 2-3　恒温电烙铁

4. 吸锡烙铁

吸锡烙铁是拆除焊件的专用工具，可将焊接点上的焊锡吸除，使元件的引脚与焊盘分离。操作时，先将烙铁加热，再将烙铁头放到焊点上，待熔化焊接点上的焊锡后，按动吸锡开关，即可将焊点上的焊锡吸掉，有时这个步骤要进行几次才行。

上述各种电烙铁特性对比分析如表 2-1 所示。

表 2-1　各种电烙铁特性对比分析

工具类别	优点	缺点	适用范围
焊枪	发热丝功率大小可调，焊嘴可换，价钱便宜	温度不稳定，回温性能差	玩具类及品质要求不高的低端电子产品
普通电烙铁	发热丝功率大小可调，焊嘴可换，价钱便宜	温度不稳定，回温性能差	玩具类及品质要求不高的低端电子产品
恒温电烙铁	有恒温控制，温度稳定，回温性能好，不易烧坏烙铁或烫伤线路板及组件		品质要求较高的电子产品

二、焊料的基础知识

常用的焊锡料有两种：无铅锡丝和无铅锡条，锡条需专业生产设备锡炉过锡使用。

焊剂即助焊剂，常用的有松香助焊剂和焊油膏。

松香助焊剂：在常温下，松香呈中性且很稳定。加温至 70℃以上，松香就表现出能消除金属表面氧化物的化学活性。在焊接温度下，焊剂可增强焊料的流动性，并具有良好的去表面氧化层的特性。松香酒精溶液是用一份松香粉末和三份酒精配制而成，焊接效果较好。

焊油膏：焊油膏是酸性焊剂，在电子电路的焊接中，一般不使用它，如果确实需要使用，焊接后需要立即使用溶剂将焊点附近清洗干净，以免对金属产生腐蚀。

锡线中，助焊剂在锡线中空部分，主要灌注 1 芯、3 芯、5 芯等几种方式，其作用为：去除需焊锡焊盘处的氧化物；促进锡的湿润扩展；降低焊锡的表面张力；清洁焊锡的表面；将金属表面包裹起来，杜绝其与空气的接触，以防止再次氧化等。

三、手工锡焊的准备工作

根据焊锡点大小选定功率合适的烙铁和烙铁嘴，根据所焊材质及焊盘大小调节适宜的温度范围，并使用温度测试仪进行测试实际温度。准备好适用的锡丝，小心漏电。接电前应检查烙铁电源线是否完好无损，是否有漏电现象，并将地线接好，以确保人身安全及产品安全。

新烙铁嘴使用前应先在烙铁第一次通电加热后，用锡丝在 1/3 烙铁嘴头部熔上一层锡，以使其易粘锡和防止氧化烙铁嘴。作业前戴好防静电手环和手指套或手套，对产品做好防护。

准备好干净且湿度合适的海绵及烙铁座，擦净有锡渣的过热变黑的烙铁嘴。海绵的湿润量如图 2-4 所示。

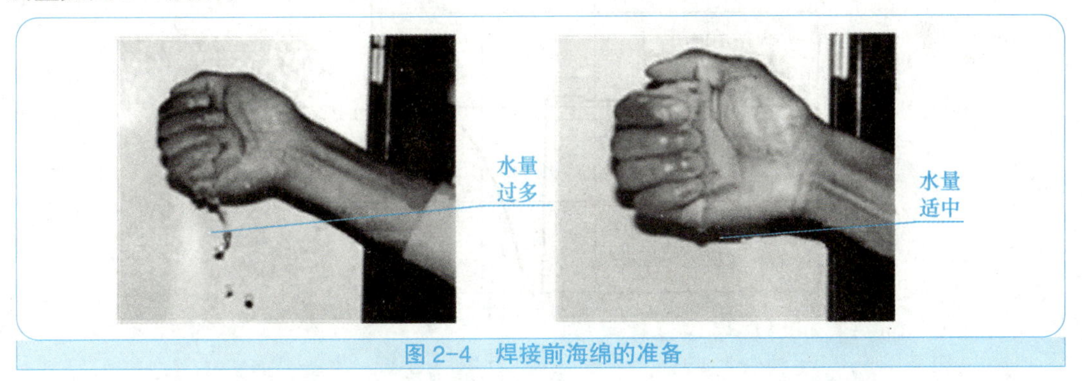

图 2-4　焊接前海绵的准备

电烙铁头清洗是每次焊锡开始前必须要做的工作，其要求如图 2-5 所示。烙铁头在空气中暴露时，其表面被氧化形成氧化层，表面的氧化物与锡珠没有亲和性，焊锡时焊锡强度很弱。

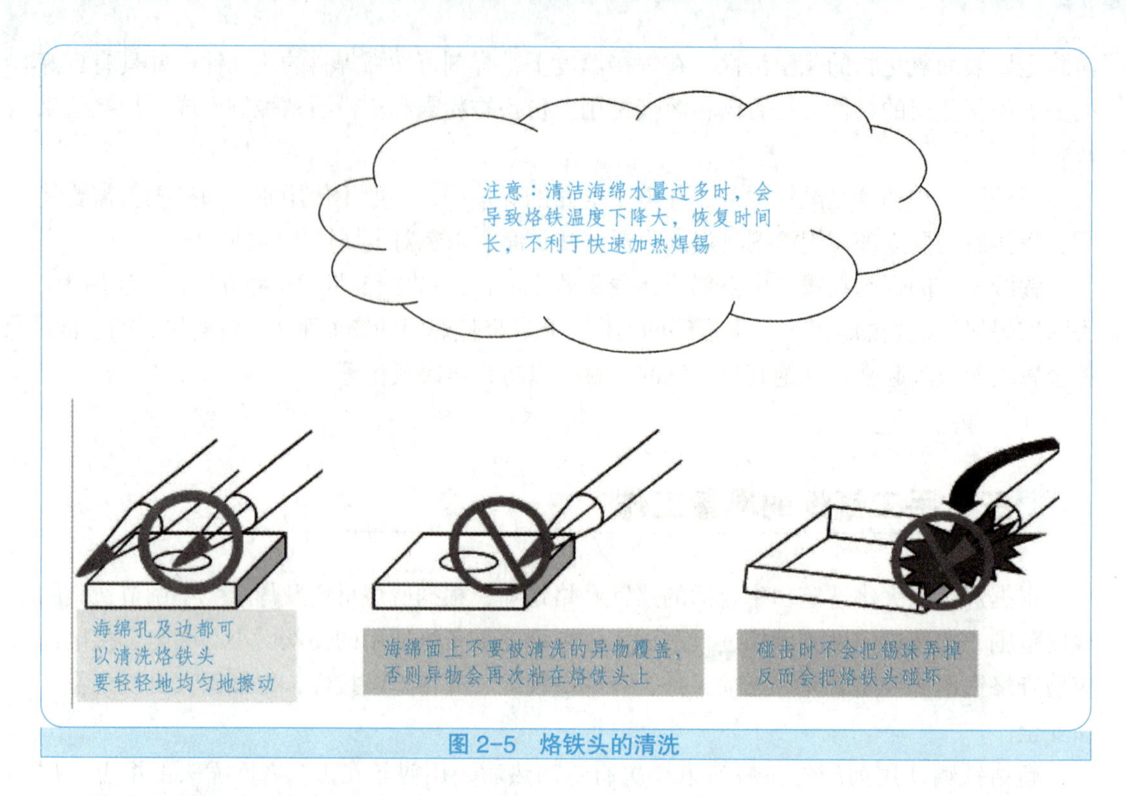

图 2-5 烙铁头的清洗

烙铁头清洁对温度的影响（见图 2-6）：

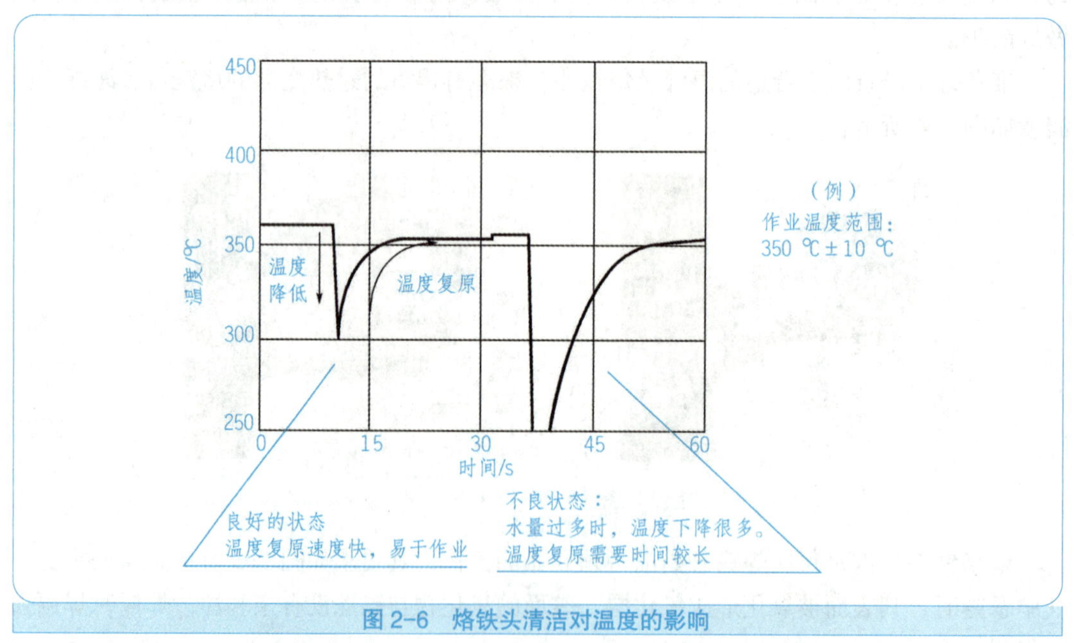

图 2-6 烙铁头清洁对温度的影响

焊接的正确姿势（见图 2-7）：

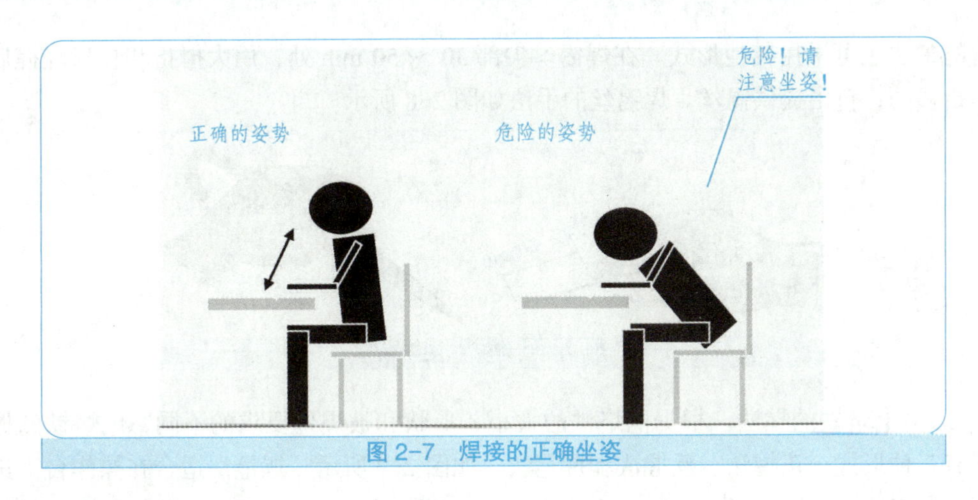

图 2-7 焊接的正确坐姿

保证焊接质量的因素：

（1）焊接的温度与保温时间。

焊接的温度应比焊料熔点高，一般以 240 ℃～260 ℃较为合适。可根据松香发烟情况判断实际温度。

同样的烙铁，加热不同热容量的焊件时，要想达到同样的焊接温度，可以用控制加热时间来实现，焊接保温时间过短或过长，都不合适。例如，用小容量烙铁焊接大容量焊件时，无论停留时间多长，焊接温度也上不去，因为烙铁和焊件在空气中要散热；若加热时间不足，将造成焊料不能充分浸润焊件，导致夹渣焊、虚焊等；若过量加热，除可能造成元器件损坏外，还会导致焊点外观变差、助焊剂被碳化、印制板上铜箔脱落等现象。

焊料的锡、铅比例，焊剂的质量，与焊接温度和保温时间之间是密切相关的。不同规格的焊料与焊剂，所需焊接温度与保温时间存在明显差异。在焊接实践中，必须区别对待，确保焊接质量。高质量的焊点，焊料与工质（元器件引脚和印制版焊盘等）之间浸润良好，表面光亮；如果焊点形同荷叶上的水珠，焊料与工件引脚浸润不良，则焊接质量就很差。

（2）焊接质量要求。

焊点是电子产品中元件连接的基础，焊点质量出现问题时，可导致设备故障，一个似接非接的虚焊点会给设备造成故障隐患。因此，高质量的焊点是保证设备可靠工作的基础。焊点质量检验主要包括三个方面：电气接触良好、机械结合牢固、光洁整齐的外观，保证焊点质量最关键的一点就是必须避免虚焊。

四、手工焊接操作的技巧

1. 焊锡的手法

（1）焊锡丝的拿法。经常使用烙铁进行锡焊的人，一般把成卷的焊锡丝拉直，然后截成一尺（1 尺≈0.333 米）长左右的一段。在连续进行焊接时，锡丝的拿法是用左手的拇指、食指和小指夹住锡丝，用另外两个手指配合就能把锡丝连续向前送进。若不是连续焊接，锡丝的拿法也可采用其他形式。在焊锡丝尖部 30 ～ 50 mm 处，用大拇指和食指轻握后，用中指移动，自由提供锡丝。焊锡丝的手法如图 2-8 所示。

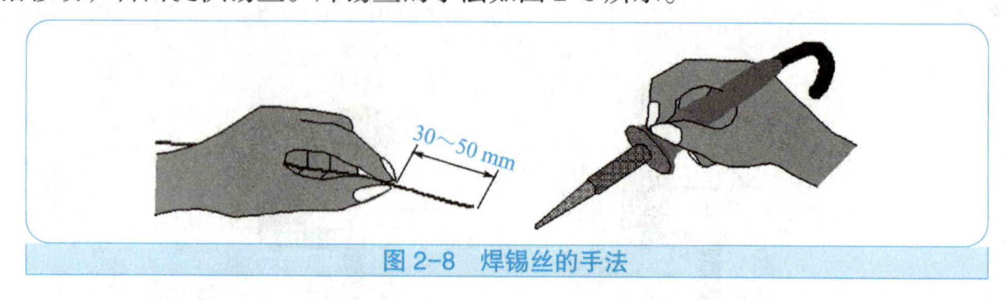

图 2-8 焊锡丝的手法

（2）电烙铁的握法。根据电烙铁的大小、形状和被焊件要求的不同，电烙铁的握法一般有三种形式：正握法、反握法和握笔法，如图 2-9 所示。握笔法适合在操作台上进行印制板的焊接；反握法适于大功率烙铁的操作；正握法适于中等功率烙铁的操作。

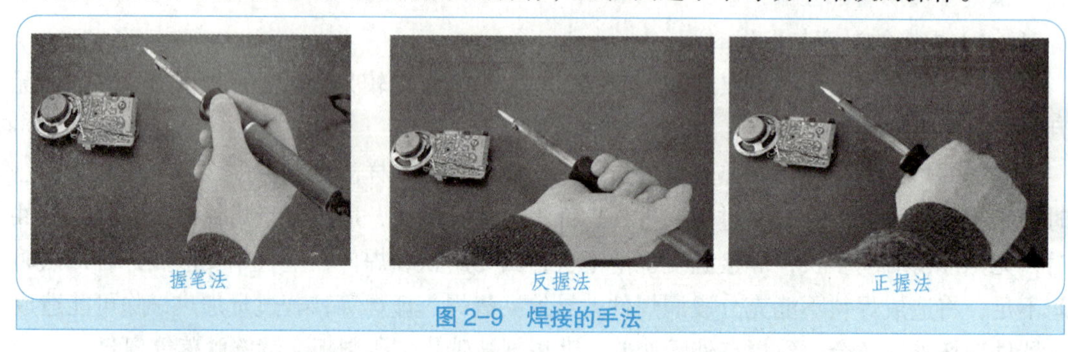

图 2-9 焊接的手法

2. 手工焊接的基本步骤

手工焊接时，常采用五步操作法，如图 2-10 所示。将烙铁头放在需焊接的母材上进行加热，烙铁投入角度为 45° 左右，将锡丝与母材接触，适量地熔化后供给适量的焊锡，迅速移开锡丝，当焊锡扩散到了目的范围时将烙铁移开并充分冷却，焊锡完全凝固前不要有振动或冲击（焊锡表面可能会发生微小的龟裂现象）。

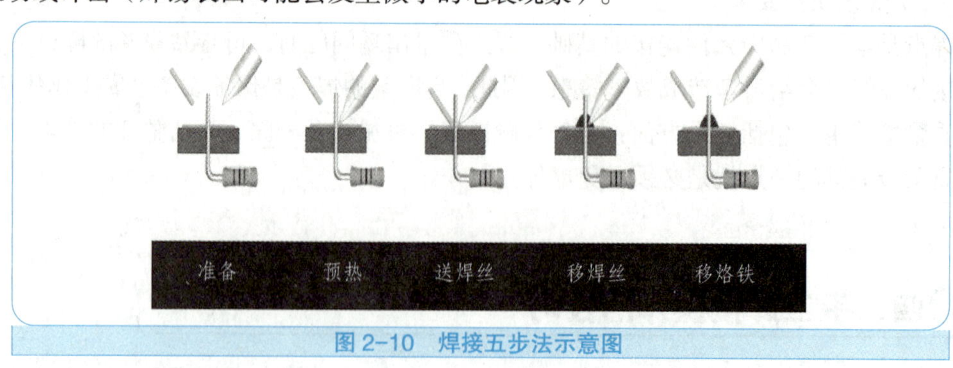

图 2-10 焊接五步法示意图

3. 加热方法的选择

加热技巧：根据实际需要，通过移动烙铁头，迅速大范围加热或采用烙铁头腹部进行加热。

加热原则：正确选择烙铁头，选择一种接触面相对较大的焊头。注意：不能因为焊头的接触面过小就提高焊接温度。

加热时间：在 2 ～ 3.5 s 内完成。

加热对焊锡的影响（见图 2-11）：

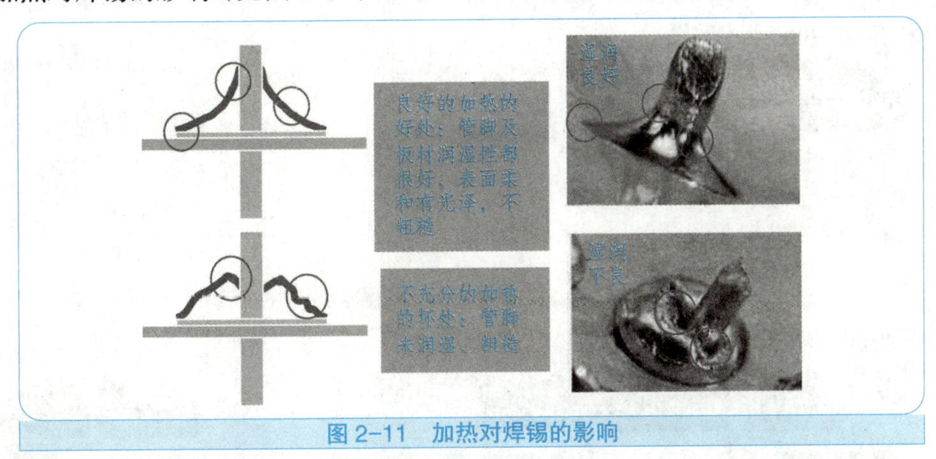
良好的加热的好处：管脚及板材润湿性都很好，表面柔和有光泽，不粗糙
湿润良好
不充分的加热的坏处：管脚未润湿、粗糙
湿润不良

图 2-11　加热对焊锡的影响

烙铁取出的方向对焊锡的影响（见图 2-12）：

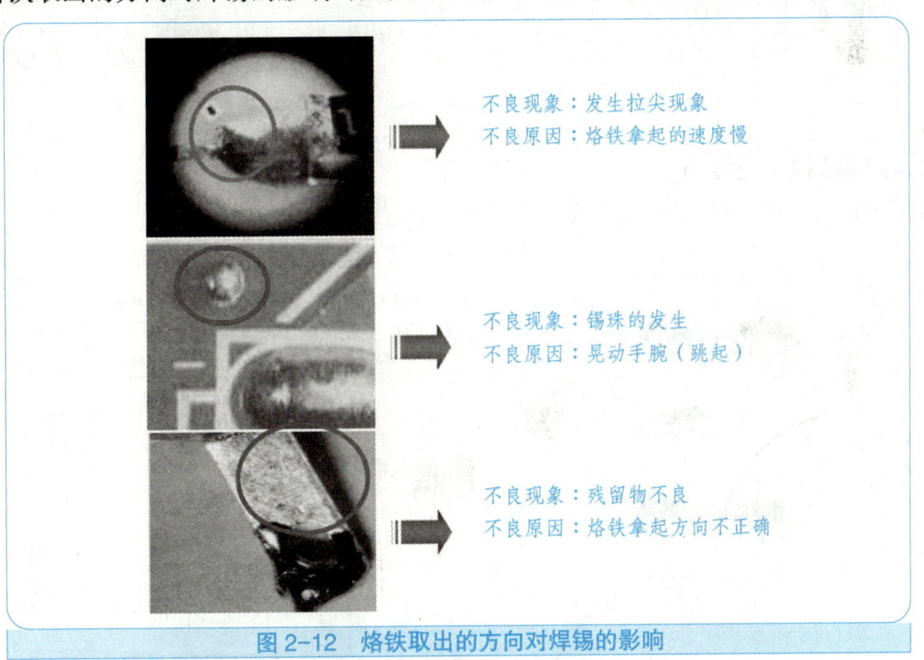
不良现象：发生拉尖现象
不良原因：烙铁拿起的速度慢
不良现象：锡珠的发生
不良原因：晃动手腕（跳起）
不良现象：残留物不良
不良原因：烙铁拿起方向不正确

图 2-12　烙铁取出的方向对焊锡的影响

常见焊点缺陷（见表 2-2）：

表 2-2　常见焊点缺陷

常见焊点缺陷

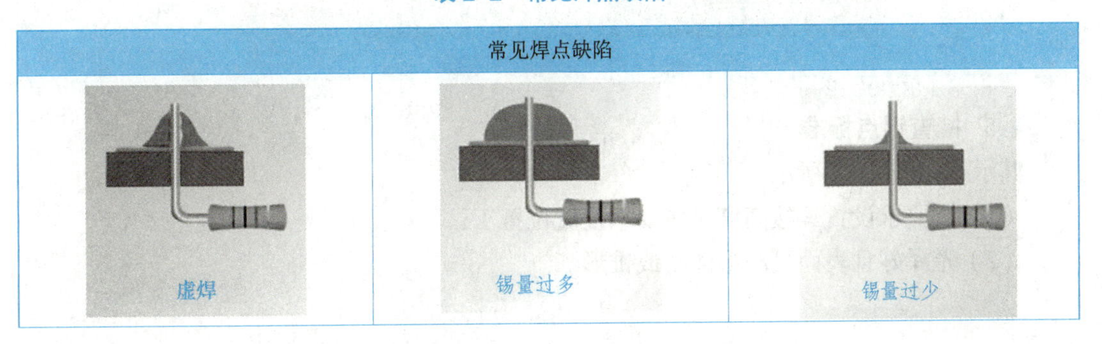
虚焊
锡量过多
锡量过少

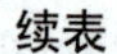

续表

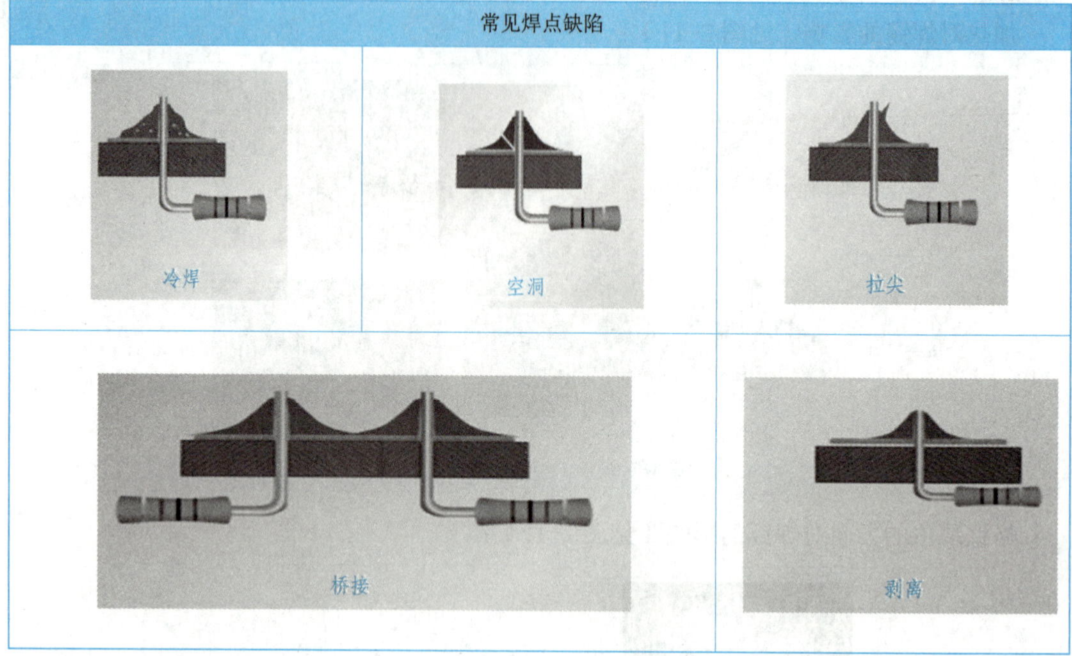

4. 锡桥的修正技巧

锡桥的修正技巧如图 2-13 所示。

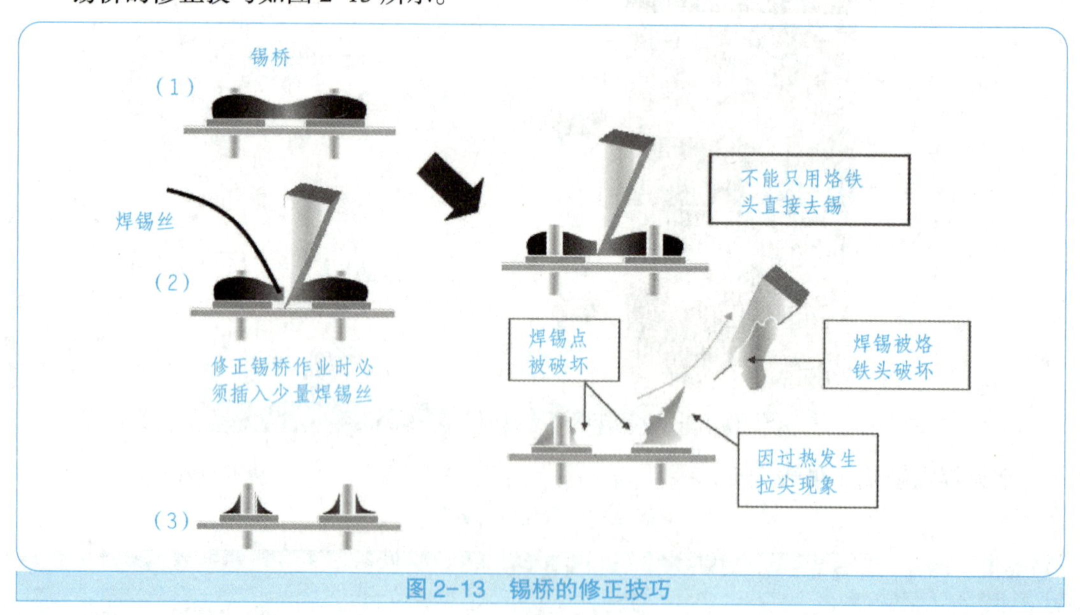

图 2-13 锡桥的修正技巧

5. 检查锡点标准

其示意如图 2-14 所示。

（1）按要求设置焊接高度（按要求设置位置）。

（2）光泽好且表面呈凸形曲线或锥形。

（3）焊锡的润湿性良好，焊锡必须扩散均匀地包围元件脚，焊点轮廓清晰可辨。

（4）合适的焊锡量，焊锡不得太多，不得包住元件脚顶部，元件脚高出锡面 0.2 ～ 0.5 mm。

（5）焊锡表面光亮、光滑、圆润，焊锡无断裂、针孔样的小孔，不可以有起角、锡珠、松香珠产生。

注：焊接高度是指元件安装在 PCB 板表面时，与 PCB 板表面间的距离。

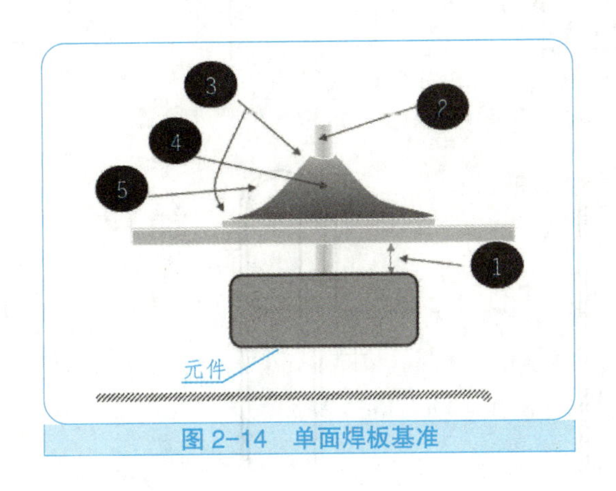

图 2-14 单面焊板基准

任务实训

实训一：引线成型锡焊训练

1. 设备及工量具

万用表（指针式、数字式）、常用电子工具、电烙铁及带 5 V 直流电的工作台。

2. 实训过程

在组装印制电路板时，为了使元件排列整齐、美观，因此对元件引线的加工就成为不可缺少的一个步骤，元件引线成型在工厂多采用模具，而我们只能用尖嘴钳或镊子加工。

轴向引线元器件的成型：轴向引线元器件是指从元器件两侧一字型伸出的元器件、电阻、二极管等。成型的各种形状如图 2-15 所示。

成型要求：引线折弯处距离根部要大于 1.5 mm。弯曲的半径要大于引线直径的 2 倍，两根引线打弯后要相互平行，标称值要处于便于查看的位置。

径向引线元件的成型：径向引线元件的引线在元器件的同侧。其成型方式如图 2-15 所示。

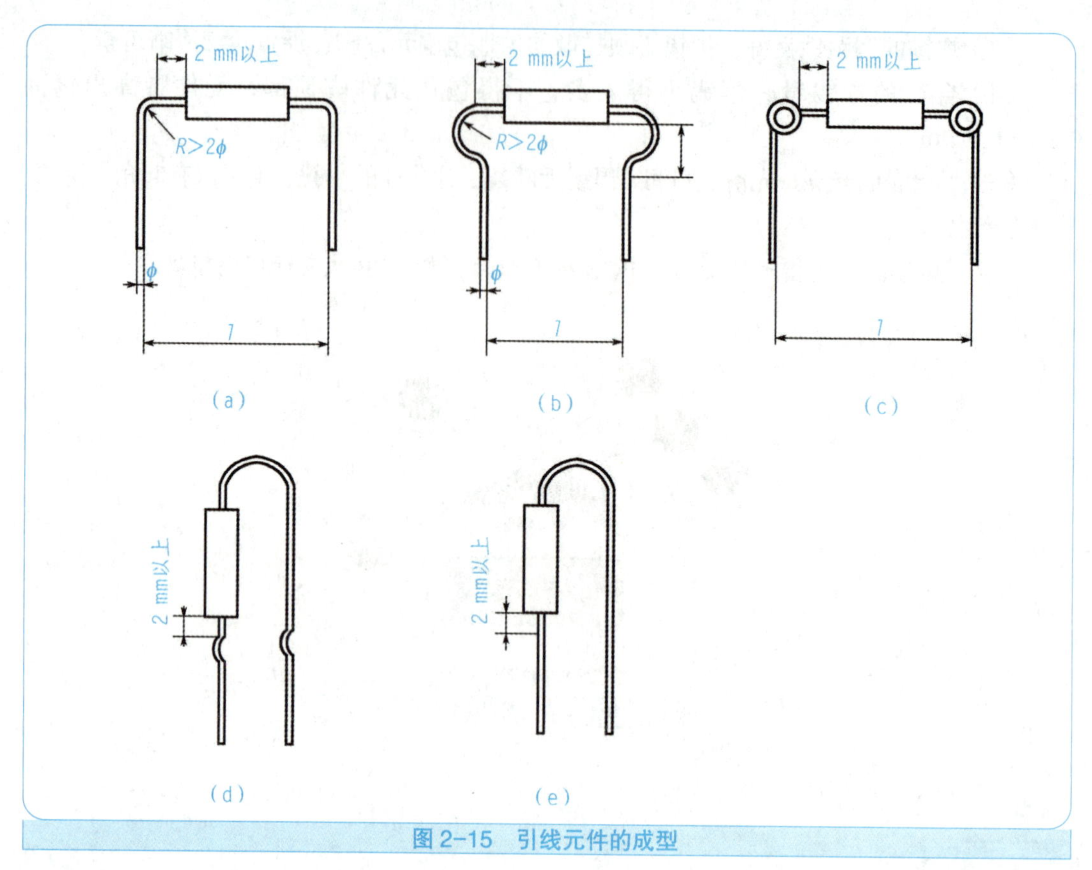

图 2-15 引线元件的成型

3. 实训交验

实训交验时请填写实训交验表，见表 1-3。

4. 实训评定

实训评定时请填写引线成型焊接操作技能考核评分记录表，见表 2-3。

表 2-3 引线成型焊接操作技能考核评分记录表

序号	主要内容	考核内容	配分	评分标准	扣分	得分
1	焊接工具及装配检测工具的选用	（1）焊接工具的选用； （2）装配检测工具的选用	10	选用不正确扣 2 分， 使用错误扣 2 分		
2	元器件的插装	（1）正确加工元器件的引脚； （2）元器件插装方向应符合规范； （3）正确完成元器件的插装	40	（1）元器件引脚成型不合规范的，每处扣 1 分； （2）插装方向不正确的，每处扣 1 分； （3）将具有极性的元器件插装错误的，每处扣 2 分； （4）造成元器件损坏的扣 3 分		

续表

序号	主要内容	考核内容	配分	评分标准	扣分	得分
3	元器件焊点质量	元器件的焊接	50	有一处焊点不符合要求的扣 5 分		
4	文明生产规定	安全用电，无人为损坏元器件、加工件和设备		发生安全事故，视情况扣分		

实训二：万用板直插元件手工锡焊训练

1. 设备及工量具

万用表（指针式、数字式）、常用电子工具、电烙铁及带 5 V 直流电的工作台。

2. 实训过程

直插元件的引脚弯曲方法如图 2-16 所示。

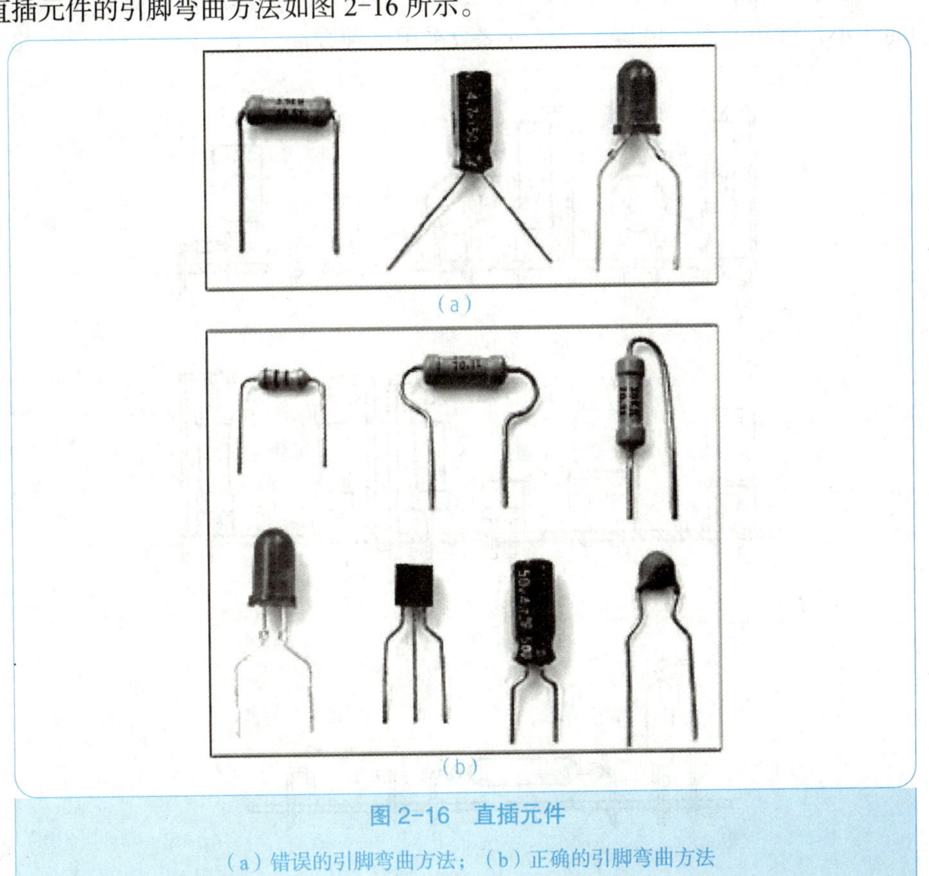

图 2-16 直插元件

（a）错误的引脚弯曲方法；（b）正确的引脚弯曲方法

（1）卧式装置法（水平式）：是将元器件紧贴印制板插装，元件与印制板的间距视具体情况而定，如图 2-17 所示。其优点是稳定性好，比较牢固，受振动时不易脱落。

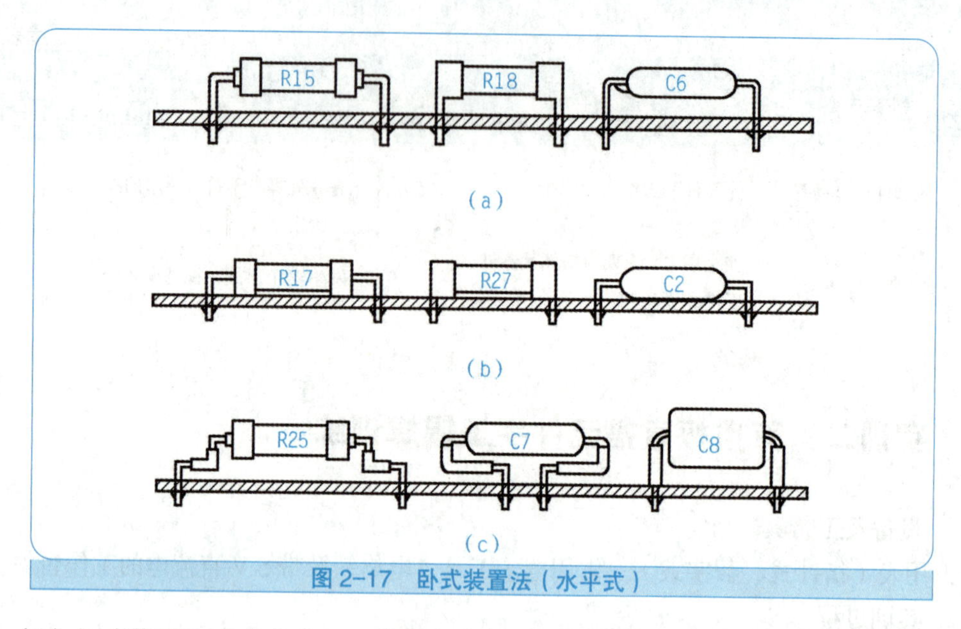

图 2-17 卧式装置法（水平式）

（2）立式装置法（垂直式）：装置方法如图 2-18 所示，其优点是密度较大，占用印制板的面积小，拆卸方便，电容、三极管多数采用这种方法。

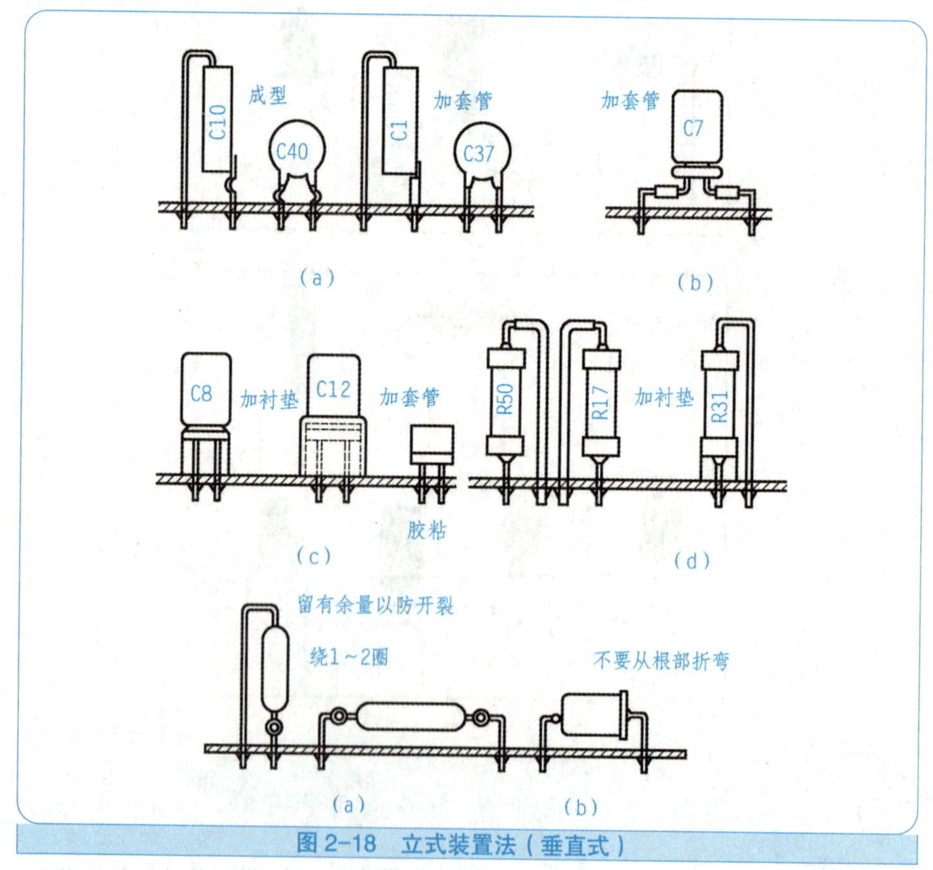

图 2-18 立式装置法（垂直式）

（3）小功率三极管的装置：应根据需要和安装条件来选择。有正装、倒装、卧装和横装，如图 2-19 所示。安装时注意管脚极性不能装错。

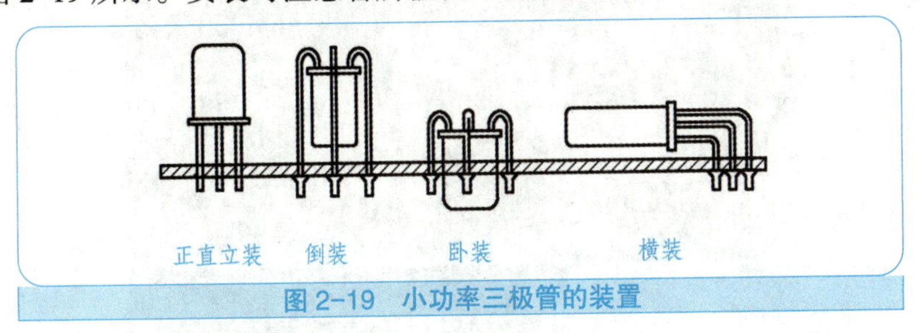

图 2-19 小功率三极管的装置

3. 实训交验

实训交验时请填写实训交验表，见表 1-3。

4. 实训评定

实训评定时请参考表 2-3。

任务二 贴片元件手工锡焊训练

任务目标

（1）了解焊接及焊接设备的基本知识。

（2）掌握手工烙铁焊接技巧，锡焊方法、要求及其注意事项。

（3）了解贴片元件的基本知识，熟练掌握贴片元件手工焊接操作方法。

（4）熟练掌握导线的加工、连接方法。

情景描述

系统的微型化、集成化要求越来越高，传统的通孔安装技术逐步向新一代电子组装技术——表面安装技术过渡。表面安装技术（简称 SMT），是将传统的电子元器件直接安装在印制电路板或其他基板导电表面的装接技术。SMT 是集表面安装元件（SMC）、表面安装器件（SMD）、表面安装电路板（SMB）及自动化安装、自动焊接、测试等技术为一体的一套完整的工艺技术的总称。表面安装技术如图 2-20 所示。

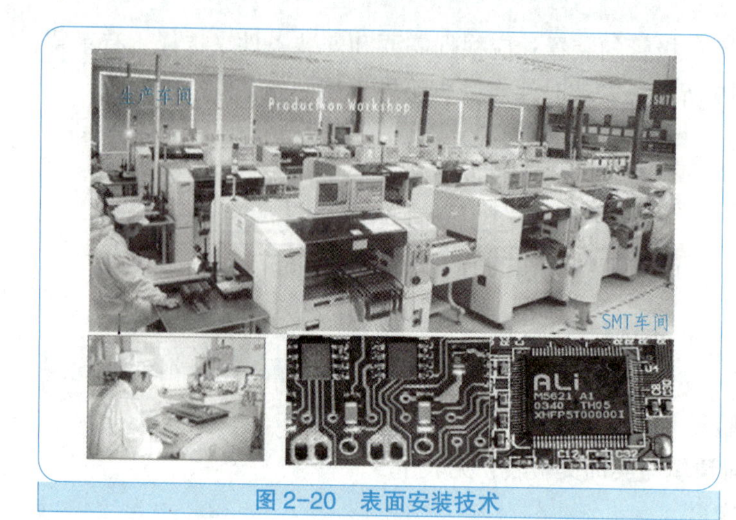

图 2-20 表面安装技术

任务准备

一、贴片元件的基础知识

表面贴装元器件封装形式如下：

1. SMT 电阻

SMT 电阻如图 2-21 所示，有矩形（CHIP）、圆柱形（MELF）和电阻网络（SOP）三种封装形式。与通孔元件相比，具有微型化、无引脚、尺寸标准化，特别适合在 PCB 板上安装等特点。

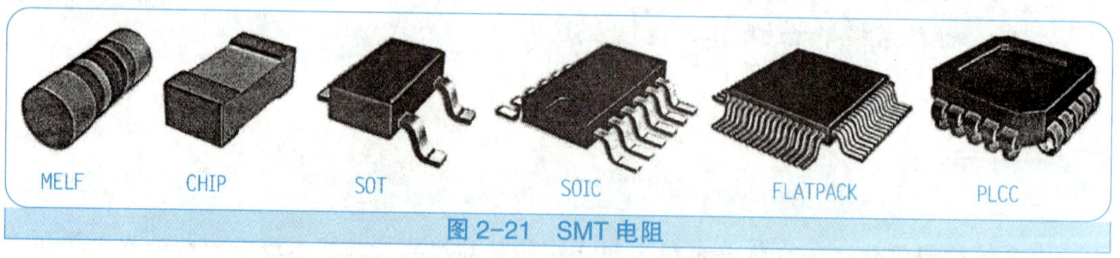

图 2-21 SMT 电阻

（1）矩形片式 CHIP，如图 2-22 所示。

①结构与封装。常用的封装是 CHIP1206、1005、0603、0402。其结构外形是长方形，两端有焊接端。通常下面为白色，上面为黑色。

②外形尺寸。

CHIP 元件是以外形的长宽尺寸命名的，以 10 mil 为单位。

$$1\ \text{mil}=10^{-3}\ \text{in}$$

$$1\ \text{in}=25.4\ \text{mm}，10\ \text{mil}=0.254\ \text{mm}$$

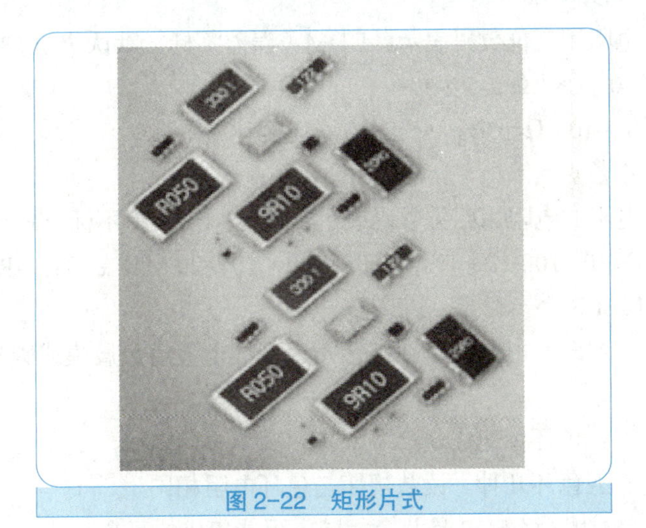

图 2-22　矩形片式

例：1206 是指长 × 宽 =0.12 in×0.06 in=3.048 mm×1.524 mm

0603 是指长 × 宽 =0.06 in×0.03 in=1.524 mm×0.762 mm

③包装。片式电阻一般有散装（bulk）和编带（tape and reel）包装两种方式。

散装：这是最简单的一种包装方式，采用塑料盒包装，每盒一万片。图 2-23 为散装包装盒。

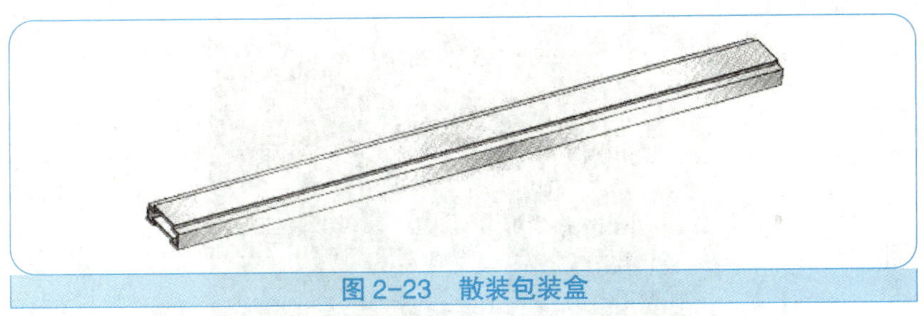

图 2-23　散装包装盒

编带：编带包装又分为纸编带和塑料编带两种。编带的包装规格如图 2-24 所示。每盘 5 000 只。编带是最常见的包装形式，特别适合贴片机装载。

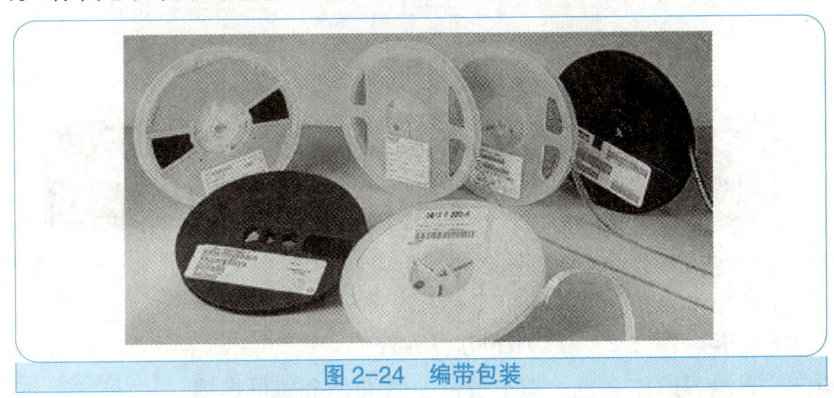

图 2-24　编带包装

④标记识别方法。元件外形尺寸稍大一点的电阻（如 1206）标称值标在电阻体上。识别的规律如下：

精度为 5% 的电阻用三位数码表示：DDM（误差不标，默认 T=±5%）。

例：182=18×10^2=1.8 kΩ±5%；

101=10×10=100 Ω±5%。

特例：R 代表小数点。

精度为 1% 的电阻的电阻用四位数码表示：DDDM（误差不标，默认 T=±1%）。

例：1000=100×10^0=100 Ω ± 1%，2005=200×10^5=20 MΩ ± 1%，4R70 =4.70 Ω。

（2）圆柱形 MELF。

①结构与封装。MELF 电阻器是在高铝陶瓷基体上覆盖金属膜或碳膜，两端压上金属帽电极而成的。

②标记识别方法：色环标记法。

有三色、四色、五色环几种。读数规律与色环电阻相同。

（3）小型固定电阻网络 SOP 是几个相同电阻器集成的复合元件。

特点：体积小、质量轻、可靠性高、可焊性好等。

结构：常用 SOP 封装。

2. SMT 电容

SMT 电容如图 2-25、图 2-26 所示。SMT 电容有两种封装形式：CHIP 电容和钽电容。

图 2-25　SMT 电容

图 2-26　SMT 电容

（1）CHIP 电容。图 2-27 为 CHIP 电容的外形。

①结构：片式电容通体一色，为土黄色。两端是金属可焊端。

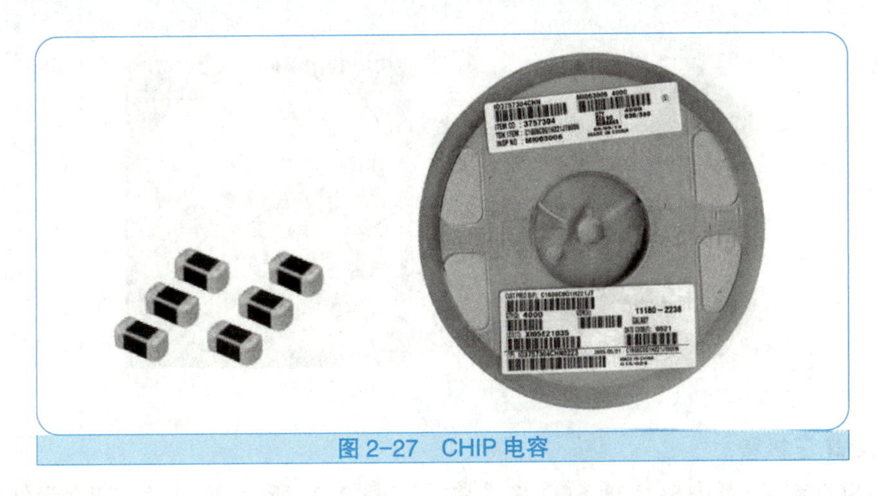
图 2-27　CHIP 电容

②外形尺寸：有 0805、1206、1210、1812、1825 等几种，其中 1206 最常用。片式电容无极性。

③参数识别：DDMT；单位：pF。一般容量和误差标记在外包装上。

如：101 J=10×10^1 pF±5%。

（2）钽电容。

单位体积容量大，是有极性的电容器，有斜坡的一端是正极。电容值标在电容体上。通常采用代码标记。

如：钽电容 336 K/16 V =33 μF/16 V。

3. SMT 电感

形状类似 SMD 钽电容，电感值以代码标注的形式印在元件上或标签上，如图 2-28 所示。

读数规律：DDM±T；单位：μH。

如：303 K=30 mH±10%。

高频电感很小，无极性之分，无电压标定。

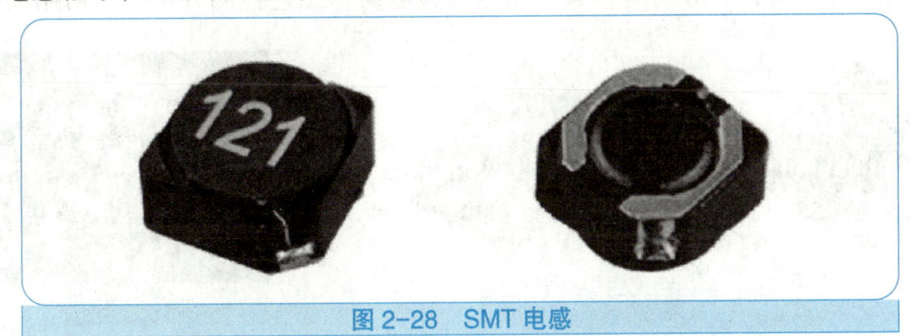

图 2-28　SMT 电感

4. SMD 二极管

图 2-29 为 SMD 二极管外形。

MELF 金属端接头封装。

负极标志：即靠近色环端是元件的负极。

SOT 小外形封装有 SOT23、SOT89 这两种，23、89 代表元件的尺寸。这种外形的二极管很容易与三极管混淆，所以必须查阅元件标签。

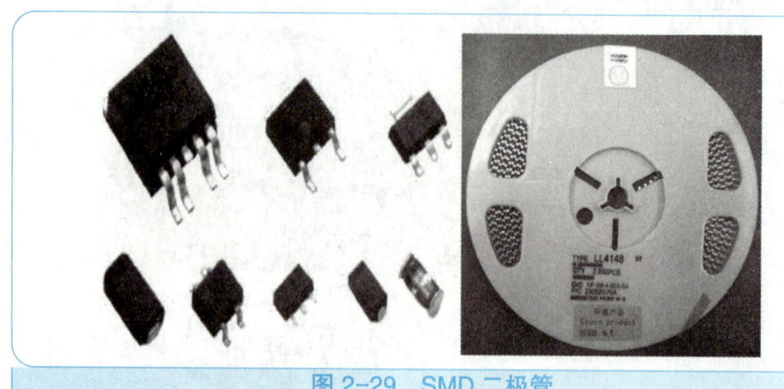

图 2-29　SMD 二极管

5. SMT 三极管

常用SOT封装，其中SOT23、SOT89最常用，如图2-30所示。型号没有印在元件表面上，为区别是三极管还是二极管，必须检查元件带上的标签。

图 2-30　SMT 三极管

6. SMT 集成电路

（1）SOIC。小外形集成电路，也称 SOP。由 DIP 封装演变而来，两边有引脚。有两种不同的引脚形式：SOL 和 SOJ，如图 2-31、图 2-32 所示。

SOL 两边为“鸥翼”形引脚，其特点是焊接容易，工艺检测方便，但占用面积较大。

图 2-31　SOL

SOJ 两边为“J”形引脚，其特点是节省 PCB 板面积，目前集成电路采用 SOJ 的较多。

图 2-32　SOJ

（2）QFP。

即方形扁平式封装技术，四边引脚的小外形 IC，引脚为“鸥翼”形，如图 2-33 所示。其引线多，接触面积大，焊接强度较高。运输、贮存和安装中引线易折弯和损坏，影响器件的共面焊接。

QFP 有正方形和长方形两种，引线距有 50 mil、30 mil 和 25 mil 等。引线数为 44 ～ 160 条。

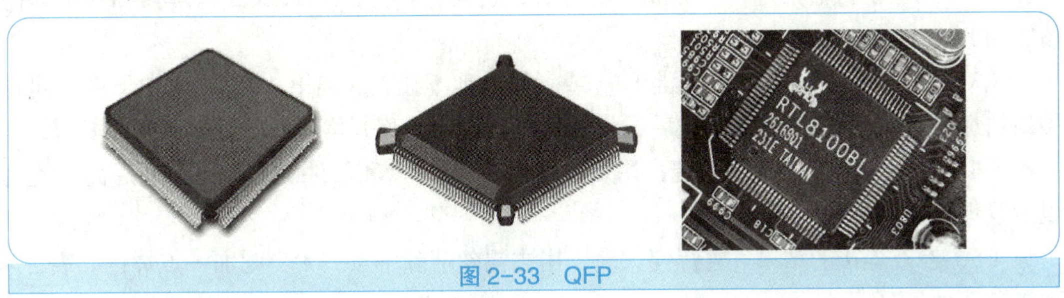

图 2-33　QFP

二、SMT 基本工艺构成

SMT 基本工艺构成主要包含丝印（或点胶）、贴装、固化、回流焊接、清洗、检测、返修。

丝印：其作用是将焊膏或贴片胶漏印到 PCB 板的焊盘上，为元器件的焊接做准备。所用设备为丝印机（丝网印刷机），位于 SMT 生产线的最前端。

点胶：它是将胶水滴到 PCB 板的固定位置上，其主要作用是将元器件固定到 PCB 板上。所用设备为点胶机，位于 SMT 生产线的最前端或检测设备的后面。

贴装：其作用是将表面组装元器件准确安装到 PCB 板的固定位置上。所用设备为贴片机，位于 SMT 生产线中丝印机的后面。

固化：其作用是将贴片胶熔化，从而使表面组装元器件与 PCB 板牢固粘接在一起。所用设备为固化炉，位于 SMT 生产线中贴片机的后面。

回流焊接：其作用是将焊膏熔化，使表面组装元器件与 PCB 板牢固粘接在一起。所用设备为回流焊炉，位于 SMT 生产线中贴片机的后面。

清洗：其作用是将组装好的 PCB 板上面的对人体有害的焊接残留物如助焊剂等除去。所用设备为清洗机，位置可以不固定。

检测：其作用是对组装好的 PCB 板进行焊接质量和装配质量的检测。所用设备有放大镜、显微镜、在线测试仪（ICT）、飞针测试仪、自动光学检测（AOI）、X-RAY 检测系统、功能测试仪等。根据检测的需要，位置可以配置在生产线合适的地方。

返修：其作用是对检测出现故障的 PCB 板进行返工。所用工具为烙铁、返修工作站等。配置在生产线中任意位置。

三、贴片元件手工焊接操作的技巧

1. 焊接两脚器件时

（1）在一个焊盘上熔上少量的焊锡（只需非常少的量）。

（2）用镊子将器件定位到你期望的位置，这样它就待在一个 PCB 裸焊盘和一个焊锡覆盖的 PCB 焊盘上。

（3）现在小心地用镊子抓紧器件（或者简单地不让它脱离第（2）步）向下推，同时用烙铁加热 PCB 焊盘，焊锡熔化后，将器件推到焊盘，移开烙铁，然后转入第（4）步。

（4）仔细焊接器件的另一端，用烙铁触及 PCB 焊盘和器件的引脚，添加焊锡，使之也触及焊盘和引脚。

（5）检查焊接的结果。若焊锡太多，用去锡丝清除一点；太少则加一点焊锡。表 2-4 列出了几种情况。

表 2-4 检查焊接的结果

焊锡太少	优秀焊锡结合	焊锡太多
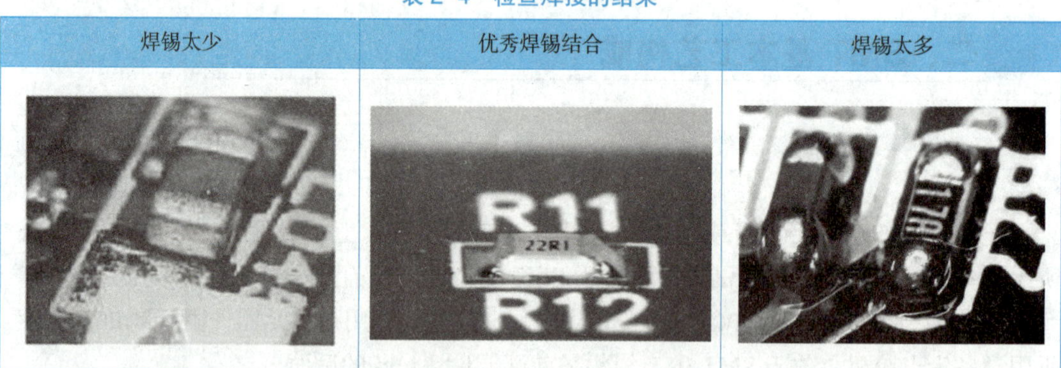		

2. 焊接 IC 时

（1）在 PCB 板一个容易触及的焊盘上上少量的焊锡。通常最佳的选择就是最端的焊盘，如图 2-34 所示。

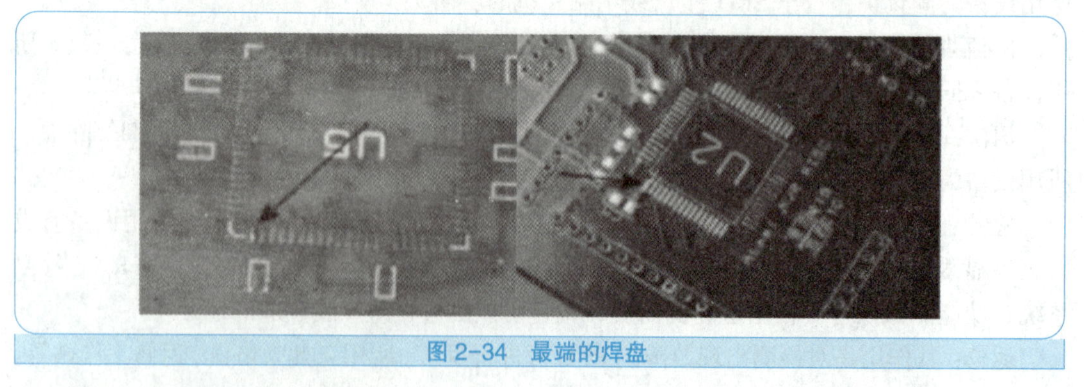

图 2-34 最端的焊盘

（2）在要焊的 IC 全部焊盘上上焊膏，如图 2-35 所示。一遍焊膏要足够，不要在板上堆积焊膏。

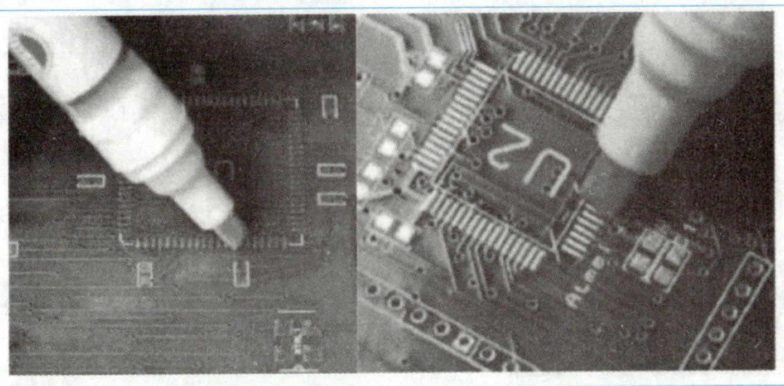

图 2-35　在焊盘上上焊膏

（3）现在把器件放在引脚图上，熔化一个引脚上的焊锡，如图 2-36 所示。同时可能需要用镊子或手指来调整器件位置。

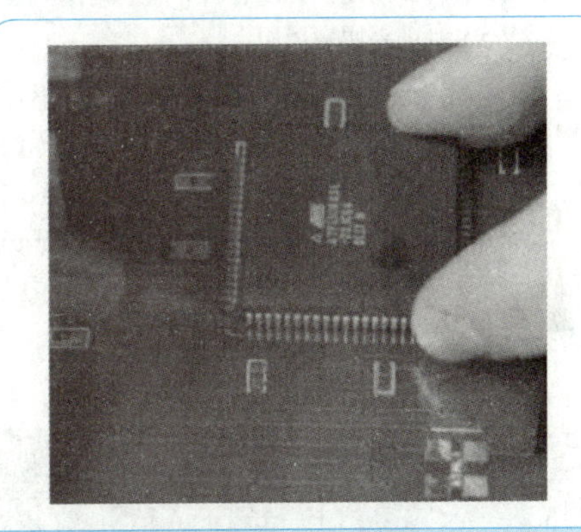
图 2-36　熔化一个引脚上的焊锡

（4）检查整个器件看看引脚的对齐情况。如果步骤（3）做得好引脚就会对齐。如果不是这样，熔化已经焊好的那个引脚并使用镊子使之对齐。

（5）现在继续焊接其他引脚，按交叉方式进行（例如焊接完步骤（3）里的引脚后，焊其对面的引脚），这将避免先焊角部所导致的器件移位，如图 2-37 所示。

图 2-37　按交叉方式进行焊接

（6）使用高倍数的放大镜查看焊接点。主要是查找短路的地方，但也要查找不完整的焊接点。

（7）取下一段去锡丝，用以移除引脚上多余的焊锡，如图 2-38 所示。

（8）再次检查焊接点。参考表 2-5 ～表 2-8 所示的标准进行检查。

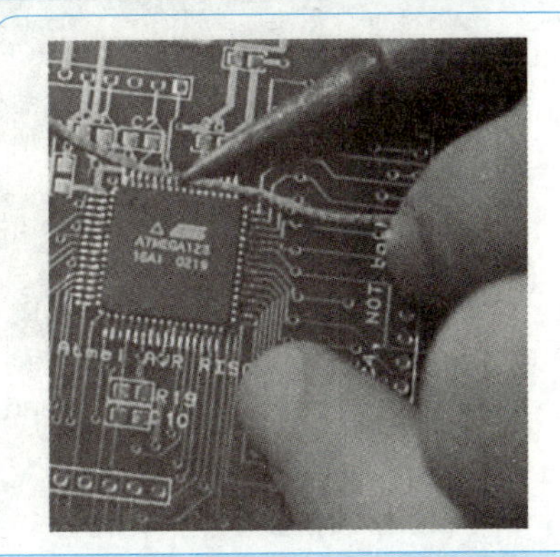
图 2-38　移除引脚上多余的焊锡

表 2-5 两段元件焊接标准

合格：

（1）元件的两端焊接情形良好。

（2）焊锡的外观呈内凹弧面的形状。

基本合格：

（1）焊锡高度：可以超出焊盘或爬伸至金属镀层端帽可焊端的顶部，但不可接触元件体。

（2）其他参照解说图。

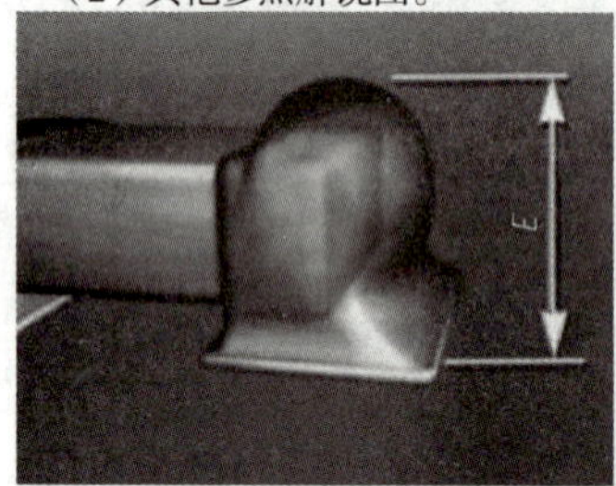

不合格：

（1）可焊端末端偏移超出焊盘。

（2）元件侧件、翻件、立件等不良。

（3）元件偏移 $A > 0.2W$（W 为元件脚宽）。

（4）元件有拉锡尖，高度不可超过 0.3 mm。

电阻翻件

电容假焊

电容侧件

电阻立件

电容立件

可焊端末端偏移超出焊盘

表 2-6　SOT 元件焊接标准

合格：

（1）元件脚放置于焊盘中央。

（2）元件脚呈良好的粘锡情形。

（3）元件脚的表面呈洁净光亮。

（4）元件脚平贴于焊盘上。

（5）焊锡在元件脚上呈平滑的弧面。

基本合格：

（1）元件脚不可超出焊盘。

（2）元件脚与相邻未遮盖铜箔或焊盘的距离大于 0.13 mm。

（3）元件脚的粘锡量达 80% 以上。

（4）元件脚偏移 $A \leqslant 0.2W$。

不合格：

（1）焊锡的外观有断裂的情形。

（2）元件有短路的情形。

（3）元件有锡薄或空焊等不良情形。

（4）锡满触及元件本体。

（5）元件脚偏移 $A > 0.2W$。

表 2-7 双列封装 IC 器件焊接标准

合格：

（1）元件脚呈良好的粘锡情形。

（2）元件脚的表面呈洁净光亮。

（3）焊锡在元件脚上呈平滑的下抛物线形。

（4）元件脚前端上锡量满足 1/2 元件脚厚度。

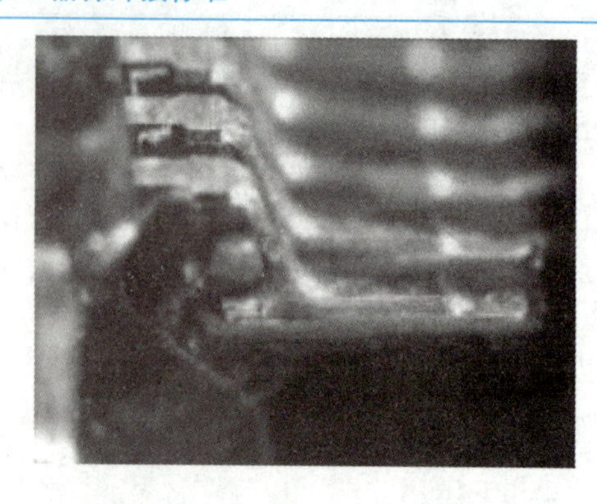

基本合格：

（1）满足元件脚放置验收标准。

（2）元件脚前端没有超出焊盘。

（3）元件脚的粘锡量须达 80% 以上。

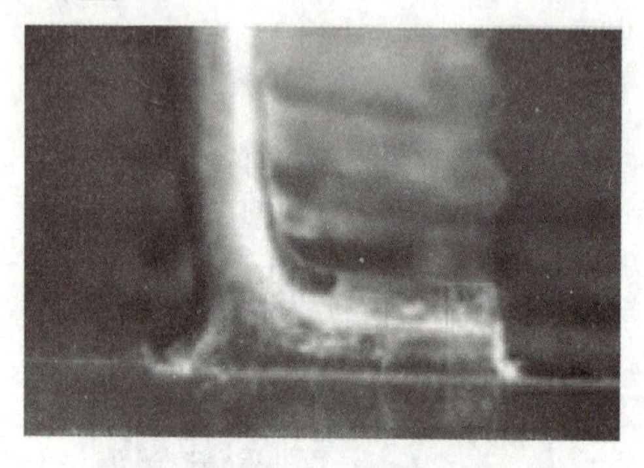

不合格：

（1）焊锡的外观有断裂的情形。

（2）元件有短路的情形。

（3）元件脚有锡过多、锡薄、空焊等不良情形。

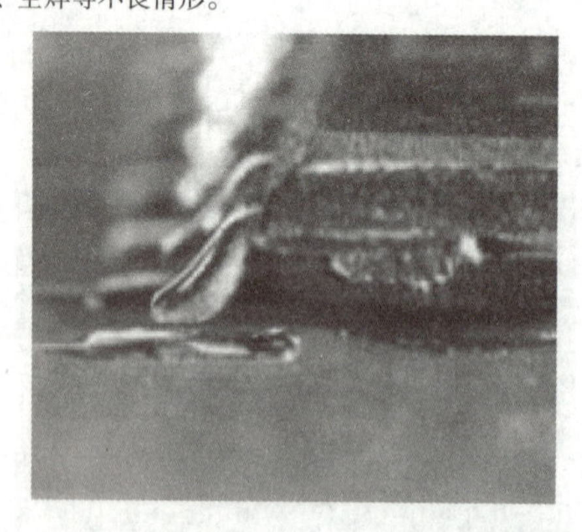

表 2-8　J 形脚器件焊接标准

合格：

（1）元件脚位于焊盘中央。

（2）元件脚端点与焊盘间充满足够的焊锡，且呈平滑圆弧形。

（3）焊锡爬升至元件脚两端的转折处。

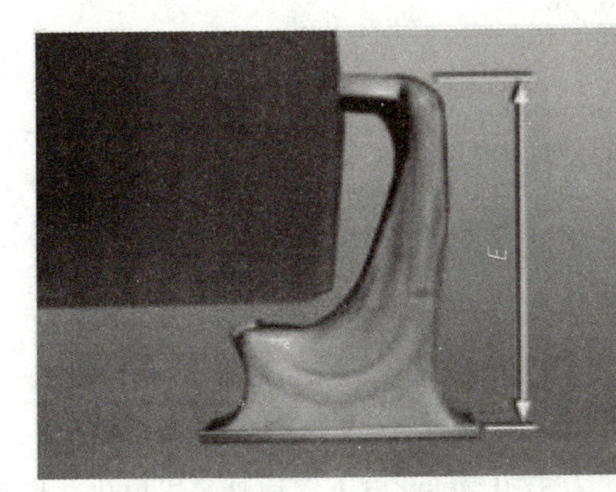

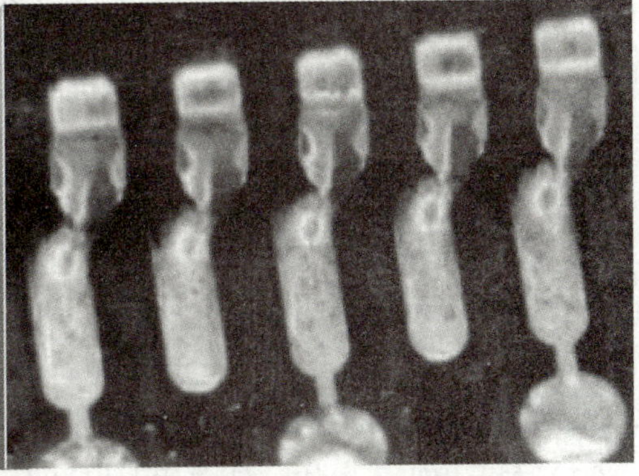

基本合格：

（1）焊锡未全部充满于元件脚接触面与焊盘上，但是元件周围的底部超过如上图所示的垂直面 L（L 形面），且焊锡面呈圆弧形。

（2）元件脚与焊盘的焊锡宽度 $C \geqslant \frac{1}{2}W$。

（3）锡较多，但未接触元件本体。

不合格：

（1）焊锡未全部充满于元件接触端与焊盘上，且元件脚周围的底部没有超出验收所描述的垂直面。

（2）元件脚偏出宽度 $A > \frac{1}{4}W$。

（3）元件脚与焊盘的焊锡宽度 $C < \frac{1}{2}W$。

（4）锡多，接触元件本体。

任务实训

实训：贴片元件手工锡焊训练

1. 设备及工量具

万用表（指针式、数字式）、常用电子工具、电烙铁及带 5 V 直流电的工作台。

2. 实训过程

按照下面的步骤，完成 45 个贴片元件焊接，每个元件不超过 10 s。

（1）电烙铁的温度调至 330 ℃ ±30 ℃之间，如图 2-39 所示。

（2）放置元件在对应的位置上，如图 2-40 所示。

图 2-39 电烙铁

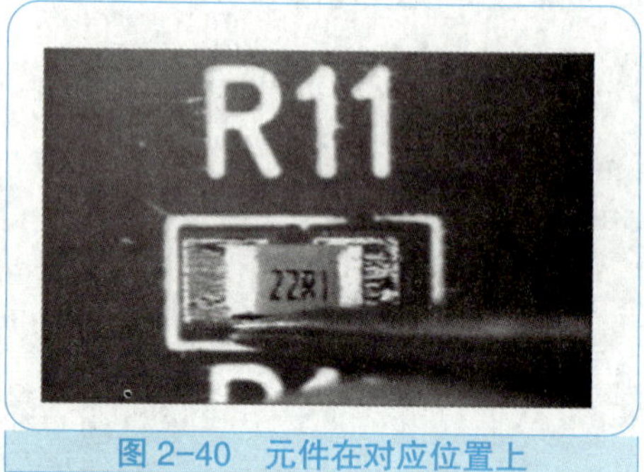

图 2-40 元件在对应位置上

（3）左手用镊子夹持元件定位在焊盘上，右手用烙铁将已上锡焊盘的锡熔化，将元件定焊在焊盘上，如图 2-41 所示。

（4）用烙铁头加焊锡丝到焊盘，将两端分别进行固定焊接，如图 2-42 所示。

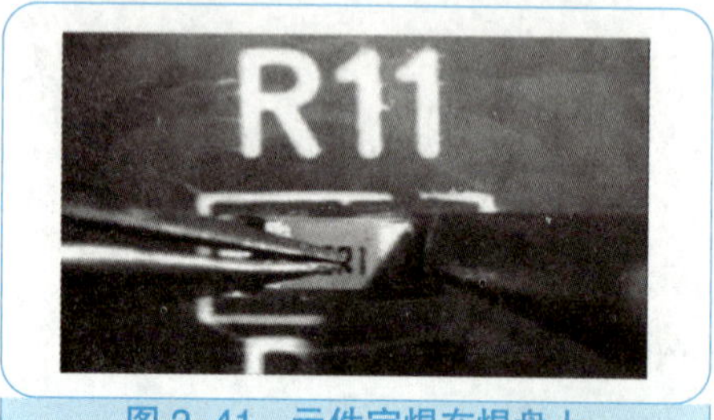

图 2-41 元件定焊在焊盘上

图 2-42 两端分别固定焊接

（5）检查焊好的元件，如图 2-43 所示。

图 2-43 焊好的元件

3. 实训交验

实训交验时请填写实训交验表，见表 1-3。

4. 实训评定

贴片手工焊接训练的评价请参考表 2-9。

表 2-9　贴片手工焊接操作技能考核评分记录表

序号	主要内容	考核内容	配分	评分标准	扣分	得分
1	焊接工具及装配检测工具的选用	(1) 焊接工具的选用； (2) 装配检测工具的选用	10	选用不正确扣 2 分， 使用错误扣 2 分		
2	元器件焊点质量	元器件的焊接	90	有一处焊点不符合要求的扣 2 分		
3	文明生产规定	安全用电，无人为损坏元器件、加工件和设备		发生安全事故，视情况扣分		

知识拓展

新型烙铁、热风焊台及自动焊接技术知识

1. 新型烙铁

1）电池烙铁

电池烙铁是一种利用电池作为自备电源，能够独立运用的新型烙铁，也叫瓦斯烙铁。特制的一体化焊嘴与自备电池、开关控制电路共同构建电池烙铁，如图 2-44 所示。

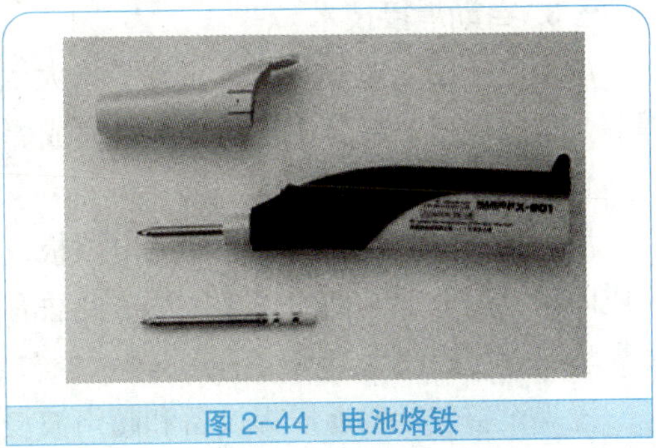

图 2-44　电池烙铁

2）燃气烙铁

燃气烙铁是以燃气作为能源的电烙铁，如图 2-45 所示。燃气烙铁是由壳体、烙铁头、燃气室、火口、火嘴、手柄、调节阀组成，其特征在于旋转调节阀，使气体经过输气管，从火嘴处进入燃气室，用打火机或火柴在火口处引燃，燃气在燃气室内燃烧，使特殊金属所制的烙铁头短时间内达到所需温度。

3）无绳烙铁

无绳烙铁是一种不受操作距离限制的专用无绳（线）焊接工具，如图 2-46 所示。其优点是克服了有线电烙铁使用不方便，有电线缠绕烦恼，使用操作距离受到限制，有静电感应危害，易静电击穿烧坏电子部件等缺点。一套无绳烙铁设计是由一种能够自身贮存大量热能的无绳（线）烙铁单元和其专用红外线充热恒温式烙铁架（焊台）单元两部分组成。

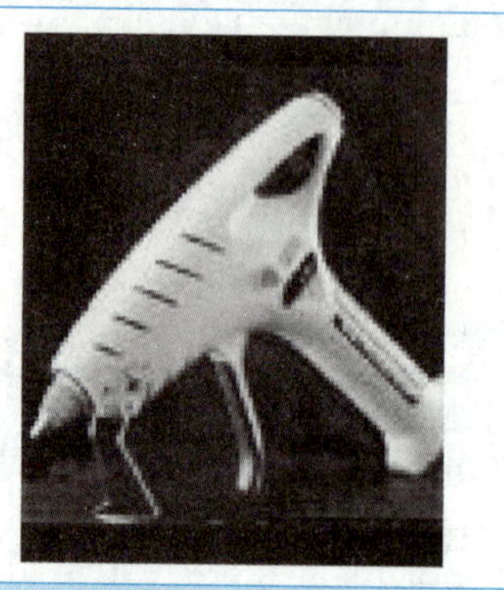
图 2-45 燃气烙铁

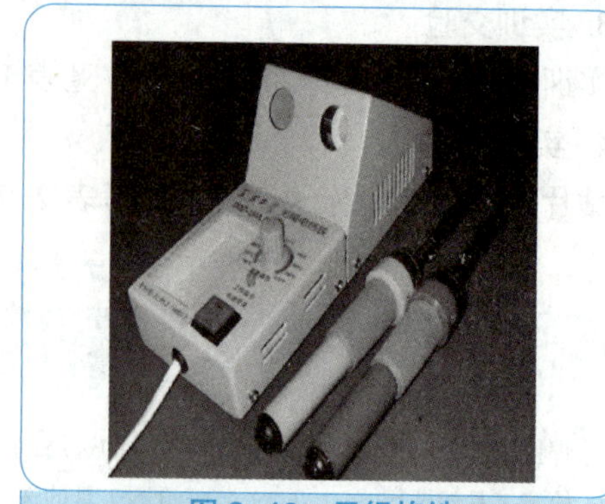
图 2-46 无绳烙铁

2. 热风焊台

热风焊台如图 2-47 所示，它是通过热空气加热焊锡来实现焊接功能的。黑盒子里面是一个气泵，性能好的气泵噪声较小。气泵的作用是不间断地吹出空气，气流顺着橡皮管流向前面的手柄，手柄里面是焊台的加热芯，通电后会发热，里面的气流顺着风嘴出来时就会把热量带出来。

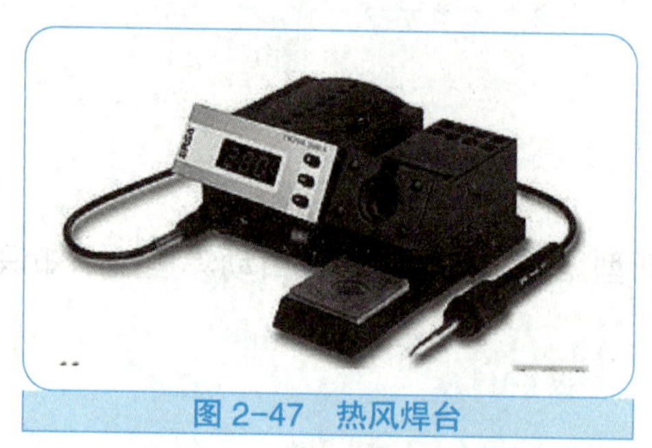
图 2-47 热风焊台

3. 自动焊接技术

电子产品的工业焊接技术主要是指大批量生产的自动焊接技术，如浸焊、波峰焊、软焊等。这些焊接一般是用自动焊接机完成焊接，而不是用手工操作。

1）浸焊与浸焊设备

浸焊是将安装好元器件的印制电路板，在装有已熔化焊锡的锡锅内浸一下，一次即可完成印制板上全部元件的焊接方法。此法有人工浸焊和机器浸焊两种方法，常用的是机器浸焊。浸焊可提高生产率，消除漏焊。

图 2-48 浸焊设备——台式浸焊机

浸焊设备包括普通浸焊设备和超声波浸焊设备两种，普通浸焊设备又可分为人工浸焊设备和机器浸焊设备两种。人工浸焊设备由锡锅、加热器和夹具等组成；机器浸焊设备由锡锅、振动头、传动装置、加热电炉等组成。超声波浸焊设备由超声波发生器、换能器、水箱、换料槽、加温设备等几部分组成，适用于一般锡锅较难焊接的元器件，利用超声波增加焊锡的渗透性。图 2-48 为一种台式浸焊机设备。

2）波峰焊与波峰焊机

（1）波峰焊接的基础知识。波峰焊接是让安装好元件的印制电路板与熔融焊料的波峰相接触，以实现焊接的一种方法。这种方法适于工业大批量焊接，焊接质量好，如与自动插件机器配合，可实现半自动化生产。

（2）波峰焊接的流水工艺。工艺过程为：将印制板（插好元件的）装上夹具→喷涂助焊剂→预热→波峰焊接→冷却→切除焊点上的元件引线头→残脚处理→出线，如图 2-49 所示。

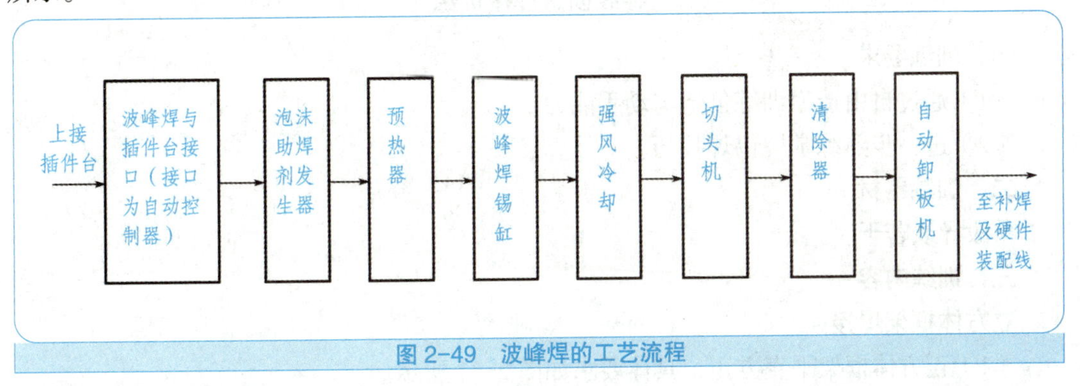

图 2-49 波峰焊的工艺流程

印制板的预热温度为 60 ℃～ 80 ℃，波峰焊的温度为 240 ℃～ 245 ℃，并要求锡峰高于铜箔面 1.5 ～ 2 mm，焊接时间为 3 s 左右。切头工艺是用切头机对元器件焊点上的引线加以切除，残脚处理是用清除器的毛刷对焊点上残留的多余焊锡进行清除，最后通过自动卸板机把印制电路板送往硬件装配线。

（3）波峰焊机简介。波峰焊机在构造上有圆周形和直线形两种，二者构造都是由涂助焊剂装置、预热装置、焊料槽、冷却风扇和传动机构等组成。波峰焊机外形如图 2-50 所示。

图 2-50 波峰焊机

工作过程：将已插好元器件的印制板放在能控制速度的传送导轨上；导轨下面有温度能自动控制的熔锡缸，锡缸内装有机械泵和具有特殊结构的喷口。机械泵根据要求不断压出平稳的液态锡波，焊锡以波峰的形式源源不断地溢出，进行波峰焊接。

拓展训练

导线创意焊接训练

一、训练要求

（1）通过自由造型训练创造与动手能力。

（2）进一步熟练掌握锡焊技巧。

二、训练器材

单股导线若干。

三、训练内容

立方体框架焊接

（1）正方体框架平直方正，具体要求如图 2-51 所示。

（2）导线及外皮无损伤。

（3）焊点光亮、大小适中。

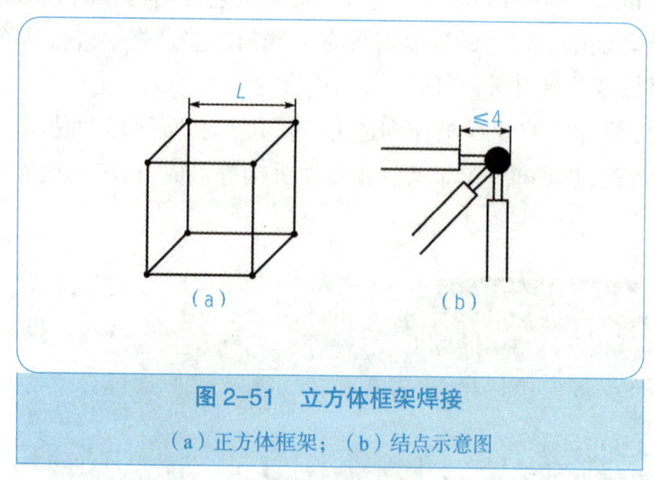

图 2-51 立方体框架焊接

（a）正方体框架；（b）结点示意图

自己设计、自己制作导线焊接工艺品（可根据设计需要添加其他材料），如图 2-52 所示。

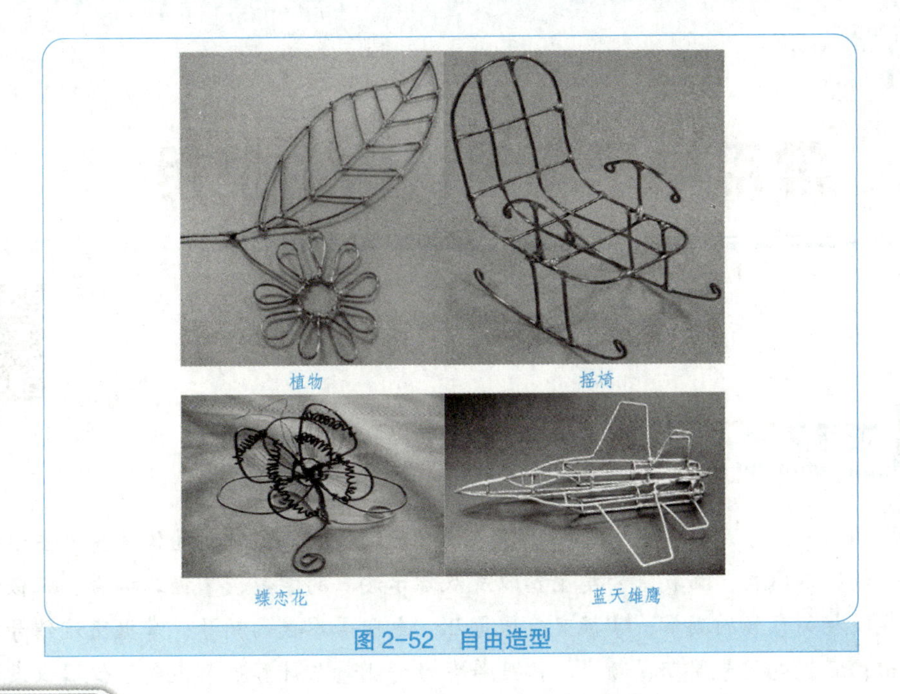

图 2-52 自由造型

创意DIY

自制布线笔

材料和工具：注射针头一个（将头磨平）、完整的旧圆珠笔杆一根、铜丝一卷（含卷轴）、长螺杆一个（螺杆直径和铜丝卷轴孔径相当，长度比卷轴高度长 1 cm左右），如图 2-53 所示。

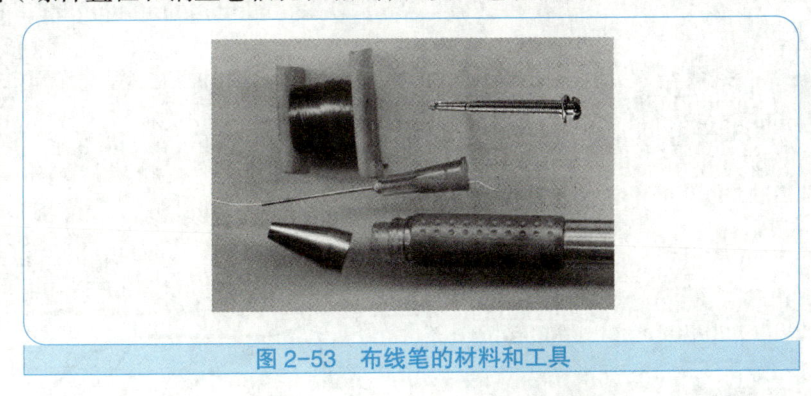
图 2-53 布线笔的材料和工具

组装：如图 2-54 所示，在笔杆上钻一个孔，比螺杆直径略小，用螺杆将铜丝卷轴固定在笔杆上。将铜丝从笔杆末端穿进去，从笔杆前段穿出来。然后将铜丝穿过注射器针头，再用笔头帽将针头固定在笔杆上。这样一支布线笔就做成了。

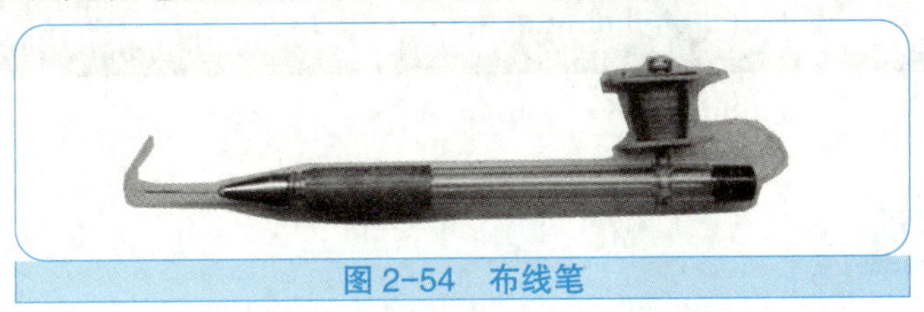
图 2-54 布线笔

项目三

常用电子测量仪器的使用

大国重器·构筑基石

项目简介

本项目介绍了几种常用电子仪器仪表的功能及使用。通过对晶体管特性图示仪、指针/数字万用表、函数信号发生器以及双踪示波器的学习，掌握二极管、三极管特性曲线及相关参数的测量；掌握交直流电压、电阻等参数的测量；掌握交流信号的调试输出；掌握电信号周期、频率、幅度等参数的测量与计算；掌握电子仪器仪表的正确使用方法；掌握仪器仪表使用注意事项；结合各个项目实训，掌握仪器仪表在实际电路、学习中的灵活运用。培养学生严谨认真的工作态度；学习前人的思维方法和坚韧不拔的科学精神。

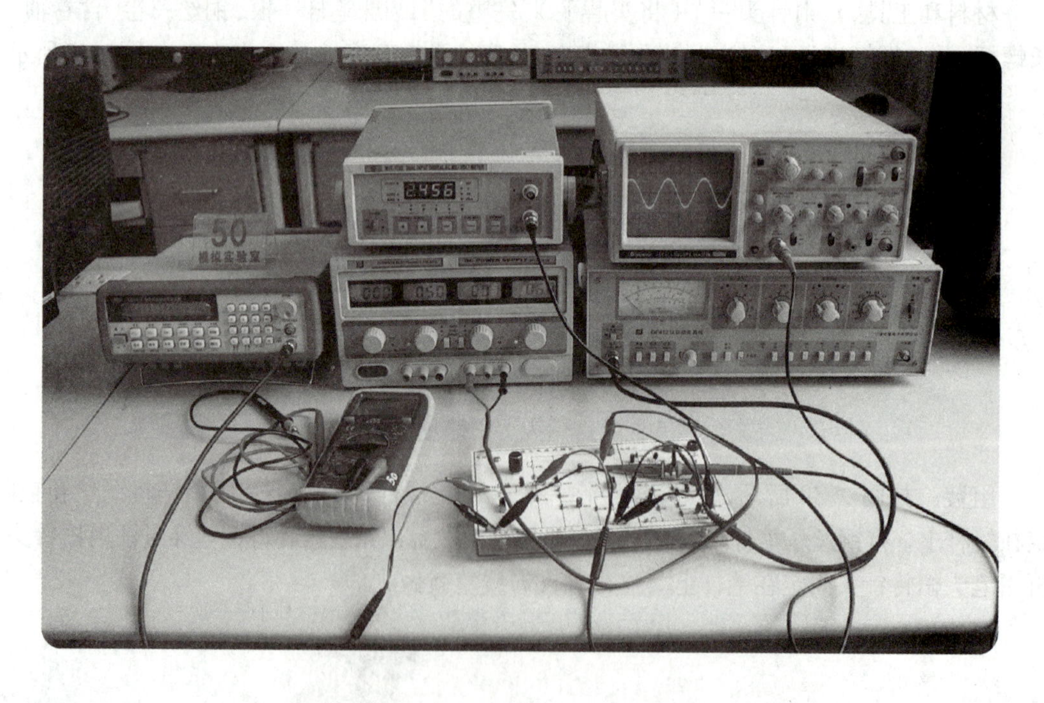

项目实训

任务一　晶体管特性图示仪的使用

任务目标

（1）能掌握晶体管特性图示仪的面板结构，了解晶体管特性图示仪的测量功能。

（2）能掌握晶体管特性图示仪的正确使用方法。

情景描述

晶体管特性图示仪是一种专用示波器，它能直接观察各种晶体管特性曲线。可用来测定晶体二极管的伏安特性曲线，三极管的输入特性、输出特性和电流放大特性，各种反向饱和电流、各种击穿电压，场效应管的漏极特性、转移特性、夹断电压和跨导等参数。同时，该仪器上备有两个插座，可接入两只晶体管，通过开关的转换，能迅速比较两只晶体管的同类特性，便于筛选元器件，用途广泛。

任务准备

一、晶体管特性图示仪的工作原理

1. 晶体管特性图示仪的组成框图

晶体管特性图示仪主要由集电极扫描发生器、基极阶梯发生器、同步脉冲发生器、X轴电压放大器、Y轴电流放大器、示波管、电源及各种控制电路等组成，如图 3-1 所示。

2. 各组成的主要作用

（1）集电极扫描发生器的主要作用，是产生集电极扫描电压，其波形是正弦半波波形，幅值可以调节，用于形成水平扫描线。

（2）基极阶梯发生器的主要作用，是产生基极阶梯电流信号，其阶梯的高度可以调节，用于形成多条曲线簇。

（3）同步脉冲发生器的主要作用，是产生同步脉冲，使扫描发生器和阶梯发生器的信号严格保持同步。

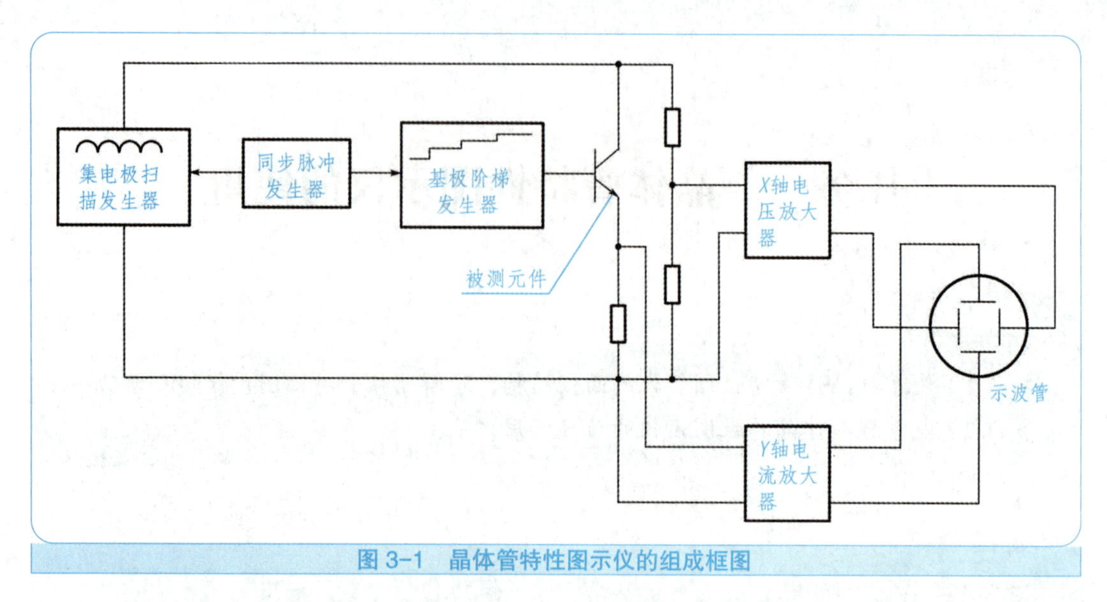

图 3-1　晶体管特性图示仪的组成框图

（4）*X* 轴电压放大器和 *Y* 轴电流放大器的主要作用，是把从被测元件上取出的电压信号（或电流信号）进行放大，达到能驱动显示屏发光之所需，然后送至示波管的相应偏转板上，以在屏面上形成扫描曲线。

（5）示波管的主要作用，是在荧屏面上显示测试的曲线图像。

（6）电源和各种控制电路的主要作用，电源是提供整机的能源供给，各种控制电路是便于测试转换和调节。

二、XJ4810 型晶体管特性图示仪的面板介绍

XJ4810 型晶体管特性图示仪面板如图 3-2 所示，其各功能键说明见表 3-1。

表 3-1　XJ4810 型晶体管特性图示仪各功能键说明

序号	按钮说明	功能说明
1	集电极电源极性按钮	
2	集电极峰值电压保险丝	1.5 A
3	峰值电压	峰值电压可在 0 ~ 10 V、0 ~ 50 V、0 ~ 100 V、0 ~ 500 V 之间连续可调
4	功耗限制电阻	它是串联在被测管的集电极电路中，限制超过功耗，亦可作为被测半导体管集电极的负载电阻
5	峰值电压范围	分 0 ~ 10 V/5 A、0 ~ 50 V/1 A、0 ~ 100 V/0.5 A、0 ~ 500 V /0.1 A 四挡
		AC 挡：专为二极管或其他元件的测试提供双向扫描，以便能同时显示器件正反向的特性曲线

续表

序号	按钮说明	功能说明
6	电容平衡	因集电极电流输出端对地存在各种杂散电容，将形成电容性电流，因而在电流取样电阻上产生电压降，造成测量误差。为了尽量减小电容性电流，测试前应调节电容平衡，使容性电流减至最小
7	辅助电容平衡	针对集电极变压器次级绕组对地电容的不对称，而再次进行电容平衡调节
8	电源开关及辉度调节	旋钮拉出，接通仪器电源，旋转旋钮可以改变示波管光点亮度
9	电源指示	接通电源时灯亮
10	聚焦旋钮	调节旋钮可使光迹清晰
11	荧光屏幕	示波管屏幕，外有坐标刻度片
12	辅助聚焦	与聚焦旋钮配合使用，使光迹清晰
13	*Y*轴选择（电流 / 度）开关	具有 22 挡四种偏转作用的开关。可以进行集电极电流、基极电压、基极电流和外接的不同转换
14	电流 / 度 ×0.1 倍率指示灯	灯亮时，仪器进入电流 / 度 ×0.1 倍工作状态
15	垂直移位及电流 / 度倍率开关	调节迹线在垂直方向的移位。若旋钮拉出，放大器增益扩大 10 倍，电流 / 度各挡 I_C 标值 ×0.1，同时指示灯 14 亮
16	*Y*轴增益	校正 *Y* 轴增益
17	*X*轴增益	校正 *X* 轴增益
18	显示开关	转换：使图像在Ⅰ、Ⅲ象限内相互转换，便于由 NPN 管转测 PNP 管时简化测试操作
		接地：放大器输入接地，表示输入为零的基准点
		校准：按下校准键，光点在 *X*、*Y* 轴方向移动的距离刚好为 10°，以达到 10° 校正目的
19	*X*轴移位	调节光迹在水平方向的移位
20	*X*轴选择（电压 / 度）开关	可以进行集电极电压、基极电流、基极电压和外接四种功能的转换，共 17 挡
21	“级 / 簇”调节	在 0 ～ 10 的范围内可连续调节阶梯信号的级数
22	调零旋钮	测试前，应首先调整阶梯信号的起始级零电平的位置

续表

序号	按钮说明	功能说明
23	阶梯信号选择开关	可以调节每级注入被测管的基极电流大小，作为测试各种特性曲线的基极信号源，共22挡
24	串联电阻开关	当阶梯信号选择开关置于电压/级的位置时，串联电阻将串联在被测管的输入电路中
25	重复/关按键	弹出为“重复”，表示阶梯信号重复出现；按下为“关”，表示阶梯信号处于待触发状态
26	阶梯信号待触发指示灯	重复按键按下时灯亮，阶梯信号进入待触发状态
27	单簇按键开关	使预先调整好的电压（电流）/级，出现一次阶梯信号后回到等待触发位置，因此可利用它瞬间作用的特性来观察被测管的各种极限特性
28	极性按键	极性的选择取决于被测管的特性
29	测试台	
30	测试选择按键	“左”“右”“二簇”：可以在测试时任选左右两个被测管的特性，当置于“二簇”时，即通过电子开关自动地交替显示左右二簇特性曲线，此时“级/簇”应置适当位置，以利于观察。二簇特性曲线比较时，请不要误按单簇按键
		“零电压”键：按下此键用于调整阶梯信号的起始级在零电平的位置，见22项
		“零电流”键：按下此键时被测管的基极处于开路状态，即能测量 I_{CEO} 特性
31、32	左右测试插孔	插上专用插座，可测试F1、F2型管座的功率晶体管
33～35	晶体管测试插座	
36	二极管反向漏电流专用插孔（接地端）	
37	二簇位移旋钮	在二簇显示时，可改变右簇曲线的位移，方便配对晶体管各种参数的比较
38	Y轴信号输入	Y轴选择开关置外接时，Y轴信号由此插座输入
39	X轴信号输入	X轴选择开关置外接时，X轴信号由此插座输入
40	校准信号输出端	1 V、0.5 V校准信号由此二孔输出

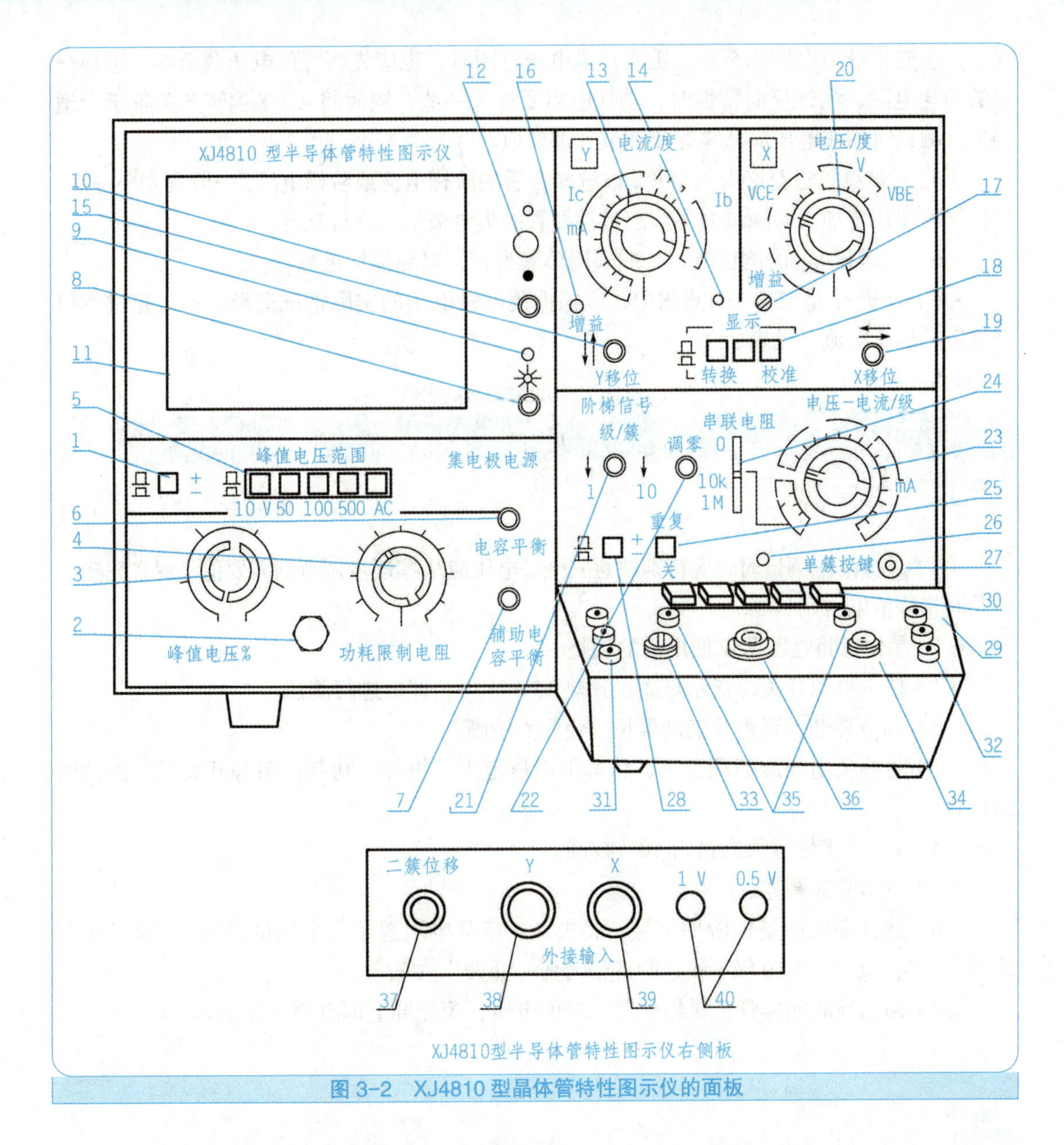

图 3-2 XJ4810 型晶体管特性图示仪的面板

三、晶体管特性图示仪使用前的注意事项及调整

1. 晶体管特性图示仪使用前的注意事项

为保证仪器的合理使用，既不损坏被测晶体管，也不损坏仪器内部线路，在使用仪器前应注意下列事项：

（1）对被测管的主要直流参数应有一个大概的了解和估计，特别要了解被测管的集电极最大允许耗散功率 P_{CM}、最大允许电流 I_{CM} 和击穿电压 U_{EBO}、U_{CBO}。

（2）选择好扫描和阶梯信号的极性，以适应不同管型和测试项目的需要。

（3）根据所测参数或被测管允许的集电极电压，选择合适的扫描电压范围。一般情况下，应先将峰值电压调至零，更改扫描电压范围时，也应先将峰值电压调至零。选择一定的功耗电阻，测试反向特性时，功耗电阻要选大一些，同时将 X、Y 偏转开关置于合适挡位。测试时扫描电压应从零逐步调节到需要值。

（4）对被测管进行必要的估算，以选择合适的阶梯电流或阶梯电压，一般宜先小一点，再根据需要逐步加大。测试时不应超过被测管的集电极最大允许功耗。

（5）在进行 I_{CM} 的测试时，一般采用单簇为宜，以免损坏被测管。

（6）在进行 I_C 或 I_{CM} 的测试中，应根据集电极电压的实际情况选择，不应超过本仪器规定的最大电流，见表 3-2。

表 3-2 最大电流对照表

电压范围 /V	0 ～ 10	0 ～ 50	0 ～ 100	0 ～ 500
允许最大电流 /A	5	1	0.5	0.1

（7）进行高压测试时，应特别注意安全，电压应从零逐步调节到需要值。观察完毕，应及时将峰值电压调到零。

2. 晶体管特性图示仪使用前的调整

（1）按下电源开关，指示灯亮，预热 15 min 后，即可进行测试。

（2）调节辉度、聚焦及辅助聚焦，使光点清晰。

（3）将峰值电压旋钮调至零，将峰值电压范围、极性、功耗电阻等开关置于测试所需位置。

（4）对 X、Y 轴放大器进行 10° 校准。

（5）调节阶梯调零。

（6）选择需要的基极阶梯信号，将极性、串联电阻置于合适挡位，调节“级 / 簇”旋钮，使阶梯信号为 10 级 / 簇，阶梯信号置“重复”位置。

（7）插上被测晶体管，缓慢地增大峰值电压，荧光屏上即有曲线显示。

任务实训

实训：晶体管特性图示仪的基本操作

1. 设备及工量具

XJ4810 型晶体管特性图示仪 1 台 / 组（或选用其他型号），整流二极管 1N4148、普通二极管 2AP9 各 1 只 / 组，薄白纸 2 张 / 组。

2. 实训过程

（1）了解 XJ4810 型晶体管特性图示仪的面板结构和各操作部件的主要作用。

（2）参考前面介绍的晶体管图示仪使用前的注意事项，并按（1）～（6）步骤进行具体操作。

（3）参考前面介绍的晶体管图示仪使用前的调整，对仪器进行调整操作。

（4）按基本操作要求开机后，除了测试“反向击穿电压”时，“峰值电压范围”选择“0 ～ 100 V”，其他测试项目“峰值电压范围”必须放在“0 ～ 10 V”。

（5）测量晶体二极管的正向特性曲线，注意观察，最大电流不要大于 30 mA。测试条件：功耗电阻为 1 kΩ，测试电流为 10 mA。

3. 实训交验

实训交验时请填写实训交验表，见表 1-3。

4. 实训评定

实训评定时请填写实训内容评定表，见表 3-3。

表 3-3 实训内容评定表

班级		姓名		学号		得分	
项目	考核要求		配分	评分标准			得分
晶体管特性图示仪面板认知	（1）面板各组成部分的作用； （2）各功能键功能		20	（1）作用认识每错一个扣 2 分； （2）功能说明每错一个扣 2 分			
晶体管特性图示仪的调整	（1）使用注意事项要严格注意； （2）晶体管特性图示仪使用前的调整		30	（1）操作时未按操作注意事项执行的，每处扣 5 分； （2）未按操作步骤调整的，每处扣 2 分			
晶体管特性图示仪的基本操作	严格按照操作步骤进行基本操作及测量		40	未按要求进行操作的，每处扣 1 ～ 5 分			
安全文明操作	（1）工作台上的工具及各种仪器仪表摆放整齐； （2）严格遵守安全操作规程		10	（1）工作台面不整洁，扣 1 ～ 2 分； （2）违反安全文明操作规程，酌情扣 1 ～ 5 分			
合计			100				
教师签名							

任务二 万用表的使用

任务目标

（1）能熟悉万用表的面板，了解万用表的测量功能。

（2）能正确使用指针式和数字式两种万用表进行各种参数测量。

情景描述

万用表又称为复用表、多用表、三用表、繁用表等，是电力电子等部门不可缺少的测量仪表，一般以测量电压、电流和电阻为主要目的。万用表按显示方式分为指针万用表和数字万用表，是一种多功能、多量程的测量仪表，一般万用表可测量直流电流、直流电压、交流电流、交流电压、电阻和音频电平等，有的还可以测交流电流、电容量、电感量及半导体的一些参数（如β）等。

任务准备

一、MF-47 型指针式万用表的使用

1. MF-47 型指针式万用表的基本结构

万用表面板

MF-47 型指针式万用表的基本结构如图 3-3 所示。

（1）标度尺与表盘符号。

在电阻测量标度尺上，表针满偏（刻度盘最右端）刻度为 0，最大刻度值（刻度盘最左端）为∞，该标度尺上的数值是按“$R\times1$”挡标注的，当选用其他欧姆挡量程时，应乘以相应的倍率。

交直流电压和直流电流测量共用同一标度尺，标度尺下面有三组刻度，用于不同量程的读数换算。如被测交流电压值为 20 V，则选取交流电压 50 V 挡位，即标度尺满刻度为 50 V，根据该标度尺下第二组刻度读取被测量的大小。

（2）读取数值。

测量电阻：阻值 = 读数 × 倍率；

测量电压、电流：所选的挡位即为对应表盘满刻度值，直接读数即可；

注意读数应估读一位。

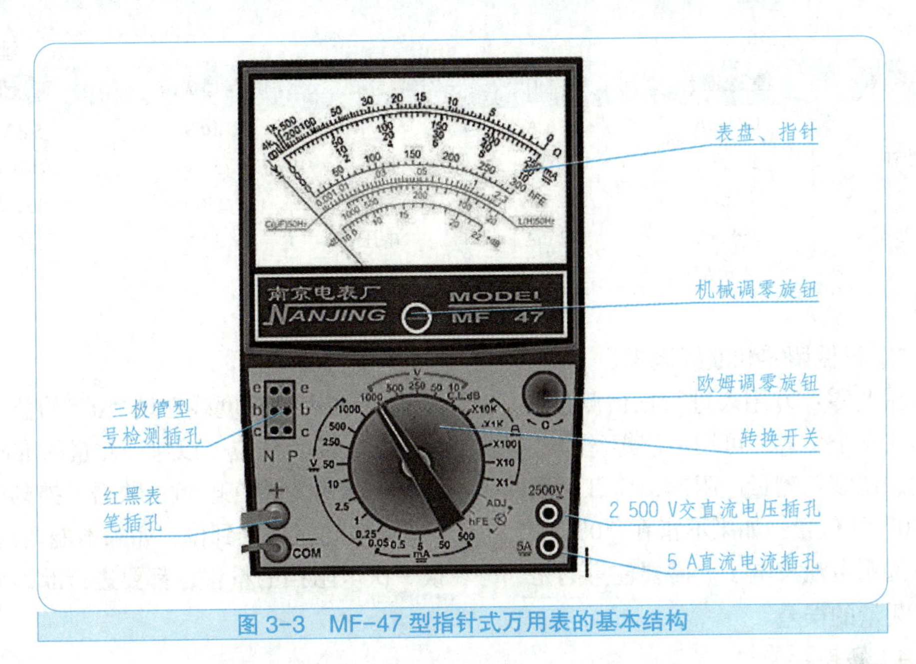

图 3-3 MF-47 型指针式万用表的基本结构

图 3-4 为 MF-47 型指针式万用表标度尺偏转情况，结合表 3-4 中的各种测量项，选择量程，计算出被测量的测量值。

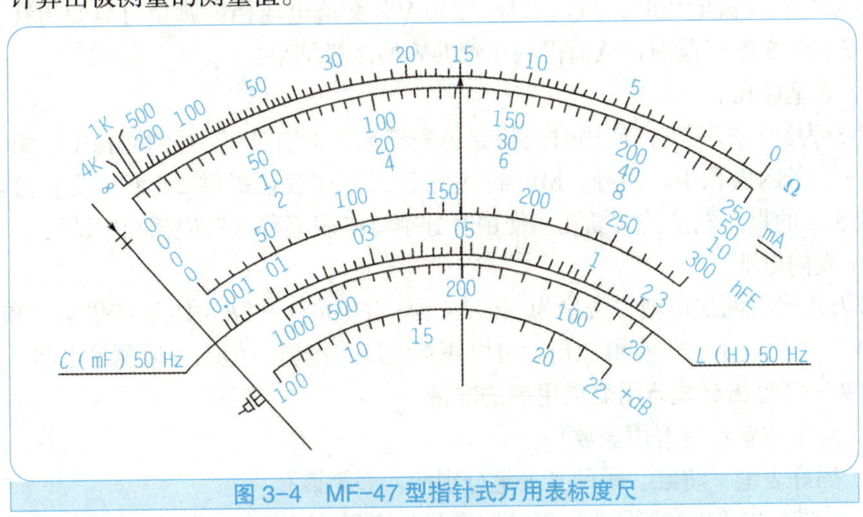

图 3-4 MF-47 型指针式万用表标度尺

表 3-4 根据图 3-4 所示的偏转情况选择不同量程所得的测量值

测量项	量程选择	测量值	测量项	量程选择	测量值
电阻	×1 Ω	15.0 Ω	直流电压	2.5 V	1.32 V
	×10 Ω	150 Ω		10 V	5.3 V
	×100 Ω	1.5 kΩ		50 V	26.4 V
	×1 kΩ	15 kΩ		250 V	132 V
	×10 kΩ	150 kΩ		1 kV	530 V

续表

测量项	量程选择	测量值	测量项	量程选择	测量值
直流电流	100 μA	53 μA	交流电压	10 V	5.3 V
	2.5 mA	1.32 mA		50 V	26.4 V
	25 mA	13.2 mA		250 V	132 V
	250 mA	132 mA		1 kV	530 V
	2.5 A	1.32 A			

（3）机械调零和欧姆调零。

机械调零：万用表进行任何测量前，其表针应指在表盘刻度线左端“0”的位置上，如果不在这个位置，可用一字螺丝刀缓缓调节该旋钮，使其到位，以保证测量的准确性。

欧姆调零：测量电阻前，将红、黑两表笔短接，表针应指在电阻（欧姆）挡刻度线的右端“0”的位置，如果不指在“0”的位置，可调整该旋钮使其到位，如果不能调到“0”位置，说明电池没电了。需要注意的是，每转换一次电阻挡的量程，都要进行欧姆调零，以减小测量的误差。

（4）转换开关。

转换开关用来选择被测电量的种类和量程（或倍率），是一个多挡位的旋转开关。例如，测量 220 V 交流电压时，可以选择“250 V”交流电压挡。测量时应使指针指示在满刻度的 1/3 到 2/3 区间范围，从而得到比较准确的测量结果。

（5）表笔插孔。

表笔分为红、黑两支，使用时应将红色表笔插入标有“+”号的插孔中，黑色表笔插入标有“-”号的插孔中。另外，MF-47 型指针式万用表还提供 2 500 V 交直流电压扩大插孔以及 5 A 的直流电流扩大插孔。使用时分别将红表笔移至对应插孔中即可。

（6）表内电池。

模拟万用表有两块电池，分别为 1.5 V（为“$R\times1$”～“$R\times1$K”挡供电）和 9 V（为“$R\times10$K”挡供电）；没有电池仍然可以测量电压、电流，但不可以测量电阻。

2. MF-47 型指针式万用表使用前的准备

（1）水平放置：将万用表放平。

（2）插好表笔：将红、黑两支表笔分别插入表笔插孔。

（3）校准：先“机械调零”，再将转换开关旋到电阻“$R\times1$”挡，把红、黑表笔短接，进行“欧姆调零”，目的是检查是否要更换电池。

（4）选择测量项目和量程：将量程选择开关旋到相应的项目和量程上。禁止在通电测量状态下转换量程开关，避免可能产生的电弧作用损坏开关触点。

3. MF-47 型指针式万用表的使用注意事项

（1）万用表在使用时，必须水平放置，以免造成误差。同时，还要注意避免外界磁场对万用表的影响。

（2）在使用万用表过程中，不能用手去接触表笔的金属部分，这样一方面可以保证测量的准确，另一方面也可以保证人身安全。

（3）在测量某一电量时，不能在测量的同时换挡，尤其是在测量高电压或大电流时更应注意。否则，会使万用表毁坏。如需换挡，应先断开表笔，换挡后再去测量。

（4）万用表使用完毕，应将转换开关置于交流电压的最大挡。如果长期不使用，还应将万用表内部的电池取出来，以免电池腐蚀表内其他器件。

（5）如果测量前不知道被测电量范围，则应将功能旋钮置于该被测量量程最大挡，并根据指针指向范围，调整挡位开关，避免损坏仪表。

二、数字式万用表的使用

1. 数字式万用表的基本结构

图 3-5 是数字式万用表的面板结构，各按钮功能见表 3-5 中的说明。

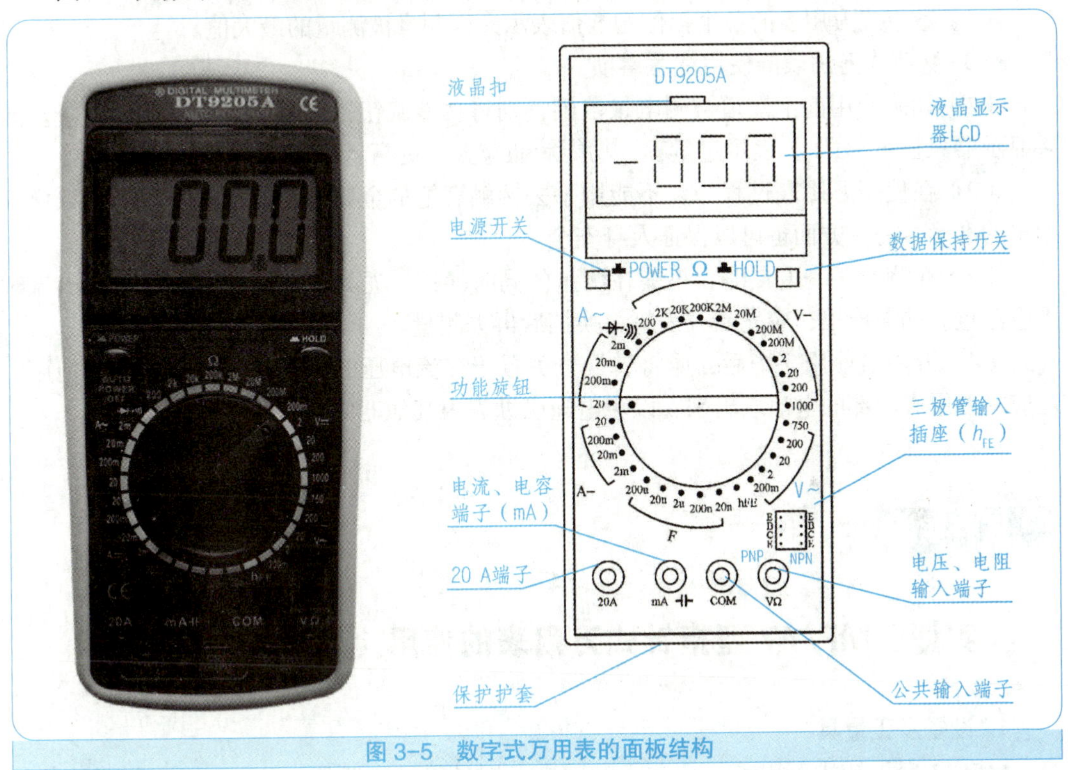

图 3-5 数字式万用表的面板结构

表 3-5 数字式万用表面板各按钮的功能

按钮	功能	按钮	功能
POWER	电源开关	A ～或 ACA	交流电流挡
HOLD	锁屏按键	Ω	电阻挡
V- 或 DCV	直流电压挡	二极管的符号	蜂鸣挡
V ～或 ACV	交流电压挡	F	电容挡
A- 或 DCA	直流电流挡	h_{FE}	三极管电流放大系数测试挡

一般数字式万用表会有四个插孔，分别是：VΩ 孔、COM 孔、mA 孔、10A 孔或 20A 孔。测量直流电压、交流电压、电阻、电容、二极管、三极管，检查线路通断等，将红表笔插

入 VΩ 孔，黑表笔插入 COM 孔。测量直流电的时候不必考虑正负极，数字式万用表不像指针式万用表，若测量直流信号测量反了，表针反打，数字表显示“-”号，说明信号是从黑表笔进入。

2. 数字式万用表使用前的准备

（1）使用仪表时，用户必须遵守标准的安全规则：通用的防电击保护及防止误用仪表。

（2）将电源开关打开，检查 9 V 电池，如果电池电压不足，将显示在显示器上，这时则需更换电池。如果显示器没有显示，即可使用。

（3）将黑表笔插入 COM 插孔，红表笔插入 VΩ 插孔（直流 / 交流电压 / 电阻 / 蜂鸣器测量）、mA 插孔（直流 / 交流电流测量）。

（4）数字式万用表的各个挡位的数值表示允许测量被测量的最大值。

3. 数字式万用表的使用注意事项

（1）如果使用前不知道被测电量范围，则将功能旋钮置于最大量程并逐渐下降。如果显示器只显示“1”，表示过量程，功能旋钮应置于更高量程。

（2）在使用万用表过程中，不能用手去接触表笔的金属部分，这样一方面可以保证测量的准确，另一方面也可以保证人身安全。

（3）在测量某一电量时，不能在测量的同时换挡，尤其是在测量高电压或大电流时更应注意。如需换挡，应先断开表笔，换挡后再去测量。

（4）万用表使用完毕后，应将转换开关置于交流电压的最大挡。如果长期不使用，还应将万用表内部的电池取出来，以免电池腐蚀表内其他器件。

任务实训

实训：MF-47 型指针式万用表的使用

1. 设备及工量具

MF-47 型指针式万用表、数字式万用表、螺丝刀、元器件（若干）、干电池、直流稳压电源。

2. 实训过程

在教师的指导下，按照上述模拟万用表与数字万用表的使用方法，对各种类型元器件的大小、好坏进行测量，并将测量结果记录到表 3-6 中。

表 3-6 二极管的识别与检测

步骤	元器件	挡位选择	测量结果	好坏判断
1	二极管		正向电阻：	
			反向电阻：	
2	电阻 R_1			

续表

步骤	元器件	挡位选择	测量结果	好坏判断
3	电阻 R_2			
4	电容			
5	1.5 V 干电池			
6	直流稳压电源			

3. 实训交验

实训交验时请填写实训交验表，见表 1-3。

4. 实训评定

实训评定时请填写实训内容评定表，见表 3-7。

表 3-7 实训内容评定表

班级	姓名	学号	得分	
项目	考核要求	配分	评分标准	得分
万用表挡位认知及调零	（1）按要求进行机械调零和欧姆调零； （2）各挡位的功能及刻度认知	20	（1）未按要求进行调零的，每错一个扣 5 分； （2）挡位认知每错一个扣 2 分	
指针式万用表的操作	（1）能测量直流电压； （2）能测量交流电压； （3）能测量直流电流； （4）能测量电阻	35	操作时未按要求进行操作的，每处扣 2～5 分	
数字式万用表的操作	（1）能测量直流电压； （2）能测量交流电压； （3）能测量直流电流； （4）能测量电阻	35	未按要求进行操作的，每处扣 1～5 分	
安全文明操作	（1）工作台上的工具及各种仪器仪表摆放整齐； （2）严格遵守安全操作规程	10	（1）工作台面不整洁，扣 1～2 分； （2）违反安全文明操作规程，酌情扣 1～5 分	
合计		100		
教师签名				

任务三 函数信号发生器的使用

任务目标

（1）能掌握函数信号发生器面板各旋钮的功能。

（2）能正确操作并独立完各种波形的输出调试。

情景描述

函数信号发生器是一种多波形信号源，也称为低频信号发生器。它能产生正弦波、方波和三角波，有的还可以产生锯齿波、矩形波、正负尖脉冲等波形，是生产、测试、仪器维修和实验时不可缺少的通用信号源。本任务以 EM1642 函数信号发生器为例，详细介绍其基本使用方法。

任务准备

一、函数信号发生器的分类

按其信号波形分为四大类：

（1）正弦信号发生器。主要用于测量电路和系统的频率特性、非线性失真、增益及灵敏度等。按其不同性能和用途还可细分为低频（20 Hz ～ 10 MHz）信号发生器、高频（100 kHz ～ 300 MHz）信号发生器、微波信号发生器、扫频和程控信号发生器、频率合成式信号发生器等。

（2）函数（波形）信号发生器。能产生某些特定的周期性时间函数波形（正弦波、方波、三角波、锯齿波和脉冲波等）信号，频率范围可从几微赫兹到几十兆赫兹。除供通信、仪表和自动控制系统测试用外，还广泛用于其他非电测量领域。

（3）脉冲信号发生器。能产生宽度、幅度和重复频率可调的矩形脉冲的发生器，可用以测试线性系统的瞬态响应，或用作模拟信号来测试雷达、多路通信和其他脉冲数字系统的性能。

（4）随机信号发生器。通常又分为噪声信号发生器和伪随机信号发生器两类。噪声信号发生器主要用途为：在待测系统中引入一个随机信号，以模拟实际工作条件中的噪声而测定系统性能；外加一个已知噪声信号与系统内部噪声比较以测定噪声系数；用随机信号代替正弦或脉冲信号，以测定系统动态特性等。当用噪声信号进行相关函数测量时，若平均测量时间不够长，会出现统计性误差，可用伪随机信号来解决。

二、EM1642 函数信号发生器的面板介绍

图 3-6 是 EM1642 函数信号发生器的面板结构，各旋钮功能见表 3-8 的说明。

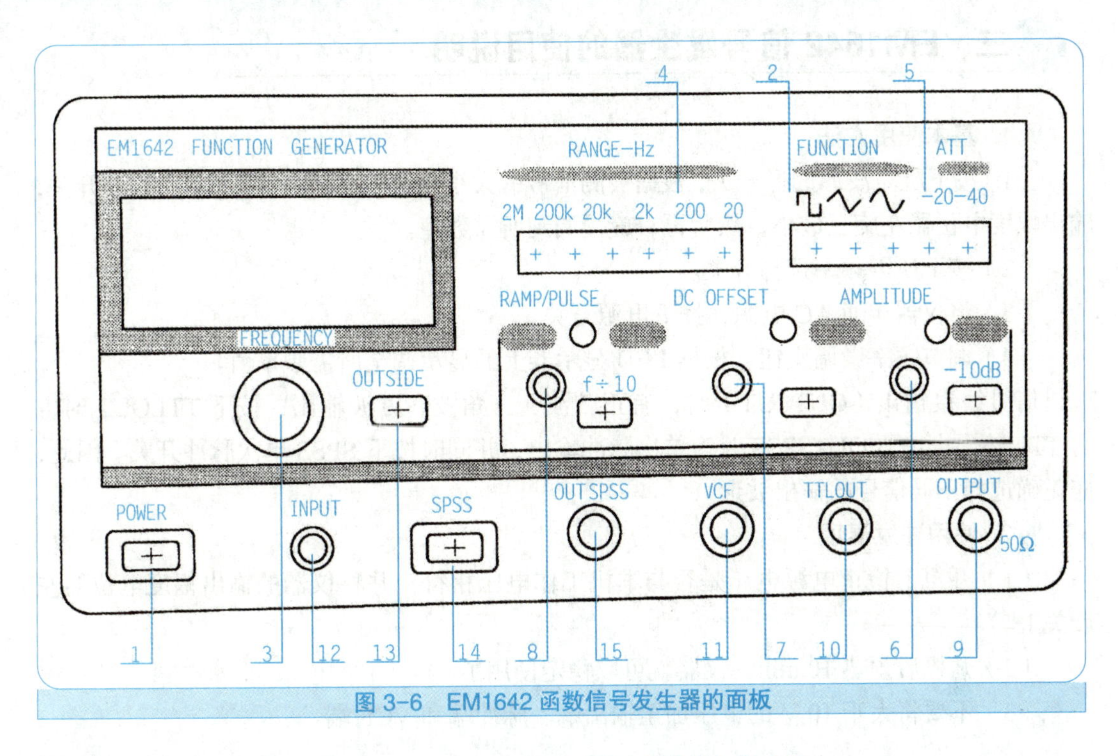

图 3-6 EM1642 函数信号发生器的面板

表 3-8 EM1642 函数信号发生器各按钮的功能

序号	按钮符号	按钮说明	功 能
1	POWER	电源开关	通断电
2	FUNCTION	功能开关	输出波形选择
3	FREQUENCY	频率微调	频率覆盖系数（最高频率与最低频率之比为 10），要覆盖 1 Hz ～ 1 MHz 频率范围，至少需要 6 个波段
4	RANGE-Hz	频率范围开关	20 Hz ～ 2 MHz，分 6 挡选择
5	ATT	衰减器	开关按下时衰减 30 dB
6	AMPLITUDE	幅度	幅度可调
7	DC OFFSET	直流偏移调节	当按钮拉出时，直流电平在 -10 V 到 +10 V 之间连续可调；当按钮按下时，直流电平为 0
8	RAMP/PULSE	占空比调节	当按钮按下时，占空比为 50%；当按钮拉出时，占空比在 10 到 90 之间连续可调。频率为指示值的$\frac{1}{10}$
9	OUTPUT	输出	波形输出端
10	TTLOUT	TTL 电平输出端	U_{P-P}=3.5 V
11	VCF	控制电压输入端	
12	INPUT	外测频输入	
13	OUTSIDE	测频方式（内、外）	
14	SPSS	单次脉冲开关	
15	OUTSPSS	单次脉冲输出	

三、EM1642 信号发生器的使用说明

1. 基本使用方法

（1）按下所需波形选择开关，根据被测信号的大小确定 -20 dB、-40 dB、-10 dB 开关，输出幅度电位器左旋至最小，然后再右旋慢调到所需数值。

（2）按下所需频率选择开关。

（3）将仪器接通 AC 电源，按下电源开关。

（4）调节频率微调旋钮，根据 LED 显示器上的显示调至所需频率值。

信号线接输出（OUTPUT）时，有正弦波、三角波、方波输出；按下 TTLOUT 时，有 TTL 输出；按下 OUTSPSS 时为单次脉冲输出，并同时按下 SPSS 单次脉冲开关。因此，应正确选择不同信号的输出波形。

2. 使用注意事项

（1）开机前检查电源电压是否与本机工作电压相符，并将仪器的输出幅度电位器左旋关上。

（2）开机后预热 10 min，仪器就可以稳定使用了。

（3）不要将大于 10 V 的电压加至输出端、脉冲端和 VCF 端。

任务实训

实训：函数信号发生器的使用

1. 设备及工量具

函数信号发生器、毫伏表。

2. 实训过程

（1）检查并调节函数信号发生器输出旋钮，使其处于起始状态，然后开启电源。

（2）将信号发生器的输出衰减置于 0 dB，并保持输出电压幅度为 5 V。

（3）改变信号发生器的输出信号频率，如表 3-9 所示，分别用毫伏表测量各频率的输出电压值，并记入表 3-9 中。

表 3-9 频率变换与电压测量

信号频率	50 Hz	100 Hz	1 kHz	10 kHz	50 kHz	500 kHz	1 MHz
毫伏表读数							

思考

（1）函数信号发生器的输出信号频率和哪些旋钮、开关有关？

（2）函数信号发生器的输出电压幅度和哪些旋钮、开关有关？

3. 实训交验

实训交验时请填写实训交验表，见表 1-3。

4. 实训评定

实训评定时请填写实训内容评定表，见表 3-10。

表 3-10　实训内容评定表

班级		姓名		学号		得分	
项目	考核要求		配分	评分标准			得分
函数信号发生器面板认知	（1）面板各组成部分的作用； （2）各功能键的功能		40	（1）作用认识每错一个扣 5 分； （2）功能说明每错一个扣 5 分			
函数信号发生器的基本操作	严格按照操作步骤进行基本操作及测量		50	未按要求进行操作的，每处扣 1 ～ 5 分			
安全文明操作	（1）工作台上的工具及各种仪器仪表摆放整齐； （3）严格遵守安全操作规程		10	（1）工作台面不整洁，扣 1 ～ 2 分； （2）违反安全文明操作规程，酌情扣 1 ～ 5 分			
合计			100				
教师签名							

任务四　双踪示波器的使用

任务目标

（1）熟悉示波器面板各旋钮的功能。

（2）能正确操作并独立完成各种波形的调试。

情景描述

电子示波器（简称示波器），是利用阴极射线示波管作为显示器的一种电子测量仪器。它可以把人眼看不见的电过程转换成具体的可见图像，主要用于观测被测信号的波形，并可以通过现实的波形测量被测量的电压、频率、周期、相位差等。利用传感器还能测量各种非电量，因此在科学研究、生产等领域，示波器得到了广泛的应用。

根据示波器对信号处理方式的不同可分为模拟示波器和数字示波器两大类。模拟示波器采用模拟方式对时间信号进行处理、显示，可分为通用示波器、多束示波器、取样示波器、记忆示波器和专用示波器等。通用示波器又可分为单踪、双踪、多踪示波器。本任务以 CA8020 20MHz 双踪示波器为典型，详细介绍其基本使用方法。

任务准备

一、双踪示波器简介

双踪示波器示波管由电子枪、Y 偏转板、X 偏转板、荧光屏组成。利用电子开关将两个待测的电压信号 YCH1 和 YCH2 周期性地轮流作用在 Y 偏转板上。由于视觉滞留效应，能在荧光屏上看到两个波形。

通常要求掌握所使用的双踪示波器、信号发生器面板上各旋钮的作用后再操作。为了保护荧光屏不被灼伤，使用双踪示波器时，光点亮度不能太强，而且也不能让光点长时间停在荧光屏的一个位置上。在实验过程中，如果短时间不使用双踪示波器，可将“辉度”旋钮调到最小，不要经常通断双踪示波器的电源，以免缩短示波管的使用寿命，双踪示波器上所有开关与旋钮都有一定强度与调节角度，使用时应轻轻地缓缓旋转，不能用力过猛或随意乱旋转。

二、双踪示波器的工作原理

电子枪被灯丝加热后发射电子，聚焦极将电子枪发射的电子聚焦为极细的电子束，可使波形显示清晰；加速极上加有较高的正电压，吸引电子脱离电子枪高速运动；显示屏上加有极高的正电压，吸引电子撞击在显示屏面上，使显示屏面涂的荧光材料发光；垂直偏转板和水平偏转板上加有偏转电压，偏转电压的极性和幅值控制电子束撞击显示屏面的位置。当偏转电压跟随输入信号变化时，就可以使电子束在屏面上“画”出信号波形。

双踪示波器具有两路输入端，可同时接入两路电压信号进行显示。在示波器内部，将输入信号放大后，使用电子开关将两路输入信号轮换切换到示波管的偏转板上，使两路信号同时显示在示波管的屏面上，便于进行两路信号的观测比较。

三、CA8020 双踪示波器的面板介绍

图 3-7 是 CA8020 双踪示波器的面板结构，各旋钮功能见表 3-11 的说明。

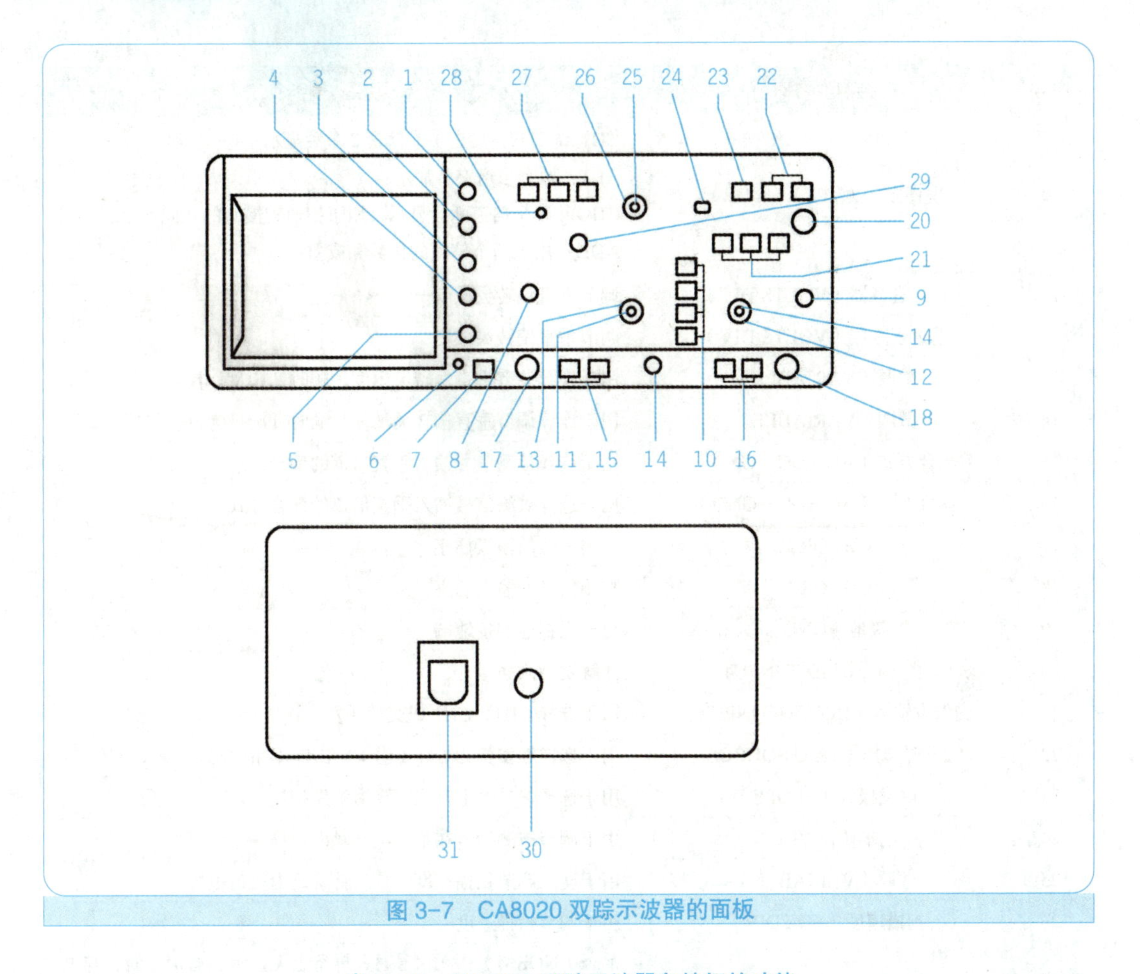

图 3-7 CA8020 双踪示波器的面板

表 3-11 CA8020 双踪示波器各按钮的功能

序号	控制件名称	功 能
1	亮度（INTEN）	调节光迹的亮度
2	辅助聚焦（ASTIG）	与聚焦配合，调节光迹的清晰度
3	聚焦（FOCUS）	调节光迹的清晰度
4	迹线旋转（ROTATION）	调节光迹与水平刻度线平行
5	校正信号（CAL）	提供幅度为 0.5 V、频率为 1 kHz 的方波信号，用于校正 10 ：1 探极补偿电容器和检测示波器垂直与水平的偏转因子
6	电源指示（ROWER INDICATION）	电源接通时，灯亮
7	电源开关（POWER）	电源接通或关闭
8	CH1 移位（PWS 1 T 1 ON） CH1—X，CH2—Y	调节信道 1 光迹在屏幕上的垂直位置，用作 *X*—*Y* 显示
9	CH2 移位（PWS 1 T 1 ON） PULL INVERT	调节信道 2 光迹在屏幕上的垂直位置，在 ADD 方式时使 CH1+CH2 或 CH1-CH2

续表

序号	控制件名称	功　能
10	垂直方式（VERT MODE）	CH1 或 CH2：信道 1 或信道 2 单独显示； ALT：两个信道交替显示； CHOP: 两个信道断续显示，用于扫速较慢时的双向显示； ADD：用于两个信道的代数和或差
11	垂直衰减器（VOLTS/DIV）	调节垂直偏转灵敏度
12	垂直衰减器（VOLTS/DIV）	调节垂直偏转灵敏度
13	微调（VARIABLE）	用于连续调节垂直偏转灵敏度，顺时针旋足为校正位置
14	微调（VARIABLE）	用于连续调节垂直偏转灵敏度，顺时针旋足为校正位置
15	耦合方式（AC—DC—GND）	用于选择被测信号馈入垂直信道的耦合方式
16	耦合方式（AC—DC—GND）	用于选择被测信号馈入垂直信道的耦合方式
17	CH1 OR X	被测信号的输入插座
18	CH2 OR Y	被测信号的输入插座
19	接地（GND）	与机壳相连的接地端
20	外触发输入（EXT INPUT）	外触发输入插座
21	内触发输入（INT TRIG INPUT）	用于选择 CH1、CH2 或交替触发
22	触发源选择（TRIG SOURCE）	用于选择触发源为 INT（内）、EXT（外）或 LINE（电源）
23	触发极性（SLOPE）	用于选择信号的上升或下降沿触发扫描
24	电平（LEVEL）	用于调节被测信号在某一电平触发扫描
25	微调（VARIABLE）	用于连续调节扫描速度，顺时针旋足为校正位置
26	扫描速度（SEC/DIV）	用于调节扫描速度
27	触发方式（TRIG MODE）	常态（NORM）：无信号时，屏幕上无显示；有信号时，与电平控制配合显示稳定波形； 自动（AUTO）：无信号时，屏幕上显示光迹；有信号时，与电平控制配合显示稳定波形； 电视场（TV）：用于显示电视场信号； 峰值自动（P-P AUTO）：无信号时，屏幕上显示光迹；有信号时，无须调节电平即能获得稳定的波形显示
28	触发指示（TRIG' D）	在触发扫描时，指示灯亮
29	水平位移（POSITION）PULL×10	调节迹线在屏幕上的水平位置，拉出时扫描速度被扩展 10 倍
30	外监频输出	监视示波器某一信道波形的频率
31	电源插座及保险丝座	220 V 电源插座，保险丝为 0.5 A

四、CA8020 双踪示波器的使用说明（单通道）

1. 示波器使用前的设置和调整

使用前，先检查电源电压与仪器工作电压是否相符，保证示波器外壳安全接地，并将各控制开关做如表 3-12 所示的设置。

表 3-12 CA8020 双踪示波器各控制开关的初始设置

控制键名称	作用位置	控制键名称	作用位置
辉度旋钮（1）	居中	水平扫描速度开关 T/div（26）	0.5 ms
聚焦旋钮（3）	居中	触发源选择开关（22）	内
X、Y 移位（8、9）	居中	内触发源（21）	Y1
垂直方式（10）	Y1	触发极性选择开关（23）	+
Y 衰减开关 V/div（11）	10 mV	触发方式（27）	峰 - 峰值自动
Y 微调（13）	校正位置	输入耦合（15）	AC

2. 示波器开机及调整

（1）打开电源开关，指示灯亮约 20 s 后，屏幕出现光迹。如果 60 s 后还没有出现光迹，反回头检查开关和控制旋钮的设置。

（2）分别调节亮度、聚焦，使光迹亮度适中、清晰。

（3）调节通道 1 位移旋钮（8），用螺丝刀调节光迹旋转电位器（4）使光迹与水平刻度平行。

3. 探头连接与仪器自校

将耦合方式开关（15）设置在 AC 状态，用本仪器附件中的探头接到 CH1 连接插座，探头的头勾在校准信号输出插座上，垂直方式开关置于“CH1”，调节 CH1 移位和 *X* 移位及其他控制装置，使波形显示如图 3-8 所示。

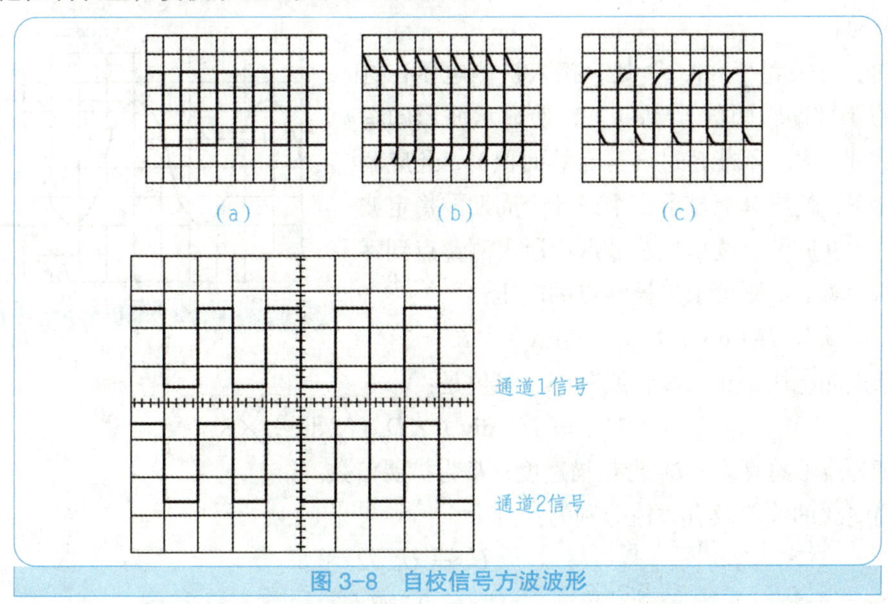

图 3-8 自校信号方波波形

调整探极上的微调电容，使波形如图 3-8（a）中正确平顶所示。同理，将附件中的另一个探头接到 CH2 输入连接器上，探头的头勾在校准信号输出插座上，垂直方式开关置于“CH2”。调节 CH2 移位使显示波形居中，调整探头上的微调电容，使波形如图 3-8（a）中正确平顶所示。

观察显示波形的幅度为 4 格，周期为 2 格。

以上是示波器最基本的操作，通道 2 的操作与通道 1 的操作相同。

如果想进行双通道同时显示，则需要改变垂直方式开关（10）到交替状态，于是通道 2 的光迹也会出现在屏幕上。这时通道 1 显示一个方波（来自校正信号输出的波形），而通道 2 则仅显示一条直线，因为没有信号接到该通道。现在将校正信号接到 Y2 的输入端，调整衰减开关（11、12）以及垂直位移（8、9）使两通道的波形如图 3-8（d）所示。Y1、Y2 的信号交替显示到屏幕上，此设定用于观察频率快（扫描时间短）的两路信号。改变垂直方式到断续状态，Y1 与 Y2 的信号以 400 kHz 的速度交替显示在屏幕上，此设定用于观察频率慢（扫描时间长）的两路信号。在进行双通道操作时，必须通过“内触发源”选择开关来选择通道 1 或通道 2 的信号作为触发信号。这时如果 Y1 与 Y2 的信号同步（两通道输入信号频率是偶数倍），则两个波形都会稳定显示出来。不然，则仅有选择了相应触发信号源的通道可以稳定地显示信号；如果 Y1、Y2 开关按下，则两个波形都会同时稳定显示出来。

4. 示波器的基本测量方法

1）峰 - 峰值电压测量

使用示波器测量电压的优点是在确定其大小的同时可观察波形是否失真，还可以同时显示其频率和相位，但示波器只能测出电压的峰值、峰 - 峰值、任意时刻的电压瞬时值或任意两个点的电位差值，如果要求有效值或平均值，则需经过换算。

测量时先将耦合开关置于“⊥”处，调节扫描线至屏幕中心，以此作为零点平线，以后不再调动。

将耦合开关置于“AC”处，接入被测电压，选择合适的 Y 轴偏转因数（V/div），使显示波形的垂直偏转尽可能大（不能超过屏幕有效面积），还应调节有关旋钮，使屏幕上显示一个或几个周期的稳定波形，如图 3-9 所示。读出显示波形中所需测量点到零点相平的距离 H，则可求出被测点的电压：

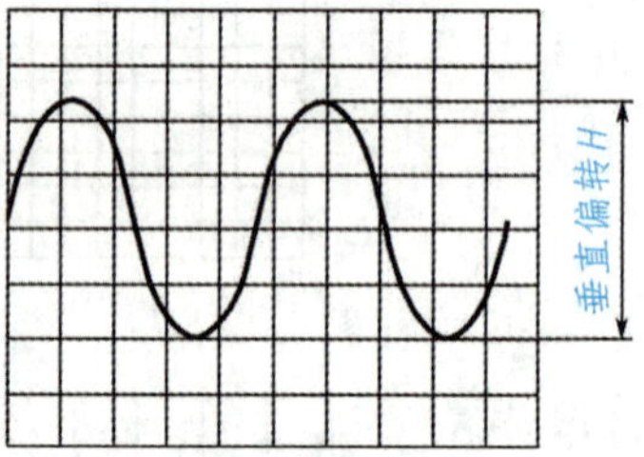

图 3-9 峰 - 峰值电压的测量

$$u = H\text{（div）} \times D_y\text{（V/div）} \times K$$

如果被测电压是正弦波，则其峰 - 峰值是：

$$U_{P\text{-}P} = H\text{（div）} \times D_y\text{（V/div）} \times K$$

式中，H 为波形总高度；D_y 为扫描速度；K 为扩展倍数。

被测电压的峰值及有效值分别为：

$$U_P = U_{P\text{-}P}/2$$

$$U_{ms} = 0.707\ U_P$$

2）周期测量

测量前应对示波器各挡扫描速度进行校准，并将扫描“微调”旋钮置于“校准”位置。当接入被测信号后，调节示波器有关旋钮，使波形的高度和宽度比较合适，并移动波形至屏幕中心，选择表示一个周期的被测点 A、B，将这两点移到刻度线上，以便读取具体长度值，如图 3-10 所示。

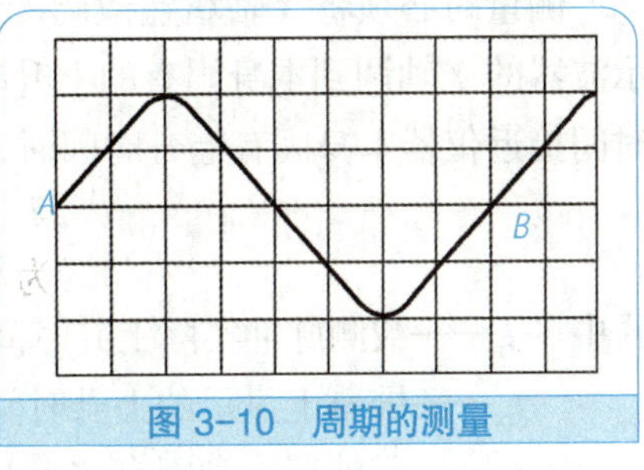

图 3-10 周期的测量

读出 A、B 两点之间的水平格数 x，扫描速度 D_y 及 X 轴扩展倍率 K，则可以推算出被测信号周期。

$$T = x \times D_y / K$$

从图中知道信号一个周期的 $x = 8$ cm，$D_y = 10$ ms/cm，扫描扩展置于常态，信号周期：

$$\begin{aligned} T &= x \times D_y / K \\ &= 8 \times 10\ (\text{ms}) \\ &= 80\ (\text{ms}) \end{aligned}$$

注：置于常态时 K=1。

3）**频率测量**

根据信号频率和周期互为倒数的关系，用前面所述的方法，先测得信号周期，再换算成频率。

如屏幕上测得一个完整周期波形，显示的 $x = 8$ cm，扫描速度因数置于 10 μs/cm，扫描不扩展，则信号频率：

$$\begin{aligned} f &= 1/T = 1/(x \cdot D_y) \\ &= 1/(8 \times 10 \times 10^{-6}) \\ &= 12\,500\ (\text{Hz}) \\ &= 12.5\ (\text{kHz}) \end{aligned}$$

4）**测量同一个信号内的时间间隔**

同一个被测信号中任意两点间的时间间隔的测量方法与周期测量方法相同。下面以测量矩形脉冲的上升沿时间与脉冲宽度为例进行讨论。

由于示波器 Y 轴系统中有延迟线电路，以使用内触发为宜。接入信号后，正确操作示波器有关旋钮，使脉冲相应部分在水平方向充分展开，并在垂直方向有足够幅度，如图 3-11 所示。

如图 3-11 所示，脉冲幅度占 5 div，并且 10% 和 90% 电平处于网格上，所以很容易读出上升沿时间。

图 3-12 中脉冲幅度占 5 div，50% 电平也正好在网格横线上，很容易确定脉冲宽度。

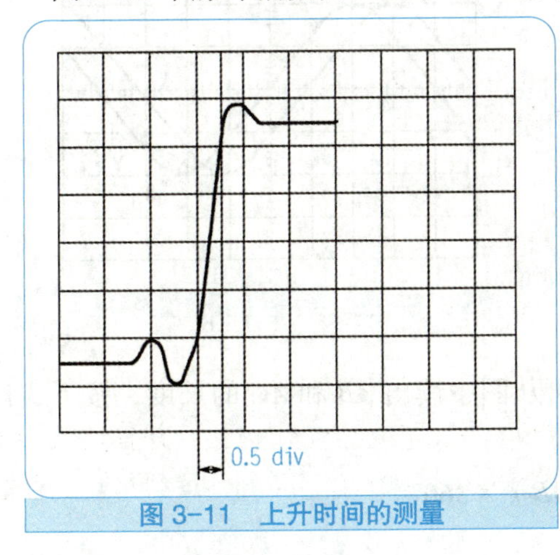

图 3-11 上升时间的测量

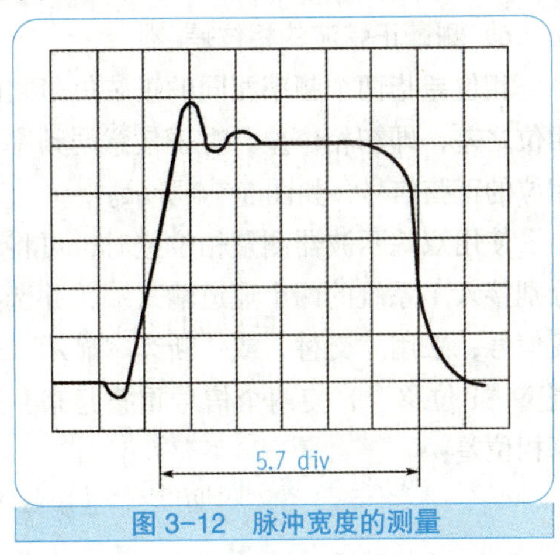

图 3-12 脉冲宽度的测量

测量时必须将 X 轴增益微调（或扫描因数微调）旋钮旋至“校准”位置。还需注意，示波器的 Y 轴调到本身固有的上升时间，这对测量结果有影响，尤其是当被测脉冲的上升时间接近仪器本身固有上升时间时，误差更大，此时应按下式进行：

$$t_r = \sqrt{t_{rx}^2 - t_{ro}^2}$$

式中 t_r——被测脉冲实际上升时间；

t_{rx}——屏幕上显示的上升时间；

t_{ro}——示波器本身固有的上升时间。

5）测量两个信号（主要指脉冲信号）的时间差

用双踪示波器测量两个脉冲信号之间的时间间隔很方便。将两个被测信号分别接到 Y 轴两个通道的输入端，采用“断续”或“交替”显示。要采用内触发，并且触发源选择时间领先的信号所接入的通道，且在“交替”显示时，不得采用 CH1、CH2 交替触发。荧光屏显示如图 3-13 所示。

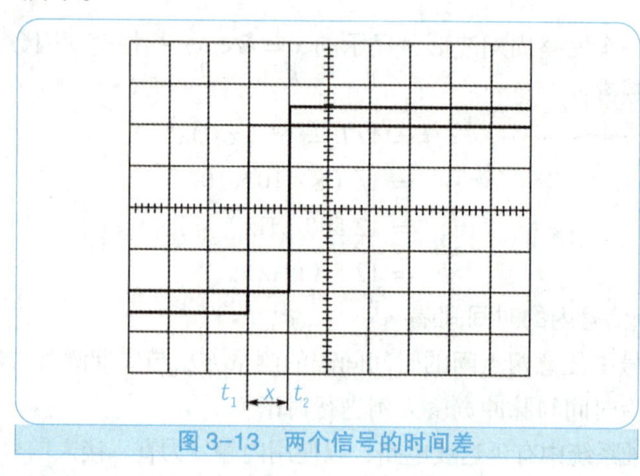

图 3-13 两个信号的时间差

图 3-13 中的两个波形，根据波形的时刻 t_1 与波形的时刻 t_2 在屏幕上的位置及所选用的扫描因数确定时间间隔：

$$t_d = t_2 - t_1 = x \cdot D$$

当脉冲宽度很窄时，不宜采用“断续”显示。

6）测量正弦波的相位差

相位差指两个频率相同的正弦信号之间的相位之差，即初相位差。对于任意同频率不同相位的正弦信号，如图 3-14 所示。

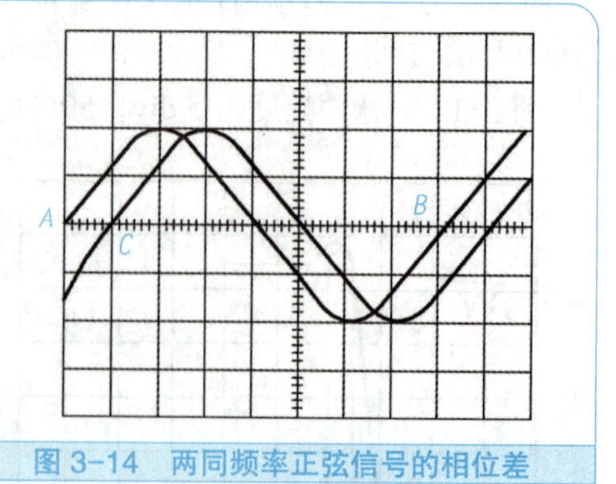

图 3-14 两同频率正弦信号的相位差

使用双踪示波器测量相位差时，可将信号分别接入 Y 系统的两个通道输入端，并选择触发信号，采用“交替”或“断续”显示。适当调整“Y 位移”，使两个信号重叠起来，这时可从图中读出 AB 和 AC 的长度，按下式计算相位差：

$$\Delta\varphi = (AC/AB) \times 360°$$

在测量时，X轴扫描速度因数微调旋钮不一定置于“校准”位置，但其位置一经确定，在整个过程中不得更动。

5. 示波器的使用注意事项

（1）掌握所使用的示波器面板上各旋钮的作用后再操作。

（2）使用示波器时，光点亮度要适中，不宜过亮，且光点不宜长时间停留在同一个点上，以免损坏荧光屏。

（3）在实验过程中，如果短时间不使用示波器，可将“辉度”旋钮调到最小，不要经常通断示波器的电源，以免缩短示波管的使用寿命。

（4）示波器上所有开关与旋钮都有一定强度与调节角度，使用时应轻轻地缓缓旋转，不能用力过猛或随意乱旋转。

任务实训

实训：双踪示波器的使用

1. 设备及工量具

函数信号发生器、双踪示波器。

2. 实训过程

（1）接通示波器和信号发生器电源，调节示波器，使之荧光屏上出现扫描线并完成示波器使用前的自校。

（2）调节信号发生器，使其输出电压的有效值为 1 ～ 5 V、频率为 1 kHz。

（3）将函数信号发生器的输出信号连接到示波器的输入端。

（4）用示波器观察信号波形，调节开关旋钮，使屏幕上出现 1 个、2 个、3 个完整、稳定的正弦波。

（5）测量信号波形的幅值和频率，并将结果记录在表 3-13 中。

（6）将函数信号发生器输出信号频率调整到 100 Hz、10 kHz、150 kHz，分别调整示波器相关旋钮，使显示波形清晰、稳定，测量信号波形的幅值和频率，并将结果记录在表 3-13 中。

表 3-13　用示波器测量信号电压和频率

函数信号发生器输出信号频率（U=1V）	T/div	X（一个周期占的格数）	T	函数信号发生器输出信号电压（f=1 kHz）	V/div	H	U_{P-P}

3. **实训交验**

实训交验时请填写实训交验表，见表 1-3。

4. **实训评定**

实训评定时请填写实训内容评定表，见表 3-14。

表 3-14　实训内容评定表

<table>
<tr><td>班级</td><td></td><td>姓名</td><td></td><td>学号</td><td></td><td>得分</td><td></td></tr>
<tr><td>项目</td><td colspan="2">考核要求</td><td>配分</td><td colspan="3">评分标准</td><td>得分</td></tr>
<tr><td>双踪示波器面板认知</td><td colspan="2">（1）面板各组成部分的作用；
（2）各功能键的功能</td><td>20</td><td colspan="3">（1）作用认识每错一个每扣 2 分；
（2）功能说明每错一个每扣 2 分</td><td></td></tr>
<tr><td>双踪示波器校正</td><td colspan="2">（1）示波器使用注意事项要严格注意；
（2）示波器的校正</td><td>30</td><td colspan="3">（1）操作时未按操作注意事项执行的，每处扣 5 分；
（2）未按操作步骤调整的，每处扣 2 分</td><td></td></tr>
<tr><td>双踪示波器的基本操作</td><td colspan="2">（1）严格按照操作步骤进行基本操作及测量；
（2）测量并读取波形的频率及幅值</td><td>40</td><td colspan="3">（1）未按要求进行操作的，每处扣 1 ～ 5 分；
（2）未能正确得到正确数据的，每项扣 5 分</td><td></td></tr>
<tr><td>安全文明操作</td><td colspan="2">（1）工作台上的工具及各种仪器仪表摆放整齐；
（2）严格遵守安全操作规程</td><td>10</td><td colspan="3">（1）工作台面不整洁，扣 1 ～ 2 分；
（2）违反安全文明操作规程，酌情扣 1 ～ 5 分</td><td></td></tr>
<tr><td>合计</td><td colspan="2"></td><td>100</td><td colspan="3"></td><td></td></tr>
<tr><td colspan="8">教师签名</td></tr>
</table>

知识拓展

虚拟仪器技术

虚拟仪器（Virtual Instruments）是检测技术与计算机技术和通信技术有机结合的产物。它是美国国家仪器（National Instruments）公司于 1986 年提出的。虚拟仪器是指在通用计算机上添加一层软件和一些硬件模块，使用户操作这台通用计算机就像操作一台真实的仪器一样。它广泛应用于通信、自动化、半导体、航空、电子、电力、生化制药和工业生产等各种领域。

虚拟仪器技术强调软件的作用，提出了“软件就是仪器”的概念。虚拟仪器的“虚拟”二字主要体现在以下两个方面。

（1）虚拟仪器的面板是虚拟的。

虚拟仪器的各种面板和面板上的各种“控件”，是由软件来实现的。用户通过对键盘或鼠标来对“控件”操作，从而完成对仪器的操作控制。

图 3-15 所示为几种常用仪器仪表的虚拟软件截图，用户通过对键盘或鼠标来对“控件”操作，可以完成对仪器的操作控制，实现仪器的各种功能。

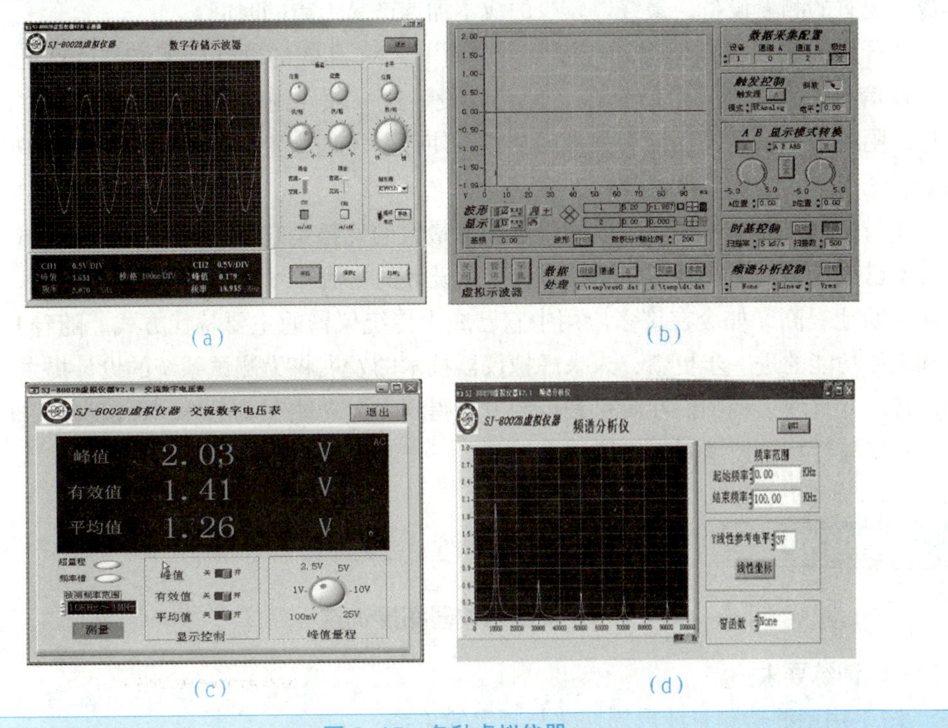

图 3-15 各种虚拟仪器

（a）虚拟数字存储示波器；（b）虚拟数字示波器；（c）虚拟交流数字电压表；（d）虚拟频谱分析仪

（2）虚拟仪器的测试功能由软件来控制硬件实现。

与传统仪器相比，虚拟仪器的最大特点是其功能由软件定义，可以由用户根据应用需要进行软件的编写，选择不同的应用软件就可以形成不同的虚拟仪器。

虚拟仪器技术的三大组成部分，首先是高效的软件，软件是虚拟仪器技术中最重要的部分。工程师和科学家们使用正确的软件工具并通过设计或调用特定的程序模块，可以高效地创建自己的应用以及友好的人机交互界面。有了功能强大的软件，你就可以在仪器中创建智能性和决策功能，从而发挥虚拟仪器技术在测试应用中的强大优势。其次是模块化的I/O硬件，面对如今日益复杂的测试测量应用，NI（美国国家仪器有限公司）提供了全方位的软硬件的解决方案。NI高性能的硬件产品结合灵活的开发软件，可以为负责测试和设计工作的工程师们创建完全自定义的测量系统，满足各种独特的应用要求。最后是用于集成的软硬件平台。只有同时拥有高效的软件、模块化I/O硬件和用于集成的软硬件平台这三大组成部分，才能充分发挥虚拟仪器技术性能高、扩展性强、开发时间少，以及出色的集成这四大优势。

①性能高。以现成即用的PC技术为主导的最新商业技术的优点，包括功能超卓的处理器和文件I/O，使你在数据高速导入磁盘的同时就能实时地进行复杂的分析。此外，不断发展的因特网和越来越快的计算机网络使得虚拟仪器技术展现其更强大的优势。

②扩展性强。NI的软硬件工具使得工程师和科学家们不再圈囿于当前的技术中。得益于NI软件的灵活性，只需更新你的计算机或测量硬件，就能以最少的硬件投资和极少的甚至无须软件上的升级即可改进你的整个系统。在利用最新科技的时候，你可以把它们

集成到现有的测量设备，最终以较少的成本加速产品上市的时间。

③开发时间少。在驱动和应用两个层面上，NI 高效的软件构架能与计算机、仪器仪表和通信方面的最新技术结合在一起。NI 设计这一软件构架的初衷就是为了方便用户的操作，同时还提供了灵活性和强大的功能，使你轻松地配置、创建、发布、维护和修改高性能、低成本的测量和控制解决方案。

④与传统仪器技术相比，虚拟仪器技术最大的优势是它直接通过微机为支撑。虚拟仪器技术已成为测试、工业 I/O 和控制及产品设计的主流技术，随着虚拟仪器技术的功能和性能不断地提高，如今在许多应用中它已成为传统仪器的主要替代方式。随着 PC、半导体和软件功能的进一步更新，未来虚拟仪器技术的发展将为测试系统的设计提供一个极佳的模式，并且使工程师们在测量和控制方面得到强大功能和灵活性。可以肯定，虚拟仪器技术必将与计算机技术同步发展。

拓展训练

双踪示波器拓展训练

一、训练要求

（1）用示波器测量波形周期数与频率的关系。

（2）学会使用示波器测量 U_{P-P}、T 及 f。

（3）用示波器测量波形相位差。

二、训练器材

（1）低频信号发生器。

（2）双踪示波器。

三、训练内容

（3）如何用示波器测量波形周期数与频率的关系？（信号幅度约 1 V）

（2）如何用示波器测量波形 U_{P-P}、T 及 f？（取信号发生器表头指示为 1 V，f 取任意值）

（3）如何用示波器测量波形相位差？U_i 取 1 V，f 取 1 000 Hz，测量电路如图 3-16 所示。

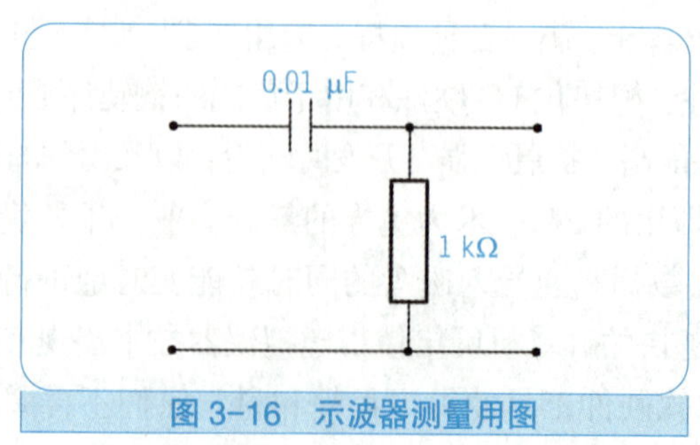

图 3-16 示波器测量用图

创意DIY

自制电动机

步骤 1：用铁片弯成如图 3-17 所示的机架和机身，底座上打孔，固定机架备用。

步骤 2：在底座上安装支架，电刷和小铁棒做的轴。绕铜线，转子 118 圈，定子 210 圈，如图 3-18 所示。

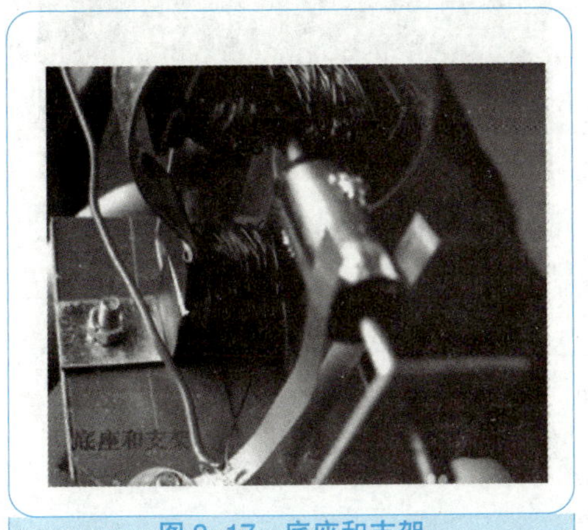

图 3-17 底座和支架

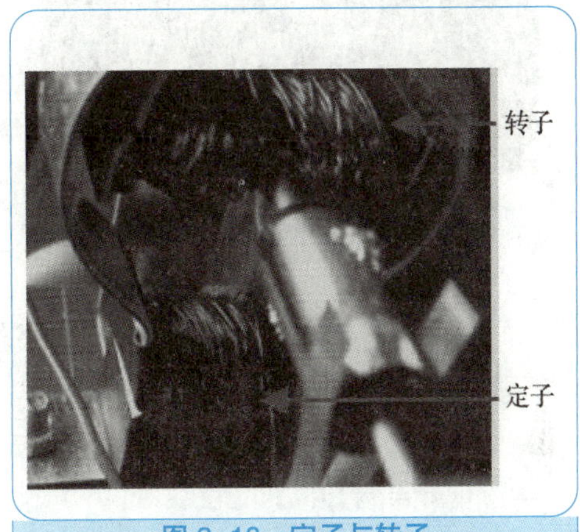

图 3-18 定子与转子

步骤 3：转轴上裹点胶带，把两个圆柱面的铜片粘在上面，铜片距离约 1mm，转子两边分别绕 118 圈铜线（外层绝缘），然后两头分别焊接在铜片上，如图 3-19 所示。

步骤 4：两个电刷压在铜片上，如图 3-20 所示。

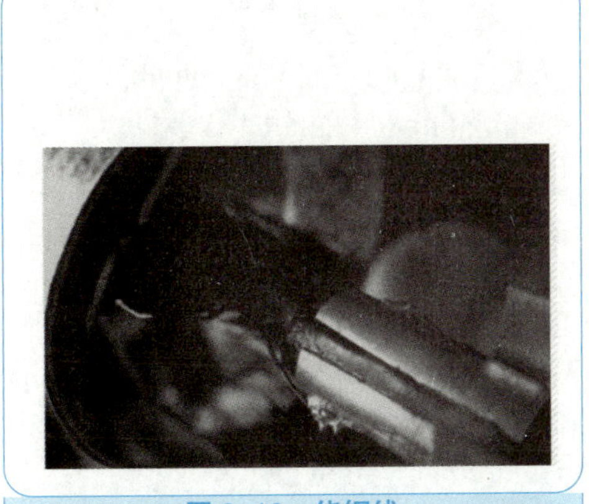

图 3-19 绕铜线

图 3-20 压电刷

步骤 5：定子铜线两头分别焊接在电刷上，同时在焊接的地方引出两根用于和电源连接的导线，如图 3-21 所示。

步骤 6：接上电源，小电动机就可以转了，如图 3-22 所示。

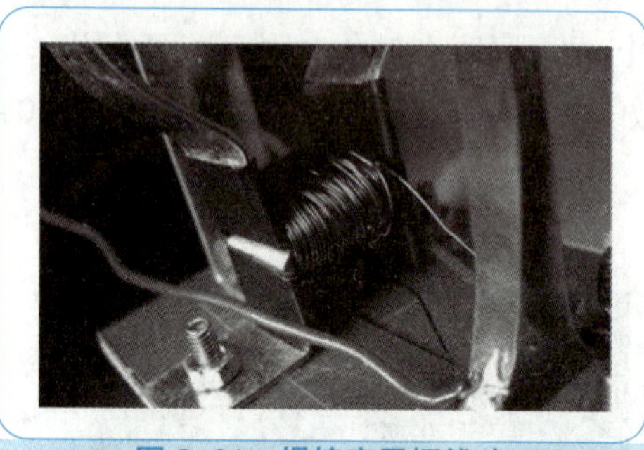
图 3-21 焊接定子铜线头

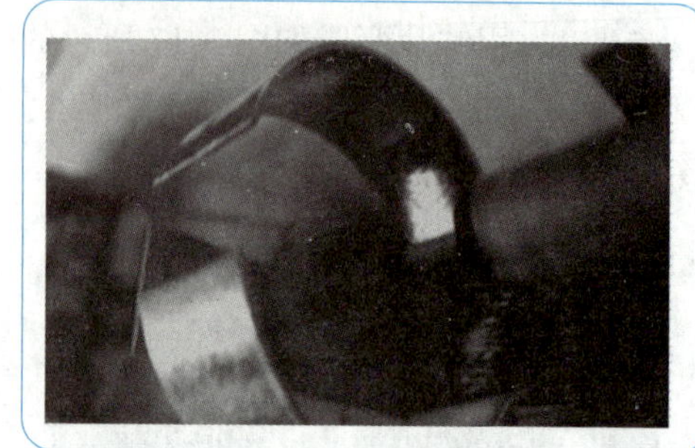
图 3-22 转动的自制电动机

提 升 篇

D/A 基本功能电路的制作、调试与检测

项目四 模拟电子技术基本功能电路的制作、调试与检测

项目简介

本项目介绍的是模拟电子技术基本功能电路的制作、调试与检测。模拟电子技术基本功能电路包括电容耦合电路与电容充放电电路、单相桥式整流电路、基本共射极放大电路、三端集成可调稳压器构成的直流稳压电源音频功放电路。以简单电路为载体使学生了解电路的工作原理，巩固电子元器件的识别与检测，掌握焊接工艺和调试方法，为后续课程做准备。提高学生安全用电的意识，培养诚实守信、爱国守法意识。

项目实训

任务一 电容耦合电路与电容充放电电路

任务目标

（1）了解电容耦合电路与电容充放电电路的工作原理及功能。
（2）能掌握电子元器件成型标准，能使用元器件成型与插装技术。
（3）能掌握手工焊接技术，能进行手工焊接。
（4）能按照工艺要求安装电容充放电电路。
（5）会安装、测试、估算电容充放电电路的相关参数。
（6）能分析并排除电路故障。

情景描述

电容耦合的作用是将交流信号从前一级传到下一级。耦合的方法还有直接耦合法和变压器耦合法。直接耦合效率最高，信号又不失真，但是，前后两级工作点的调整比较复杂，相互牵连。为了使后一级的工作点不受前一级的影响，就需要在直流方面把前一级和后一级分开，同时，又能使交流信号从前一级顺利地传递到后一级，同时能完成这一任务的方法就是采用电容传输或者变压器传输来实现的。他们都能传递交流信号和隔断直流，使前后级的工作点互不牵连。但不同的是，用电容传输时，信号的相位要延迟一些，用变压器传输时，信号的高频成分要损失一些。一般情况下，小信号传输时，常用电容作为耦合元件，大信号或者强信号传输时，常用变压器作为耦合元件。

任务准备

电容耦合电路与电容充放电电路的识读

电容耦合与电容充放电电路如图 4-1 所示。

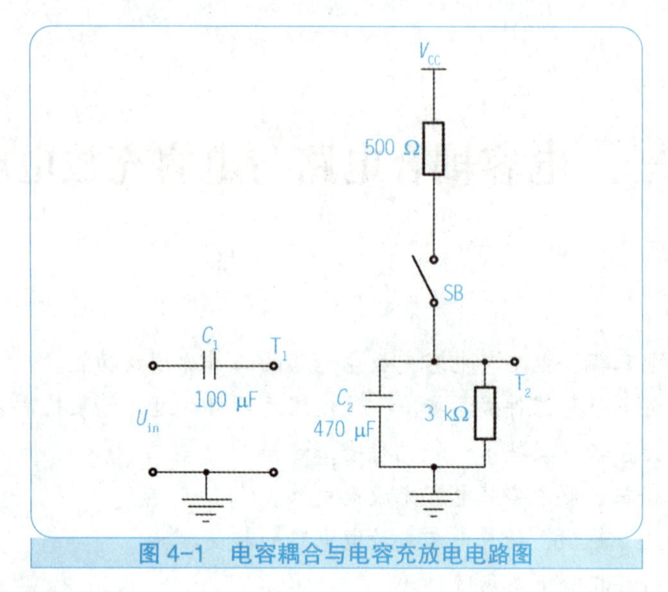

图 4-1 电容耦合与电容充放电电路图

电容充放电动态分析

图 4-2 所示电路为电容充放电演示电路以及电容 C 上的电压变化波形。

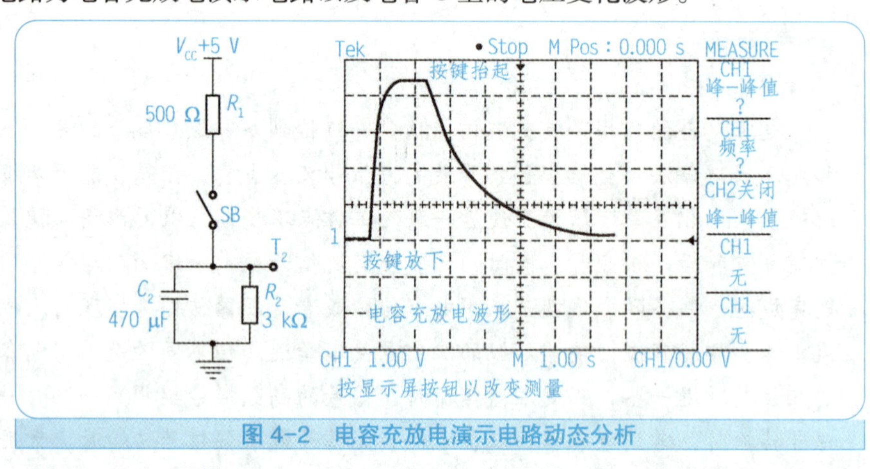

图 4-2 电容充放电演示电路动态分析

电容上的电压是因为电荷(电流)随时间的积累而产生的,所以电容两端电压不能突变;根据波形图可以看到电容电压最高能抬升到 4.3 V 左右，是因为电容充满电后就没有电流流动而相当于开路，即此时的电压是由 R_1、R_2 分压得到的，根据分压公式可以计算出 R_2 分的电压为 4.3 V，和实测相符；根据电路图可以很明显地看到电容是通过较小的电阻 R_1（500 Ω）进行充电的，而通过较大的电阻 R_2（3 K）进行放电，故充电过程较放电过程快速，实际中可以根据 $3\times RC$ 时间得到充到或放掉的最大电压来估算充电时间，本电路中可估算充电时间约 0.7 s，放电时间约 4.3 s，和实测相符。这就是为什么按键按下后电压没有立即变化而是缓慢抬升？为什么电压抬升不到 V_{CC}（+5 V）？为什么充电（按键按下）和放电（按键抬起）的过程时间不同？

任务实训

实训：电容耦合电路与电容充放电电路的制作、调试与检测

1. 设备及工量具

设备及工具：开关电源 YB1731、万用表 MY60、示波器 TDS1012B、信号发生器 YB1602、电烙铁、烙铁架、镊子、螺丝刀、焊锡、松香。

元器件：电阻、按键（轻触开关）、电容。

2. 实训过程

步骤 1：文明实训要求

文明生产就是创造安全、正规、清洁的工作环境，养成按标准秩序生产和精良工艺操作的良好习惯。

（1）室内布置要求。

实训室内应光线充足，人工照明的照度应达到 200 lx，仪器设备、桌面、地面清洁整洁、干燥。要有完整的通风设备，以排出有害气体，因为工作中闻不到异味。室内噪声应低于 60 dB。

（2）操作要求。

操作时，要穿工作服，戴工作帽，女生头发要束在帽子内，双手清洁，必要时戴手套，手套也要清洁。

工作时禁止吸烟，不喝茶，也不吃零食。

（3）器材摆放要求。

仪器放在桌子前方，排放整齐。示波器、稳压电源、晶体管毫伏表、信号发生器可以叠放，注意发热的仪器设备放在上面，显示部分与双目齐平；电烙铁、镊子、斜口钳等工具放在右侧，便于取拿；电烙铁要有电烙铁架，电烙铁架最好用陶瓷制品，电烙铁发热部分不能暴露在外，防止电烙铁烫坏电源线，引起触电、火灾等事故。

必要的黏合剂、油漆、酒精等辅助材料放在稳定的重盒内，防止翻洒在工作台上和仪器、机件内。

零部件摆放整齐，小元件用盒子按类放好。易擦伤的机件要用临时布罩或塑料袋套好，放进盒内，防止灰尘，移动搬运时轻拿轻放。

步骤 2：元器件的识别与检测

根据原理图列出元器件清单并领取元器件，使用万用表进行元器件的识别；根据表 4-1 进行元件检测，并完成记录。

表 4-1 元件检测

步骤	名称	规格	数量	量程选择	测试内容	好坏判断
1	碳膜电阻	3K/0.125 W	1	$R\times20K$	实际阻值（色环读数）______	
2	碳膜电阻	500 Ω/0.125 W	1	$R\times2K$	实际阻值（色环读数）______	
3	电容	100 μF/25 V	1	$R\times1K$	绝缘电阻______________	
4	电容	470 μF/25 V	1	$R\times1K$	绝缘电阻______________	
6	按键	无自锁	1	二极管挡	是否正常导通 / 关断	

步骤 3：电路装配的布局和布线方法

按电路原理的结构在万能板上绘制电路元器件排列的布局。按工艺要求对元器件的引脚进行成型加工。按布线图（见图 4-3）在实验电路板上依次先电阻、再电容、最后开关的顺序进行元器件的排列、插装。

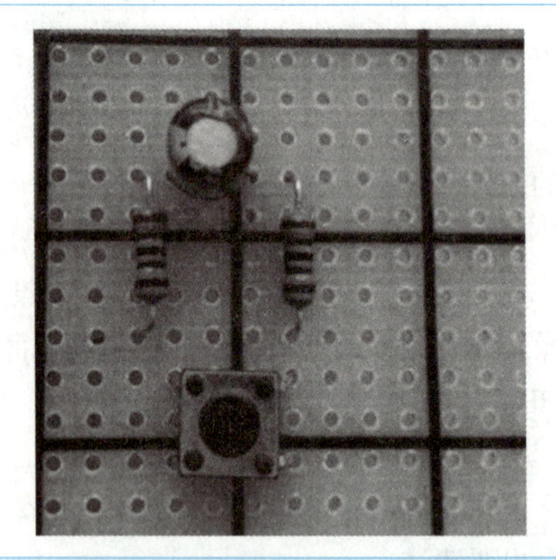

图 4-3 电路装配的布局和布线图

元器件的排列与布局以合理、美观为标准。其中，开关安装时应尽量紧贴印制电路板。

在板上确定各元件的位置时，用铅笔在正面（设不含有敷铜的一面为正面）画出各孔的连线（可以交叉）。在板的非敷铜面走线，防止在敷铜面走线时影响焊接。将漆包线穿过焊孔后用小刀刮去要焊接部分的绝缘漆，并用电烙铁焊好。在正面按画好的线整齐摆放漆包线，在漆包线上刷一层胶水，待胶水干后装上元件就成功了。由于漆包线很细，所以元件可以和漆包线共用焊孔，这也是我们选择单孔的万用板的原因。

（1）初步确定电源、地线的布局。电源贯穿电路始终，合理的电源布局对简化电路起到十分关键的作用。某些洞洞板布置有贯穿整块板子的铜箔，应将其用作电源线和地线；如果无此类铜箔，你也需要对电源线、地线的布局有个初步的规划。

（2）善于利用元器件的引脚。洞洞板的焊接需要大量的跨接、跳线等，不要急于剪断元器件多余的引脚，有时候直接跨接到周围待连接的元器件引脚上会事半功倍。另外，本着节约材料的目的，可以把剪断的元器件引脚收集起来作为跳线用材料。

（3）善于设置跳线。特别要强调这一点，多设置跳线不仅可以简化连线，而且要美观得多，如图 4-4 所示。

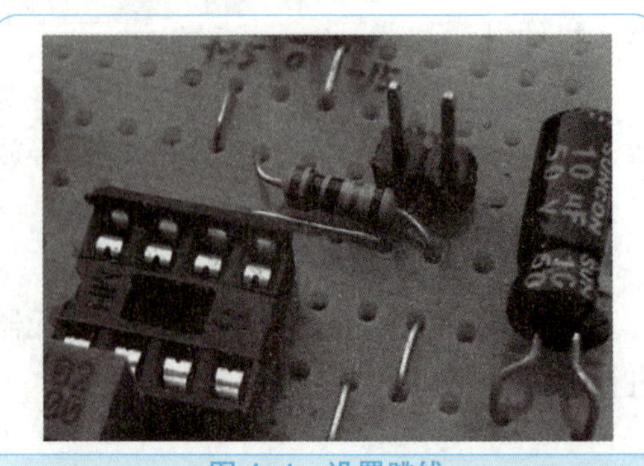

图 4-4 设置跳线

（4）善于利用元器件自身的结构。图 4-5 是矩阵键盘电路，图 4-6 是作者焊接的矩阵键盘。这是一个利用了元器件自身结构的典型例子。图 4-6 中的轻触式按键有 4 只脚，其中两两相通，我们便可以利用这一特点来简化连线，电气相通的两只脚充当了跳线。

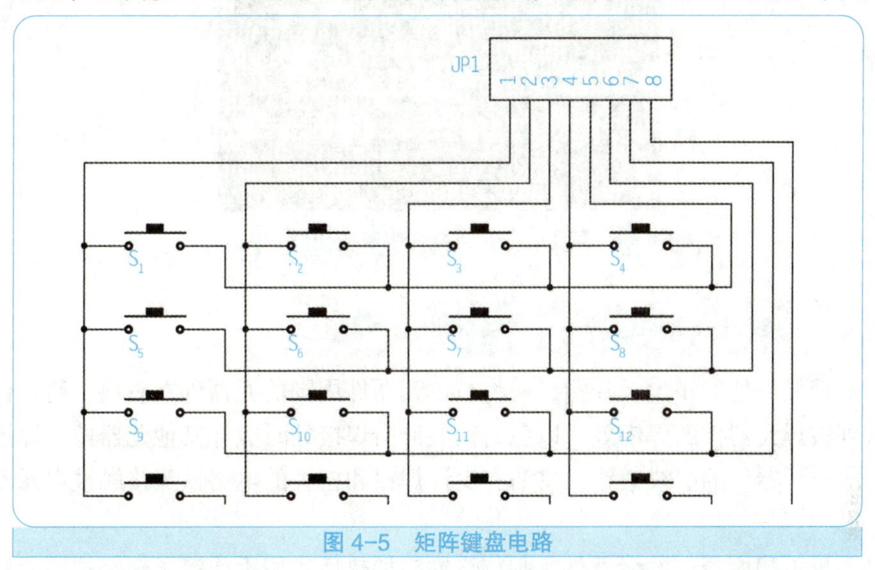

图 4-5　矩阵键盘电路

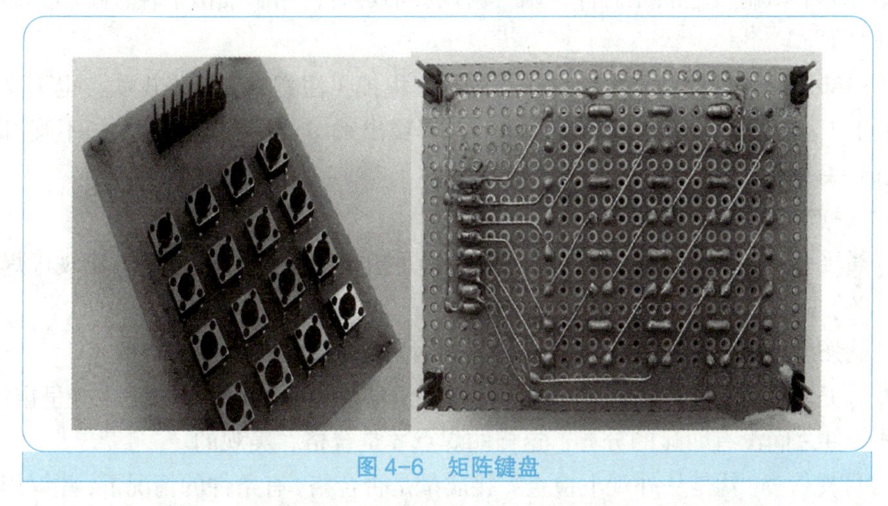

图 4-6　矩阵键盘

（5）善于利用排针。笔者喜欢使用排针，因为排针有许多灵活的用法。比如两块板子相连，就可以用排针和排座，排针既起到了两块板子间的机械连接作用，又起到电气连接的作用。这一点借鉴了电脑的板卡连接方法。

（6）在需要的时候隔断铜箔。在使用连孔板的时候，为了充分利用空间，必要时可用小刀割断某处铜箔，这样就可以在有限的空间放置更多的元器件。

（7）充分利用双面板。双面板比较昂贵，既然选择它就应该充分利用它。双面板的每一个焊盘都可以当作过孔，灵活实现正反面电气连接。

（8）充分利用板上的空间。若在芯片座里面隐藏元件（见图 4-7），既美观又能保护元件。

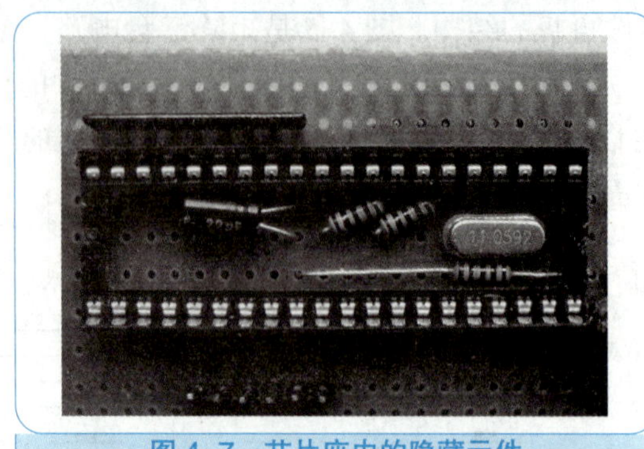

图 4-7 芯片座内的隐藏元件

步骤 4 焊接

清洁被焊元件处的积尘及油污，再将被焊元器件周围的元器件左右掰一掰，让电烙铁头可以触到被焊元器件的焊锡处，以免烙铁头伸向焊接处时烫坏其他元器件。焊接新的元器件时，应对元器件的引线镀锡，将沾有少许焊锡和松香的电烙铁头接触被焊元器件约几秒钟。

若是要拆下印刷板上的元器件，则待烙铁头加热后，用手或镊子轻轻拉动元器件，看是否可以取下。

若所焊部位焊锡过多，可将烙铁头上的焊锡甩掉（注意不要烫伤皮肤，也不要甩到印刷电路板上！），也可以用光烙锡头“蘸”些焊锡出来。若焊点焊锡过少、不圆滑时，可以用电烙铁头“蘸”些焊锡对焊点进行补焊。

（1）焊点检验要求。

①电气接触良好。良好的焊点应该具有可靠的电气连接性能，不允许出现虚焊、桥接等现象。

②机械强度可靠。保证使用过程中，不会因正常的振动而导致焊点脱落。

③外形美观。一个良好的焊点应该是明亮、清洁、平滑的，焊锡量适中并呈裙状拉开，焊锡与被焊件之间没有明显的分界，这样的焊点才是合格、美观的。

（2）目视检查。就是从外观上检查焊接质量是否合格，有条件的情况下，建议用 3 ~ 10 倍放大镜进行目检，目视检查的主要内容有：

①是否有错焊、漏焊、虚焊。

②有没有连焊，焊点是否有拉尖现象。

③焊盘有没有脱落，焊点有没有裂纹。

④焊点外形润湿是否良好，焊点表面是不是光亮、圆润。

⑤焊点周围是否有残留的焊剂。

⑥焊接部位有无热损伤和机械损伤现象。

（3）手触检查。在外观检查中发现有可疑现象时，采用手触检查。主要是用手指触摸元器件有无松动、焊接不牢的现象，用镊子轻轻拨动焊接部位或夹住元器件引线，轻轻拉动观察有无松动现象。

步骤 5 检测

上电检测，通过万用表、示波器、信号发生器等仪器对板子的功能特性进行检测。

（1）根据表 4-2 测量 T_1 点电压，并记录数据，完善表格。

表 4-2 电容耦合电路与电容充放电电路检测数据（1）

步骤	操作	工具	测量值	备注
1	调节函数信号发生器输出频率为 0.3 Hz，测量 T_1 点波形		调节函数信号发生器输出波形为正弦波，电压输出端接入 U_{in}	同时绘制 U_{in} 和 T_1 点的波形
2	调节输出频率为 100 Hz，测量 T_1 点波形	示波器	U_{P-P}=________	同时绘制 U_{in} 和 T_1 点的波形
3	调节输出频率为 14 kHz，测量 T_1 点波形	示波器	U_{P-P}=________	同时绘制 U_{in} 和 T_1 点的波形
4	调节输出频率为 14 kHz，且加有直流电平 +2 V，测量 T_1 点波形	示波器	U_{P-P}=________	同时绘制 U_{in} 和 T_1 点的波形
5	自由调节输出频率，找出 U_{in} 与 T_1 点的幅值差小于 0.1 V 时的最小频率	示波器	f= ________	

上述测量过程中，在相同尺度的条件下，绘制波形于下（X 轴刻度：____________；Y 轴刻度：____________）。

观察上述波形变化，总结变化规律，写出变化原因：__________________________。

（2）根据表 4-3 测量 T_2 点电压，并记录数据，完善表格。

表 4-3 电容耦合电路与电容充放电路检测数据（2）

步骤	操作	工具	测量值	备注
1	调节稳压电源输出 +12 V，并接入电路	稳压电源		
2	调节示波器扫描时间挡位为 1 s	示波器		
3	按下 SB，测量 T_2 点波形	示波器		绘制 T_2 点的点波形
4	观察示波器波形不变后，松开 SB，测量 T_2 点波形	示波器		绘制 T_2 点的波形

上述测量过程中，绘制波形于下（X 轴刻度：__________；Y 轴刻度：__________）：

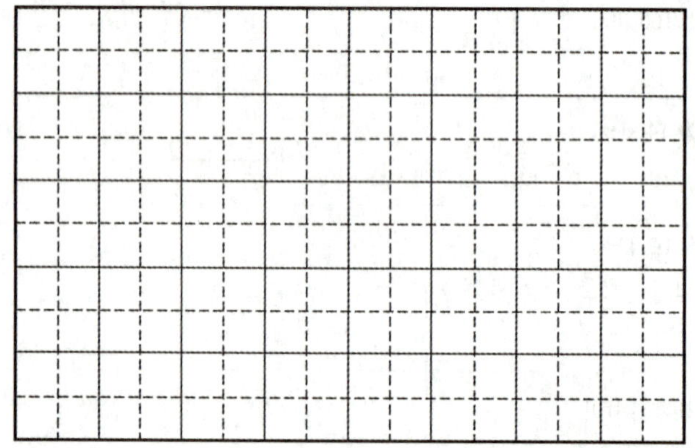

观察上述波形，解释说明 T_1 点最高电压为何小于 12 V？充电时间为何小于放电时间？

____。

3. 实训交验

实训交验时请填写实训交验表，见表 1-3。

4. 实训评定

实训评定时请填写实训内容评定表，见表 4-4。

表 4-4 实训内容评定表

班级	姓名		学号	得分
项目	考核要求	配分	评分标准	得分
元器件识别与检测	（1）拨动开关的识别与检测； （2）电解电容器的识别与检测； （3）二极管的识别与检测	10	（1）元器件识别每错一个扣 1 分； （2）元器件检测每错一个扣 2 分	
元器件成型、插装与排列	（1）元器件按工艺要求成型； （2）元器件插装符合插装工艺要求； （3）元器件排列整齐、标记方向一致、布局合理	25	（1）元器件成型不符合要求的，每处扣 1 分； （2）插装位置、极性错误的，每处扣 2 分； （3）元器件排列参差不齐、标记方向混乱、布局不合理的，扣 3 ～ 10 分	

续表

班级	姓名	学号	得分	
项目	考核要求	配分	评分标准	得分
导线连接	（1）导线挺直、紧贴印制电路板； （2）板上的连接线呈直线或直角，且不能相交	10	（1）导线弯曲、拱起，每处扣2分； （2）板上连接线弯曲时不呈直角，每处扣2分； （3）每处相交或在正面连线，扣2分	
焊接质量	（1）焊点均匀、光滑、一致，无毛刺、无假焊等现象； （2）焊点上引脚不能过长	25	（1）有搭焊、假焊、虚焊、漏焊、焊盘脱落、桥接等现象，每处扣2分； （2）出现毛刺、焊料过多、焊料过少、焊点不光滑、引线过长等现象，每处扣3分	
电路分析	测量分析	20	（1）调试不当，扣1～5分； （2）每分析错误一次扣2分	
安全文明操作	（1）工作台上的工具摆放整齐； （2）严格遵守安全操作规程	10	（1）工作台面不整洁的扣1～2分； （2）违反安全文明操作规程的，酌情扣1～5分	
合计		100		
教师签名				

任务二　单相桥式整流电路的安装与调试

任务目标

（1）了解单相桥式整流电路的工作原理及功能。

（2）掌握电子元器件成型标准，能使用元器件成型与插装技术。

（3）掌握手工焊接技术，能进行手工焊接。

（4）能按照工艺要求安装单相半波整流电路。

（5）会安装、测试、估算单相半波整流电路的相关参数。

（6）能分析并排除电路故障。

情景描述

整流电路是把交流电能转换为直流电能的电路。大多数整流电路由变压器、整流主电路和滤波器等组成。它在直流电动机的调速、发电机的励磁调节、电解、电镀等领域得到广泛应用。整流电路通常由主电路、滤波器和变压器组成。

任务准备

一、单相桥式整流电路原理图的识读

如图 4-8 所示，该电路由电源变压器 T、整流二极管 $VD_1 \sim VD_4$ 和滤波电容 C 组成，其中发光二极管 LED 与限流电阻 R 组成电源指示电路。

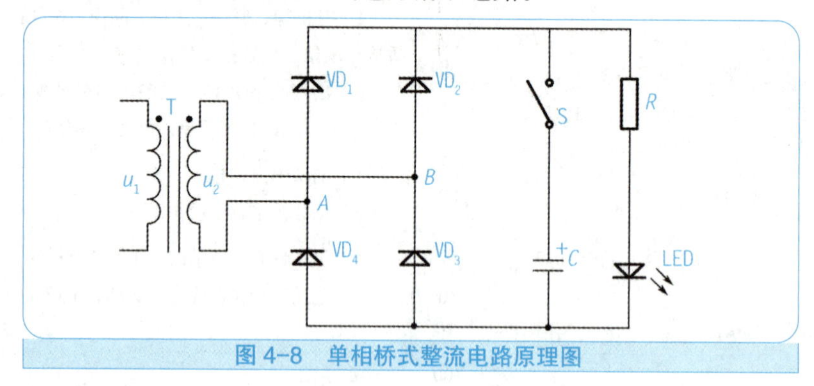

图 4-8 单相桥式整流电路原理图

电源变压器 T 二次侧的低压交流电，经过整流二极管 $VD_1 \sim VD_4$ 变成了脉动直流电。这种脉动直流电含有交流成分，因而需要利用滤波电容 C 滤除其中的交流成分，得到波动较小的直流电。电阻 R 和发光二极管 LED 即是电源指示电路，又可以作为整流滤波电路的负载。

工作过程：

$u_2<0$ 时，VD_1、VD_3 导通，VD_2、VD_4 截止，电流通路为：$A \to VD_1 \to R \to VD_3 \to B$；

$u_2>0$ 时，VD_2、VD_4 导通，VD_1、VD_3 截止，电流通路为：$B \to VD_2 \to R \to VD_4 \to A$。

在交流电正负半周都有同一方向的电流流过 R，4 只二极管中 2 只为一组，两组轮流导通，在负载上得到全波脉动的直流电压和电流。

二、单相桥式整流电路的作用原理

整流电路的作用是将交流降压电路输出的电压较低的交流电转换成单向脉动性直流电，这就是交流电的整流过程，整流电路主要由整流二极管组成。经过整流电路之后的电压已经不是交流电压，而是一种含有直流电压和交流电压的混合电压，习惯上称单向脉动性直流电压。

电力网供给用户的是交流电，而各种无线电装置需要用直流电。整流，就是把交流电变为直流电的过程。利用具有单向导电特性的器件，可以把方向和大小改变的交流电变换为直流电。

三、整流桥

整流桥就是将整流管封在一个壳内，分全桥和半桥。全桥是将连接好的桥式整流电路的 4 只二极管封在一起。半桥是将 2 只二极管桥式整流的一半封在一起，用两个半桥可组成一个桥式整流电路，一个半桥也可以组成变压器带中心抽头的全波整流电路， 选择整流桥要考虑整流电路和工作电压。常见的整流桥如图 4-9 所示。

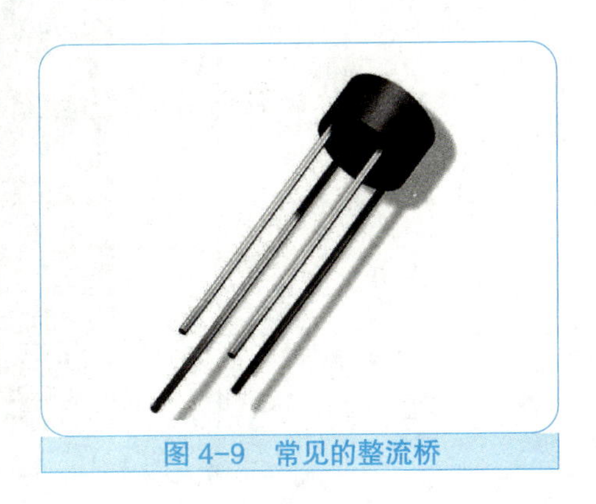

图 4-9 常见的整流桥

任务实训

实训：单相桥式整流电路的制作、调试与检测

1. 设备及工量具

万用表（指针式、数字式）、示波器、常用电子工具、电烙铁。

2. 实训过程

步骤 1 元器件的识别与检测

根据原理图列出元器件清单并领取元器件，使用万用表进行元器件的识别与检测，将识别与检测的内容填入表 4-5 中。

表 4-5 元器件的识别与检测

序号	标称	名称	测量结果
1		电阻	
2	IN4001	二极管	
3		万能板	
4		测电笔	
5	LED	发光二极管	
6	VD	整流二极管	

步骤 2 电路装配的布局和布线方法

按电路原理的结构在万能板上绘制电路元器件排列的布局。按工艺要求对元器件的引脚进行成型加工。按布线图在实验电路板上依次进行元器件的排列、插装，如图 4-10 所示。

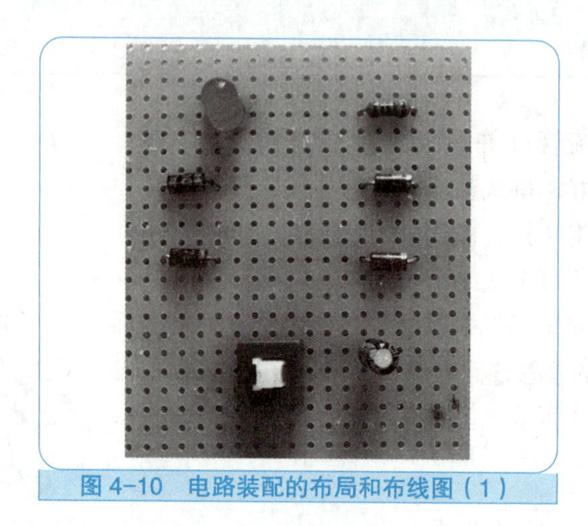
图 4-10 电路装配的布局和布线图（1）

元器件的排列与布局以合理、美观为标准。其中，普通二极管、色环电阻采用水平安装，电解电容器、开关采用直立式安装，开关安装时应尽量紧贴印制电路板。

步骤 3 焊接

在教师的指导下进行单相桥式整流电路的焊接，焊接时参照上述要求的焊接内容，焊接过程要严格按照 5 步操作法进行。布线时要尽量做到水平和竖直走线，整洁清晰，如图 4-11 所示。在焊接过程中注意安全用电，正确使用电烙铁。注意送锡时控制好送锡量，焊点要适中，不可过大或过小。

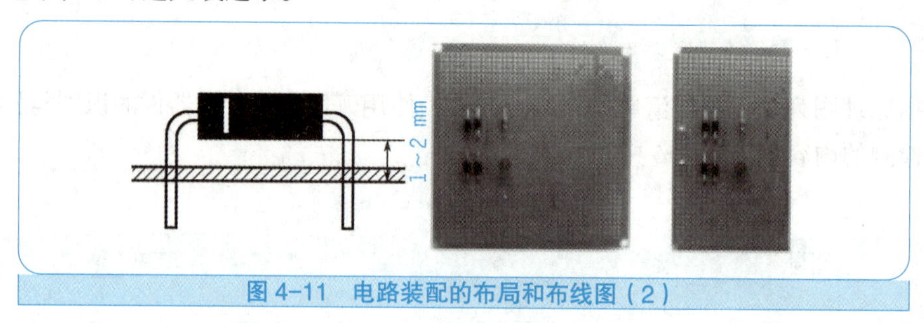

图 4-11 电路装配的布局和布线图（2）

步骤 4 安装

烙铁使用完毕后，应放在烙铁架上，并拔掉电源，注意安全文明生产。焊接安装完成后的电路如图 4-12 所示。

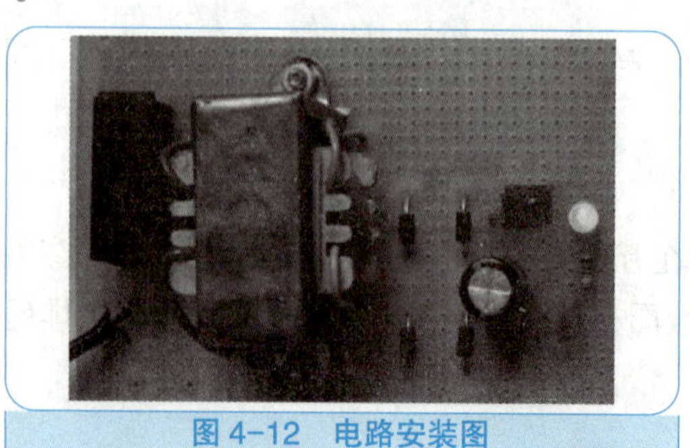
图 4-12 电路安装图

步骤 5 检测

（1）用万用表“$R\times1$”挡测整流输出端对地电阻。

测正向电阻时表针摆动后应回到无穷大或接近无穷大。

测反向电阻时表针摆动后应为几千欧至十几千欧。

测整流输出端对地电阻的目的是检查整流电路中整流二极管、滤波电容是否正常，若其中有一只被击穿，此阻值必然发生变化。

（2）用示波器测整流滤波电路的波形，并填写表 4-6。

表 4-6 整流滤波电路测试表

测试项目	变压器二次电压 u_2		输出电压 u_o	
	有效值	波形	有效值	波形
断开开关 S，未接入电容器 C 时				
按下开关 S，接入电容器 C 时				

3. 实训交验

实训交验时请填写实训交验表，见表 1-3。

4. 实训评定

实训评定时请填写实训内容评定表，见表 4-7。

表 4-7 实训内容评定表

班级		姓名		学号		得分
项目	考核要求		配分	评分标准		得分
元器件识别与检测	（1）拨动开关的识别与检测； （2）电解电容器的识别与检测； （3）二极管的识别与检测		10	（1）元器件识别每错一个扣 1 分； （2）元器件检测每错一个扣 2 分		
元器件成型、插装与排列	（1）元器件按工艺要求成型； （2）元器件插装符合插装工艺要求； （3）元器件排列整齐、标记方向一致、布局合理		15	（1）元器件成型不符合要求的，每处扣 1 分； （2）插装位置、极性错误的，每处扣 2 分； （3）元器件排列参差不齐、标记方向混乱、布局不合理的，扣 3 ～ 10 分		
导线连接	（1）导线挺直、紧贴印制电路板； （2）板上的连接线呈直线或直角，且不能相交		10	（1）导线弯曲、拱起的，每处扣 2 分； （2）板上连接线弯曲时不呈直角的，每处扣 2 分； （3）相交或在正面连线的，每处扣 2 分		
焊接质量	（1）焊点均匀、光滑、一致，无毛刺、无假焊等现象； （2）焊点上引脚不能过长		15	（1）有搭焊、假焊、虚焊、漏焊、焊盘脱落、桥接等现象的，每处扣 2 分； （2）出现毛刺、焊料过多、焊料过少、焊点不光滑、引线过长等现象，每处扣 3 分		
电路调试	（1）断开滤波电容 C，用示波器观察输出电压波形为脉动直流电； （2）接入滤波电容 C，用示波器观察输出电压波形为较平滑的直流电		20	（1）调试不当，扣 1 ～ 5 分； （2）变压、整流、滤波输出波形不符合要求，扣 10 ～ 15 分		
电路测试	正确使用示波器观察变压器二次侧、整流输出、滤波输出电压波形		20	不会正确使用示波器观察变压器二次侧、整流输出、滤波输出电压波形，扣 5 ～ 20 分		
安全文明操作	（1）工作台上的工具摆放整齐； （2）严格遵守安全操作规程		10	（1）工作台面不整洁的扣 1 ～ 2 分； （2）违反安全文明操作规程的，酌情扣 1 ～ 5 分		
合计			100			
教师签名						

任务三 基本共射极放大电路的制作、调试与检测

任务目标

（1）了解共射极放大电路的组成和放大原理。
（2）能正确识别与检测元器件。
（3）能掌握手工焊接技术，能进行手工焊接。
（4）能按照图纸正确焊接装配放大电路。
（5）能熟练测试基本放大电路的性能指标。
（6）能根据测量结果调试电路，排除故障。

情景描述

放大电路（Amplification Circuit）能够将一个微弱的交流小信号（叠加在直流工作点上），通过一个装置（核心为三极管、场效应管），得到一个波形相似（不失真），但幅值却大很多的交流大信号的输出。实际的放大电路通常由信号源、晶体三极管构成的放大器及负载组成。

任务准备

一、共射极放大电路原理图的识读

共射极放大电路原理如图 4-13 所示。

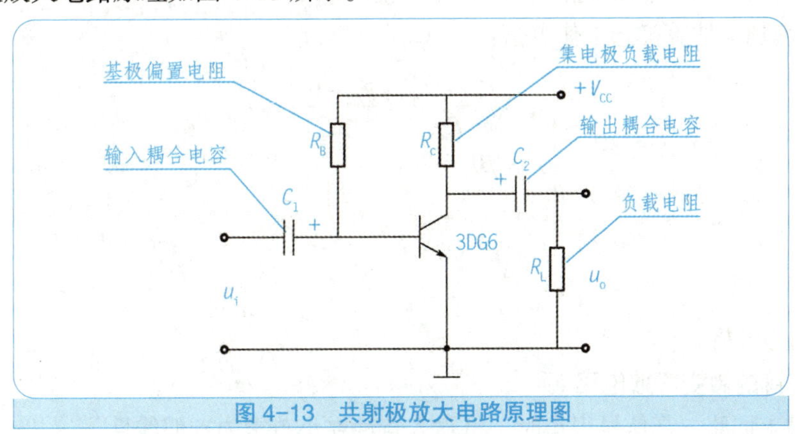

图 4-13　共射极放大电路原理图

（1）三极管在放大电路中起以小控制大的电流放大作用。

（2）$+V_{CC}$：是向放大电路提供能量，并保证三极管工作在放大区。

（3）R_B：基极偏置电阻，其作用是为放大电路提供合适的静态工作点，保证发射极正偏。

（4）C_1：有极性电解电容，其作用是隔离直流和让输入交流信号顺利通过，即隔直通交。

（5）C_2：有极性电解电容，其作用是隔离直流和让放大后的交流信号顺利输出，即隔直通交。

二、共射极放大电路的工作原理

共射极放大电路的工作原理如图 4-14 所示。

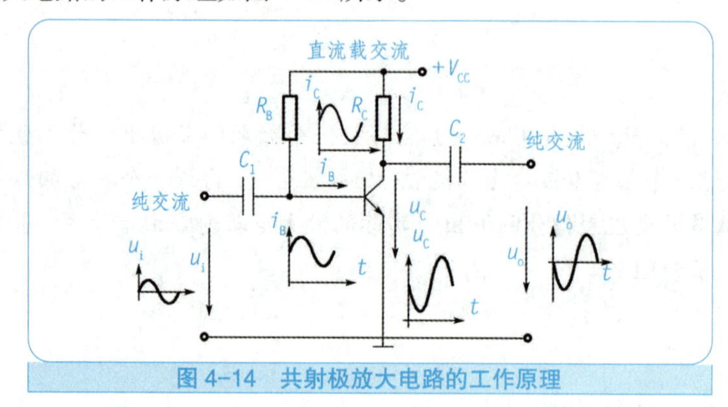

图 4-14　共射极放大电路的工作原理

放大电路分析：

静态分析——估算法。

动态分析——微变等效电路法、图解法、计算机仿真。

1. 静态分析（宜采用估算法）

静态分析的目的：求出电路的静态工作点值。

根据直流通道估算静态工作点值：

$$
\begin{cases}
I_B = \dfrac{V_{CC} - U_{BE}}{R_B} = \dfrac{V_{CC} - 0.7}{R_B} \\
I_C = \beta I_B \\
U_{CE} = V_{CC} - I_C R_C
\end{cases}
$$

2. 动态分析

1）三极管的微变等效电路

（1）输入回路。当信号很小时，将输入特性在小范围内近似线性。

$$r_{be}=\frac{\Delta u_{BE}}{\Delta i_B}=\frac{u_{be}}{i_b}$$

对于小功率三极管：r_{be} 的量级从几百欧到几千欧。

$$r_{be}=300(\Omega)+(1+\beta)\frac{26(\text{mV})}{I_E(\text{mV})}$$

对输入的小交流信号而言，三极管相当于电阻 r_{be}，如图 4-15 所示。

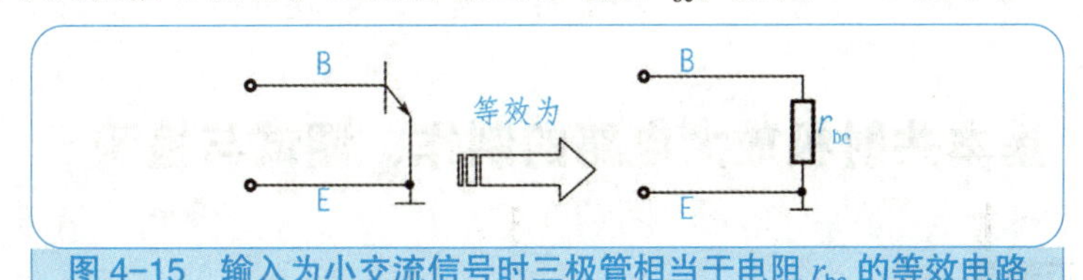

图 4-15　输入为小交流信号时三极管相当于电阻 r_{be} 的等效电路

（2）输出回路。

由于有 $I_C=\beta I_B$：

①输出端相当于一个受 i_b 控制的电流源。

②三极管的微变等效电路如图 4-16 所示。

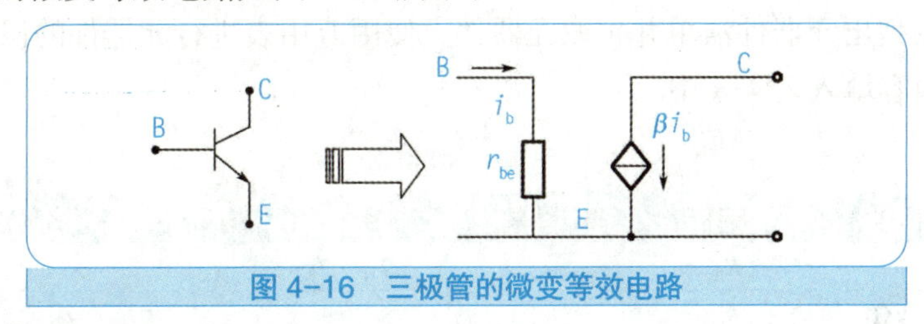

图 4-16　三极管的微变等效电路

2）放大电路的微变等效电路

放大电路的微变等效电路如图 4-17 所示。

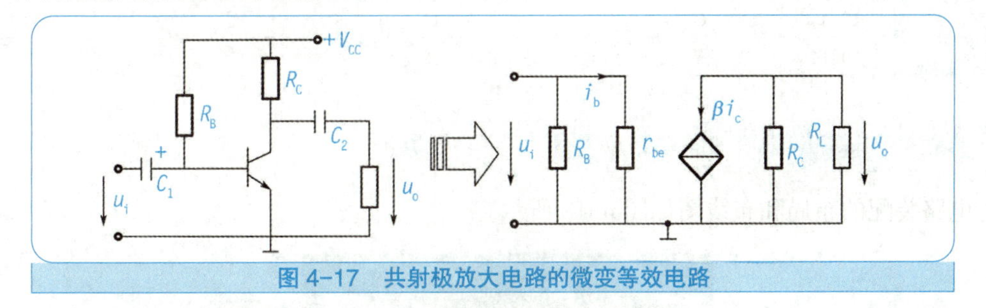

图 4-17　共射极放大电路的微变等效电路

3）电压放大倍数的计算

$$\dot{U}_i=\dot{I}_b r_{be}\qquad \dot{U}_o=-\beta\dot{I}_b R'_L\qquad R'_L=R_C\,//\,R_L$$

所以：

$$A_u=\frac{\dot{U}_o}{\dot{U}_i}=\frac{-\beta\dot{I}_b R'_L}{\dot{I}_b r_{be}}=-\beta\frac{R'_L}{r_{be}}$$

特点：负载电阻越小，放大倍数越小。

4）输入输出电阻的计算

输入电阻 r_i　　　　$r_i=R_B\,//\,r_{be}\approx r_{be}$

输出电阻 r_o　　　　$r_o=R_C$

任务实训

实训：基本共射极放大电路的制作、调试与检测

简单放大电路

1. 设备及工量具

万用表（指针式、数字式）、示波器、常用电子工具、电烙铁。

2. 实训过程

步骤 1　元器件的识别与检测

根据原理图列出元器件清单并领取元器件，使用万用表进行元器件的识别与检测，将识别与检测的内容填入表 4-8 中。

表 4-8　元器件的识别与检测

序号	标称	名称	测量结果	序号	标称	名称	测量结果
1		R_B		7			
2	1 kΩ	R_C		8			
3	1 kΩ	R_L		9			
4	10 μF/50 V	C_1		10			
5	10 μF	C_2		11			
6	9014	V		12			

步骤 2　电路装配的布局和布线方法

电路装配的布局和布线图如图 4-18 所示。

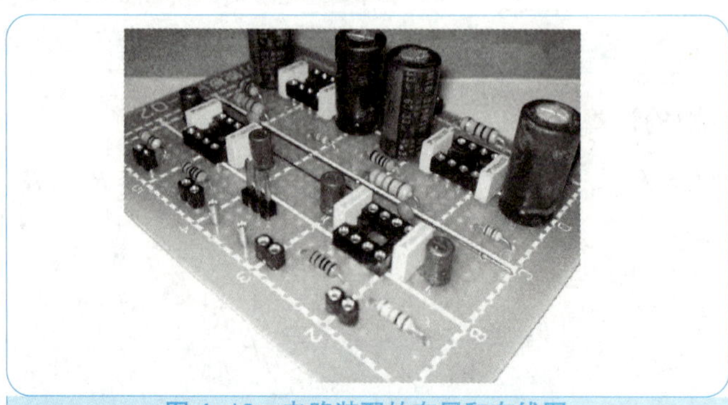

图 4-18　电路装配的布局和布线图

按电路原理的结构在万能板上绘制电路元器件排列的布局。按工艺要求对元器件的引脚进行成型加工。按布线图在实验电路板上依次进行元器件的排列、插装。

元器件的排列与布局以合理、美观为标准。其中，普通二极管、色环电阻采用水平安装，电解电容器、发光二极管、开关采用直立式安装，开关安装时应尽量紧贴印制电路板。

步骤 3 焊接

在教师的指导下进行共射极放大电路的焊接，焊接时参照上述要求的焊接内容，焊接过程要严格按照 5 步操作法进行。焊接三极管和集成电路时要注意：

（1）引线如果采用镀金处理或已经镀锡的，可以直接焊接。

（2）对于 COMS 电路，如果事先将各引线短接，焊前不要拿掉短路线，对使用的电烙铁，最好采用防静电措施。

（3）在保证浸润的前提下，尽可能缩短焊接时间，一般不超过 2 min。

（4）注意保证电烙铁良好接地。使用低熔点的焊料，熔点一般不要高于 180 ℃。

（5）工作台上如果铺有橡胶、塑料等易于积累静电的材料，则器件不易放在工作台上，以免静电损伤。

（6）使用的电烙铁，内热式的功率不要超过 20 W，外热式的功率不要超过 30 W，且烙铁头应该尽量尖些，防止焊接一个端点时碰到相邻端点。

步骤 4 检测

（1）共射极放大电路静态工作点的测量。

①按上述制作步骤接好如图 4-14 所示的电路并复查，通电检测。

②不接 u_i，接入 V_{CC}=12 V，用万用表测量三极管的静态工作点。

③测量 U_{BE}，并记录 U_{BE}=__________V。

④调节 R_B（R_P），观察 U_{BE} 有无明显变化，并记录 U_{BE}__________（有 / 无）明显变化。由 $I_B=V_{CC}-U_{BE}/R_B$ 可知 I_B=__________（有 / 无）明显变化。

⑤调节 R_B（R_P），观察 U_{CE} 有无明显变化，并记录：

U_{CE}________（有 / 无）明显变化，由 $I_C=V_{CC}-U_{CE}/R_C$ 可知，此时 I_C 应________（有 / 无）明显变化。显然，在放大区 I_C 实际上主要受________（I_B/U_{CE}）控制。此时，三极管的发射结__________偏，集电极_________偏，工作在_________区，调节 R_B（R_P），使 U_{CE}=6 V。

⑥从测试中可以看出：在放大区，调节 R_B（R_P）时 U_{BE}_________（有 / 无）明显变化，I_B__________（有 / 无）明显变化，而 $I_C=\beta I_B$ 必然__________（有 / 无）明显变化。因此，$U_{CE}=V_{CC}-I_CR_C$ 也会__________（有 / 无）明显变化，即调节 R_B（R_P）__________（不可以 / 可以）明显改变放大器的工作点和工作状态。

（2）共射极放大电路动态工作过程的测量与观察。

①按上述制作步骤接好如图 4-14 所示的电路并复查，通电检测。

②不接 u_i，接入 V_{CC}=12 V，用万用表测量三极管的静态值。V_B=________________V，V_C=_______________V。

③调节 R_B（R_P）使 U_{CE}=6 V。

④保持步骤②，输入端接入 u_i（f=1 kHz，u_i=10 mV），用示波器（AC 输入）同时观察 u_i、u_{BE} 波形，并记录 u_i、u_{BE} 波形。从实践中可以看出，u_i 与 u_{BE} 波形幅度大小______（基本相同 / 完全相同）。另外，接入 u_i 后，由于 u_{BE}______（含有 / 不含有）直流分量，即 u_{BE} 为______（纯交流量 / 交直流叠加量），因此：

u_{BE}=______（$U_{BE}+u_i$ 或 u_i）

i_B=______（I_B+i_b 或 I_b）

$i_C=\beta i_B$=________（[$\beta(I_B+i_b)=\beta I_B+\beta i_b$ 或 I_C+i_c（$\beta I_B=I_C$，$\beta i_b=i_c$）]）

⑤保持步骤③，用示波器 Y2 轴________（DC 输入 / “交替”显示）观察 u_{CE} 波形和幅度大小，并记录 u_{CE} 波形和幅度大小。

从实践中可以看出，输出电压的波形与输入电压波形______（基本相同 / 完全相同），输出电压波形比输入电压波形的幅度______（变大 / 变小 / 基本相同），即______（实现了 / 没有实现）信号的不失真放大。

从实践中还可以看出，u_{CE} 中______（含有 / 不含有）直流分量，即 u_{CE} 为 ______（纯交流量 / 交直流叠加量），因此，u_{CE}=______（$U_{CE}+u_{ce}$ 或 u_{ce}）。

⑥保持步骤④，改用示波器 Y2 轴输入信号观察 u_o 的波形和幅度大小，并记录 u_o 的波形和幅度。从实践中可以看出，由于电容 C_2 的隔直流作用，实际的输出电压 u_o 中______（含有 / 不含有）直流分流，即 u_o=______（$U_{CE}+u_{ce}$ 或 u_{ce}）。

⑦保持步骤⑤，观察和比较 u_i 与 u_o 的相位关系，并记录：u_i 与 u_o 的相位关系为______（同相 / 反相）。

3. 实训交验

实训交验时请填写实训交验表，见表 1-3。

4. 实训评定

实训评定时请填写实训内容评定表，见表 4-9。

表 4-9　实训内容评定表

班级		姓名		学号		得分	
项目	考核要求		配分	评分标准			得分
元器件识别与检测	（1）电阻的识别与检测； （2）电解电容器的识别与检测； （3）三极管的识别与检测		10	（1）元器件识别每错一个扣 1 分； （2）元器件检测每错一个扣 2 分			
元器件成型、插装与排列	（1）元器件按工艺要求成型； （2）元器件插装符合插装工艺要求； （3）元器件排列整齐、标记方向一致、布局合理		15	（1）元器件成型不符合要求的，每处扣 1 分； （2）插装位置、极性错误的，每处扣 2 分； （3）元器件排列参差不齐、标记方向混乱、布局不合理的，扣 3 ～ 10 分			

续表

班级		姓名	学号		得分	
项目	考核要求		配分	评分标准		得分
导线连接	（1）导线挺直、紧贴印制电路板； （2）板上的连接线呈直线或直角，且不能相交		10	（1）导线弯曲、拱起的，每处扣 2 分； （2）板上连接线弯曲时不呈直角的，每处扣 2 分； （3）相交或在正面连线的，每处扣 2 分		
焊接质量	（1）焊点均匀、光滑、一致，无毛刺、无假焊等现象； （2）焊点上引脚不能过长		15	（1）有搭焊、假焊、虚焊、漏焊、焊盘脱落、桥接等现象的，每处扣 2 分； （2）出现毛刺、焊料过多、焊料过少、焊点不光滑、引线过长等现象的，每处扣 3 分		
电路调试	共射极放大电路静态工作点的测量		20	（1）调试不当，扣 1 ～ 5 分； （2）输出波形不符合要求，扣 10 ～ 15 分		
电路测试	共射极放大电路动态工作过程的测量与观察		20	（1）不会正确使用示波器观察 u_i、u_{BE}、u_{CE} 波形和幅度大小的，扣 1 ～ 10 分； （2）不会正确使用示波器观察比较 u_i 与 u_o 的相位关系的，扣 1 ～ 10 分		
安全文明操作	（1）工作台上的工具摆放整齐； （2）严格遵守安全操作规程		10	（1）工作台面不整洁的扣 1 ～ 2 分； （2）违反安全文明操作规程的，酌情扣 1 ～ 5 分		
合计			100			
教师签名						

任务四　直流稳压电源的制作、调试与检测

任务目标

（1）了解三端集成稳压器件的结构和原理。

（2）学会安装与调试直流稳压电源。

（3）能正确测量稳压性能、调压范围。

（4）会根据原理图绘制电路安装连接图。

（5）会判断并检修直流稳压电源的简单故障。

（6）通过电路的设计可以加深对该课程知识的理解以及对知识的综合运用。

情景描述

把线性串联稳压电路集成为一块集成电路，称为集成稳压器。其内部结构是由调整器件、误差放大器、基准电压、比较取样等几个主要部分组成的，通常还增加各种保护电路集成稳压器，具有输出电流大、输出电压高、体积小、可靠性高等优点，在电子电路中应用广泛。

任务准备

一、开关型稳压电源的原理图

开关型稳压电源原理图如图 4-19 所示。它和串联反馈式稳压电路相比，电路增加了 LC 滤波电路以及产生固定频率的三角波电压（u_T）发生器和比较器 C 组成的驱动电路，

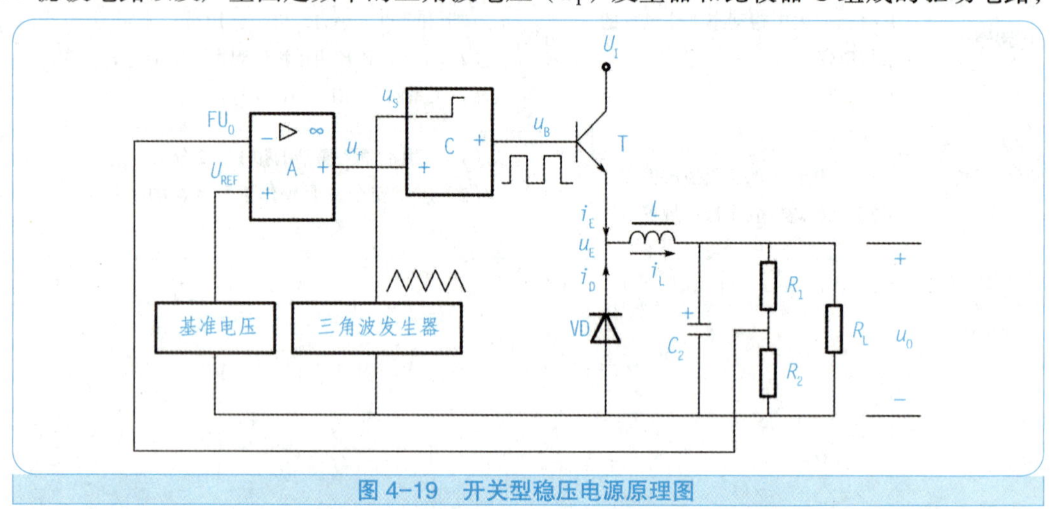

图 4-19 开关型稳压电源原理图

该三角波发生器与比较器组成的电路又称为脉宽调制电路（PWM），目前有各种集成脉宽调制电路。图中 U_I 是整流滤波电路的输出电压，u_B 是比较器的输出电压，利用 u_B 控制调整管 T 将 U_I 变成断续的矩形波电压 u_E（u_D）。当 u_B 为高电平时，T 饱和导通，输入电压 U_I 经 T 加到二极管 VD 的两端，电压 u_E 等于 U_I（忽略管 T 的饱和压降），此时二极管 VD 承受反向电压而截止，负载中有电流 I_O 流过，电感 L 储存能量。当 u_B 为低电平时，T 由导通变为截止，滤波电感产生自感电势（极性如图 4-20 所示），使二极管 VD 导通，于是电感中储存的能量通过 VD 向负载 R_L 释放，使负载 R_L 继续有电流通过，因而常称 VD 为续流二极管。此时电压 u_E 等于 $-U_D$（二极管正向压降）。由此可见，虽然调整管处于开关工作状态，但由于二极管 VD 的续流作用和 L、C 的滤波作用，输出电压是比较平稳的。图 4-20 画出了电流 i_L、电压 u_E（u_D）和 u_O 的波形，图中 t_{on} 是调整管 T 的导通时间，t_{off} 是调整管 T 的截止时间，$T=t_{on}+t_{off}$ 是开关转换周期。显然，在忽略滤波电感 L 的直流压

降的情况下，输出电压的平均值为：

$$U_O = \frac{t_{on}}{T}(U_I - U_{CES}) + (-U_D)\frac{t_{off}}{T} \approx U_I \frac{t_{on}}{T} = qU_I$$

式中，$q=t_{on}/T$ 称为脉冲波形的占空比。由此可见，对于一定的 U_I 值，通过调节占空比即可调节输出电压 U_O。

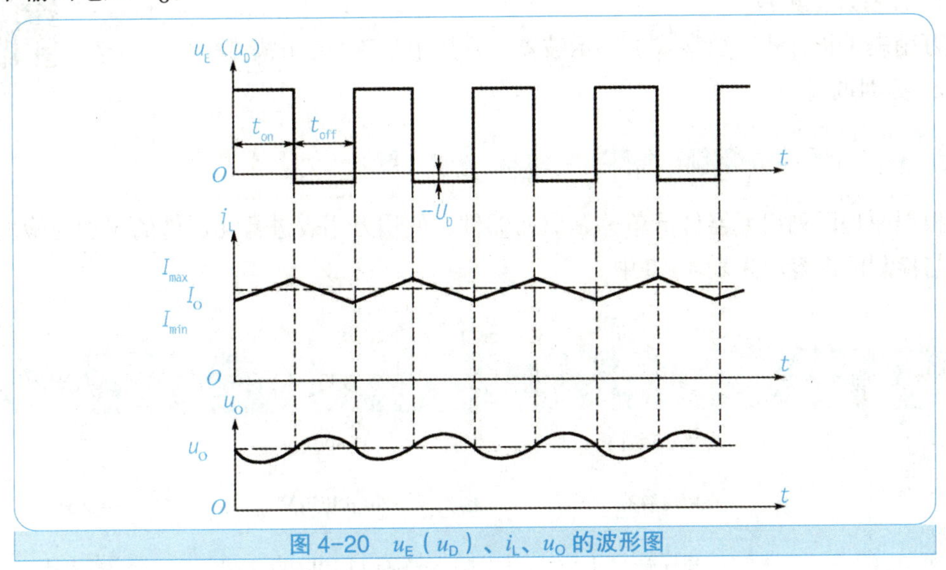

图 4-20 u_E（u_D）、i_L、u_O 的波形图

二、开关型稳压电源的特点

开关型稳压电源通常采用直接对 220 V、50 Hz 的交流电进行整流，不需要工频电源变压器。开关型稳压电源中的开关管工作频率在几十千赫，滤波电容器、电感器数值较小。因此，开关型稳压电源具有质量轻、体积小、电源效率高（可达 80%）等特点。由于开关型稳压电源功耗小，机内温升低，提高了整机的稳定性和可靠性。另外，开关型稳压电源对电网的适应能力也有较大的提高，一般线性稳压电源允许电网波动范围为 220 V±10%，而开关型稳压电源对于电网电压在 110 ～ 260 V 范围内变化时，都可获得稳定的输出电压，而且输出电压保持时间长、有利于计算机信息保护等。

提示：

由于开关型稳压电源的输出功率一般较大，尽管开关管相对功耗较小，但绝对功耗仍较大。因此，在实际应用中，开关管必须加装散热片。

任务实训

实训：直流稳压电源的制作、调试与检测

稳压电源器件

1. 设备及工量具

万用表（指针式、数字式）、示波器、常用电子工具、电烙铁。

2. 实训过程

步骤 1 元器件的识别与检测

根据原理图列出元器件清单并领取元器件，使用万用表进行元器件的识别与检测，将识别与检测的内容填入表 4-10 中。

表 4-10 元器件的识别与检测

序号	名称	规格	数量
1	整流二极管	1N4007	4 只
2	电解电容器	470 μF/50 V	2 只
3	电容器	0.33 μF、0.1 μF	各 1 只
4	三端集成稳压器	LM317	1 只
5	电位器	10 kΩ	1 只
6	电阻器	240 Ω	1 只
7	电源变压器	次级电压为双 12 V	1 只
8	万用表	FM-47	1 块
9	熔断器	2 A	1 只
10	安装用电路板	20 cm×10 cm	1 块
11	连接导线、焊锡		若干
12	常用安装工具（电烙铁、尖嘴钳等）		1 套

步骤 2 电路装配的布局和布线方法

按电路原理的结构在万能板上绘制电路元器件排列的布局。按工艺要求对元器件的引脚进行成型加工。按布局图（见图 4-21）在电路板上依次进行元器件的排列、插装。元器件的排列与布局以合理、美观为标准。

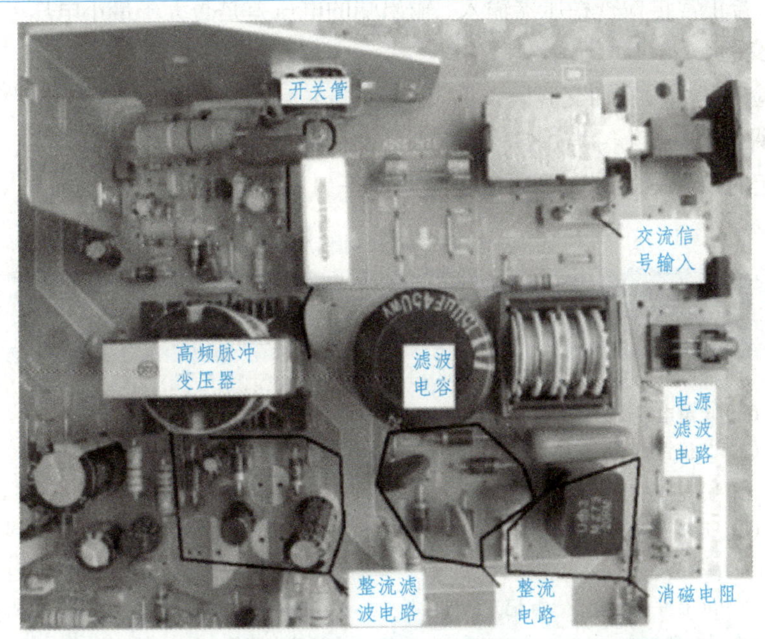

图 4-21 开关型稳压电源布局图

步骤 3 焊接

在教师的指导下进行开关型稳压电源的焊接，焊接时参照上述要求的焊接内容，焊接过程要严格按照 5 步操作法进行。布线时要尽量做到水平和竖直走线，整洁清晰。在焊接过程中要注意安全用电，正确使用电烙铁。注意送锡时控制好送锡量，焊点要适中，不可过大或过小。烙铁使用完毕后，应放在烙铁架上，并拔掉电源，注意安全文明生产。

步骤 4 检测

（1）用万用表“$R\times1$”挡测整流输出端对地电阻。

测正向电阻时表针摆动后应回到无穷大或接近无穷大。

测反向电阻时表针摆动后应为几千欧至十几千欧。

测整流输出端对地电阻的目的是检查整流电路中整流二极管、滤波电容是否正常，若其中有一个被击穿，此阻值必然发生变化。

（2）空载检查。

①断开电源变压器与后级电路，接入 220 V 的交流电压，用万用表交流电压挡测量变压器次级交流电压值，此值应为设计值。再检查变压器是否通电后温度明显升高甚至发烫，若是，说明变压器质量差，不能使用。若正常可进行下一步。

②断开滤波器的后级电路，将变压器与后级电路连线恢复，接通 220 V 交流电压，观察整流二极管是否发烫，若正常则用万用表直流电压挡测整流滤波电路的输出直流电压是否为设计值。若正常可进行下一步。

③断开负载，将滤波器与后级电路连线恢复，接通 220 V 交流电压，测量输出电压是

否为设计值。若正常再检查稳压器输入、输出端的电压差是否大于最小电压差（2～3 V）。

3. 实训交验

实训交验时请填写实训交验表，见表 1-3。

4. 实训评定

实训评定时请填写实训内容评定表，见表 4-11。

表 4-11 实训内容评定表

班级	姓名		学号	得分
项目	考核要求	配分	评分标准	得分
元器件识别与检测	（1）拨动开关的识别与检测； （2）电解电容器的识别与检测； （3）二极管的识别与检测	10	（1）元器件识别每错一个扣 1 分； （2）元器件检测每错一个扣 2 分	
元器件成型、插装与排列	（1）元器件按工艺要求成型； （2）元器件插装符合插装工艺要求； （3）元器件排列整齐、标记方向一致、布局合理	15	（1）元器件成型不符合要求的，每处扣 1 分； （2）插装位置、极性错误的，每处扣 2 分； （3）元器件排列参差不齐、标记方向混乱、布局不合理的，扣 3～10 分	
导线连接	（1）导线挺直、紧贴印制电路板； （2）板上的连接线呈直线或直角，且不能相交	10	（1）导线弯曲、拱起的，每处扣 2 分； （2）板上连接线弯曲时不呈直角的，每处扣 2 分； （3）相交或在正面连线的，每处扣 2 分	
焊接质量	（1）焊点均匀、光滑、一致，无毛刺、无假焊等现象； （2）焊点上引脚不能过长	15	（1）有搭焊、假焊、虚焊、漏焊、焊盘脱落、桥接等现象的，每处扣 2 分； （2）出现毛刺、焊料过多、焊料过少、焊点不光滑、引线过长等现象的，每处扣 3 分	
电路调试	（1）断开电源变压器与后级电路，用万用表测量变压器次级交流电压值； （2）断开滤波器的后级电路，将变压器与后级电路连线恢复，用万用表直流挡测整流滤波电路的输出直流电压是否为设计值； （3）断开负载，将滤波器与后级电路连线恢复，测量输出电压是否为设计值	20	（1）调试不当的，扣 1～5 分； （2）变压、整流、滤波输出波形不符合要求，扣 10～15 分	
电路测试	正确使用示波器观察变压器二次侧、整流输出、滤波输出电压波形	20	不会正确使用示波器观察变压器二次侧、整流输出、滤波输出电压波形的，扣 5～20 分	
安全文明操作	（1）工作台上的工具摆放整齐； （2）严格遵守安全操作规程	10	（1）工作台面不整洁的扣 1～2 分； （2）违反安全文明操作规程的，酌情扣 1～5 分	
合计		100		
教师签名				

任务五 音频功放电路的制作、调试与检测

任务目标

（1）了解低频功率放大电路的基本要求和分类。

（2）了解功放器件的安全使用知识。

（3）能识读 OTL、OCL 功率放大器的电路图。

（4）会熟练使用示波器，会使用低频信号发生器。

（5）会安装与调试音频功放电路。

（6）掌握音频功放电路的制作、调试与检测。

情景描述

随着社会和技术的不断发展，音频功率放大器已经达到一个成熟的阶段。音频功率放大器简称音频功放，它主要用于推动扬声器发声，凡发声的电子产品中都要用到音频功放，比如手机、MP4 播放器、笔记本电脑、电视机、音响设备等，给我们的生活和学习工作带来了不可替代的方便享受。

任务准备

一、LM386 构成的音频功率放大器的原理图

LM386 构成的音频功率放大器的原理如图 4-22 所示。

电路工作原理：图中 IC_1 和 IC_2 是两片集成功放 LM386，接成 OCL 电路。C_1 起到电源滤波及退耦作用，C_3 为输入耦合电容，R 和 C_2 起到防止电路自激的作用，R_P 为静态平衡调节电位器。IC_1 和 IC_2 选用集成功放电路 LM386，具有功耗低、电压适应范围宽、频响范围宽和外围元件少等特点。其工作电压为 4 ～ 16 V，如图中工作电压为 6 V 时，额定输出功率可以达到 3 W，适宜用来推动小音箱或作为设备的语音提示及报警功能。电阻 R 选用 1/2 W 金属膜电阻器，电容 C_1 选用耐压为 16 V 的铝电解电容器，C_2 选用聚丙烯电容，C_3 选用钽电解电容，R_P 选用有机实芯电位器。扬声器 BL 根据实际需要选用 8 Ω、额定功率在 10 W 以下的扬声器或音箱。

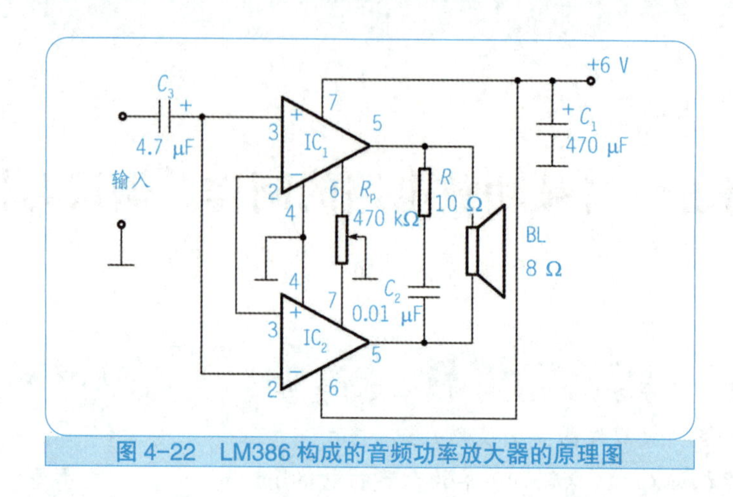

图 4-22 LM386 构成的音频功率放大器的原理图

二、LM386 构成的音频功率放大器电路的特点

电路的优点：LM386 是一种低电压通用型音频集成功率放大器，应用广泛，大大减少了分立元件的使用，供电电压要求比较低，4 ～ 12 V 都可以驱动。

电路的缺点：使用 LM386 集成块之后，设计要求无法达到，不能通过二级放大来实现音频信号的输出，可调范围减小，整机效率都可能下降。

任务实训

实训：音频功放电路的制作、调试与检测

收音机器件

1. 设备及工量具

万用表（指针式、数字式）、示波器、常用电子工具、电烙铁。

2. 实训过程

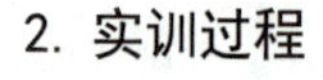

步骤 1 元器件的识别与检测

根据原理图 4-22 列出元器件清单并领取元器件，使用万用表进行元器件的识别与检测，将识别与检测的内容填入表 4-12 中。

表 4-12 元器件的识别与检测

符号	名称	型号	数量
R_P	滑动变阻器	470 kΩ	1
C_1	电容	470 μF	1

续表

符号	名称	型号	数量
C_2	电容	0.01 μF	1
C_3	电容	4.7 μF	1
R	电阻	10 Ω	1
BL	扬声器	8 Ω	1
IC_1、IC_2	集成芯片	LM386	2
V_{CC}	电源	6 V	1

步骤 2 电路装配的布局和布线方法

按电路原理的结构在万能板上绘制电路元器件排列的布局，如图 4-23 所示。按工艺要求对元器件的引脚进行成型加工。按布局图在实验电路板上依次进行元器件的排列、插装，焊接工艺参照共射极放大电路焊接注意事项。

图 4-23 电路装配的布局和布线

步骤 3 焊接

在教师的指导下进行音频功放电路的焊接，焊接时参照上述要求的焊接内容，焊接过程要严格按照 5 步操作法进行。在焊接过程中要注意安全用电，正确使用电烙铁。注意送锡时控制好送锡量，焊点要适中，不可过大或过小。烙铁使用完毕后，应放在烙铁架上，并拔掉电源，注意安全文明生产。

步骤 4 调试

电路板焊接完成后，先进行全面的检查。检查无误后，开始进行电路板的有源调试。调试步骤如下。

（1）输出波形的调试。

先利用函数信号发生器，将信号设置成电压有效值为 5 mV 正弦波信号，然后连接到 u_i，将信号送入音频功率放大器。在喇叭的两端通过测试线连接到数字双踪示波器，接通电源后，观察示波器的波形，并记录输出功率的大小，画出波形图。

完成数据的记录后，与设计中要求的数据进行比较，确定硬件电路是否符合设计要求。

（2）通频带的调试。

测量放大器通频带，测的是放大器增益随频率变化的情况。在改变输入信号频率时，若保持输入信号幅值不变，则输出信号幅值的变化正比于增益的变化。

3. 实训交验

实训交验时请填写实训交验表，见表 1-3。

4. 实训评定

实训评定时请填写音频功放电路项目评价表，见表 4-13。

表 4-13　音频功放电路项目评价表

班级	姓名		学号　　得分	
项目	考核要求	配分	评分标准	得分
元器件识别与检测	（1）扬声器的识别与检测； （2）LM386 管脚的识别	10	（1）元器件识别错一个，扣 1 分； （2）元器件检测错一个，扣 2 分	
元器件成型、插装与排列	（1）元器件按工艺要求成型； （2）元器件插装符合插装工艺要求； （3）元器件排列整齐、标记方向一致、布局合理	15	（1）元器件成型不符合要求的，每处扣 1 分； （2）插装位置、极性错误的，每处扣 2 分； （3）元器件排列参差不齐、标记方向混乱、布局不合理，扣 3 ～ 10 分	
导线连接	（1）导线挺直、紧贴印制电路板； （2）板上的连接线呈直线或直角，且不能相交	10	（1）导线弯曲、拱起的，每处扣 2 分； （2）板上连接线弯曲时不呈直角的，每处扣 2 分； （3）相交或在正面连线的，每处扣 2 分	
焊接质量	（1）焊点均匀、光滑、一致，无毛刺、无假焊等现象； （2）焊点上引脚不能过长	15	（1）有搭焊、假焊、虚焊、漏焊、焊盘脱落、桥接等现象的，每处扣 2 分； （2）出现毛刺、焊料过多、焊料过少、焊点不光滑、引线过长等现象的，每处扣 3 分	
电路调试	（1）输出波形的调试； （2）通频带的调试	20	（1）调试不当，扣 1 ～ 5 分； （2）放大器增益、示波器波形不符合要求，扣 10 ～ 15 分	
电路测试	正确使用示波器观察输出波形	20	不会正确使用示波器观察输出电压波形，扣 5 ～ 20 分	
安全文明操作	（1）工作台上工具摆放整齐； （2）严格遵守安全操作规程	10	（1）工作台面不整洁，扣 1 ～ 2 分； （2）违反安全文明操作规程，酌情扣 1 ～ 5 分	
合计		100		
教师签名				

知识拓展

智能家电

智能家电就是将微处理器、传感器技术、网络通信技术引入家电设备后形成的家电产品，具有自动感知住宅空间状态和家电自身状态、家电服务状态，能够自动控制及接收住宅用户在住宅内或远程的控制指令；同时，智能家电作为智能家居的组成部分，能够与住宅内其他家电和家居、设施互联组成系统，实现智能家居功能。

智能家电和传统家电的区别，不能简单地以是否装了操作系统，是否装了芯片来区分。它们的区别主要表现在“智能”二字的体现上。

首先是感知对象不一样，以前的家电，主要感知时间、温度等；而智能家电对人的情感、人的动作、人的行为习惯都可以感知，都可以按照这样的感知做一些智能化的执行。其次是技术处理方式不一样，传统家电更多是机械式的，或者叫作很简单的执行过程。智能家电的运作过程往往依赖于物联网、互联网以及电子芯片等现代技术的应用和处理。最后是应对的需求不一样，传统家电对应的需求就是满足了生活中的一些基本需求，而智能家电所应对的消费需求更加丰富，层次更高。

所以，智能家电与传统家电的不同在于智能家电实现了拟人智能，产品通过传感器和控制芯片来捕捉和处理信息，除了根据住宅空间环境和用户需求自动设置和控制，用户还可以根据自身的习惯进行个性化设置。另外，当智能家电与互联网连接后，其也就具备了社交网络的属性。智能家电还可被理解为物联网家电。

智能控制技术、信息技术的飞速发展也为家电自动化和智能化提供了可能。智能家电是具有自动监测自身故障、自动测量、自动控制、自动调节与远程控制中心通信功能的家电设备。

传统家用电器有空调、电冰箱、吸尘器、电饭煲、洗衣机等，新型家用电器有电磁炉、消毒碗柜、蒸炖煲等。无论新型家用电器还是传统家用电器，其整体技术都在不断提高。家用电器的进步，关键在于采用了先进控制技术，从而使家用电器从一种机械式的用具变成一种具有智能的设备，智能家用电器体现了家用电器最新技术面貌。

智能家电产品分为两类：一是采用电子、机械等方面的先进技术和设备；二是模拟家庭中熟练操作者的经验进行模糊推理和模糊控制。随着智能控制技术的发展，各种智能家电产品不断出现，例如把电脑和数控技术相结合开发出的数控冰箱、具有模糊逻辑思维功能的电饭煲、变频式空调、全自动洗衣机等。

根据智能家用电器的智能程度不同（同一类产品的智能程度也有很大差别），一般可分成单项智能和多项智能。单项智能家电只有一种模拟人类智能的功能。例如，模糊电饭煲中，检测饭量并进行对应控制是一种模拟人的智能的过程。在电饭煲中，检测饭量不可能用重量传感器，这是环境过热所不允许的。采用饭量多则吸热时间长这种人的思维过程就可以实现饭量的检测，并且根据饭量的不同采取不同的控制过程。这种电饭煲是一种具有单项智能的电饭煲，它采用模糊推理进行饭量的检测，同时用模糊控制推理进行整个过程的控制。多项智能家电在多项智能的家用电器中，有多种模拟人类智能的功能。例如，多功能模糊电饭煲就有多种模拟人类智能的功能。LG 电子在韩国发布了搭载有革命性信息服务的高端智能家电产品。HomeChatTM 可以在 NLP 和 LINE 这两款流行的手机社交应用上使用，这两款应用拥有超过 3 亿用户。通过这项技术，用户可以与 LG 最新的家电产品进行交流互动，并通过手机控制、监控以及分享使用心得。HomeChatTM 为人们诠释了什么是真正的智能，LG 高端智能家电的产品线包括了一台配备摄像头的冰箱、一台可以允许用户通过 HomeChatTM 技术下载洗衣程序的洗衣机，以及一台支持 NFC 互联技术和 WiFi 连接的光波变频微波炉。

普通智能家用电器采用廉价“模糊控制”智能控制技术。少数高档家电用到“神经网络”技术（也叫神经网络模糊控制技术），模糊控制技术目前是智能家用电器使用最广泛的智能控制技术。原因在于这种技术和人的思维有一致性，理解较为方便且不需要高深的数学知识表达，可以用单片机进行构造。

不过模糊逻辑及其控制技术也存在一个不足的地方，即没有学习能力，从而使模糊控制家电产品难以积累经验。而知识的获取和经验的积累并由此所产生新的思维是人类智能的最明显体现。家用电器在运行过程中存在外部环境差异、内部零件损耗及用户使用习惯的问题，这就需要家用电器能对这些状态进行学习。例如一台洗衣机在春、夏、秋、冬四个季节外界环境是不一样的，由于水温及环境温度不同，洗涤时的程序也有区别，洗衣机应能自动学习不同环境中的洗涤程序；另外，在洗衣机早期应用中，洗衣机的零件处于紧耦合状态，过了磨合期，洗衣机的零件处于顺耦合状态，长期应用之后，洗衣机的零件处于松耦合状态。对于不同时期，洗衣机应该对自身状态进行恰当的调整，同时还应产生与之相应的优化控制过程；此外，洗衣机在很多次数的洗涤中，应自动学习特定衣质、衣量条件下的最优洗涤程序，当用户放入不同量、不同质的衣服时，洗衣机应自动进入学习后的最优洗涤程序——这就需要一种新的智能技术：神经网络控制。

智能冰箱是一种能对冰箱进行智能化控制、对食品进行智能化管理的冰箱类型。比如，能自动进行冰箱模式调换，始终让食物保持最佳存储状态，用户可通过手机或电脑，随时随地了解冰箱里食物的种类、数量、保鲜保质信息，可为用户提供健康食谱和营养禁忌，可提醒用户定时补充食品等。

智能空调系统能根据外界气候条件，按照预先设定的指标对安装在屋内的温度、湿度、空气清洁度进行分析、判断，及时自动打开制冷、加热、去湿及空气净化等功能。同时用户还能通过手机等终端，在远程对空调进行控制。

拓展训练

用 NE555 制作的定时器焊接训练

一、训练要求

（1）通过 NE555 制作的定时器焊接训练进一步提高学生创造与动手能力。

（2）进一步熟练掌握集成元件的焊接技巧。

（3）掌握继电器的焊接方法。

二、训练材料

训练材料详见表 4-14 所列的 NE555 制作的定时器元器件清单。

表 4-14 NE555 制作的定时器元器件清单

序号	元件名称	数量	元件名称	数量
1	电阻（4.7 K）	1	焊接及导线	0.8 mm/0.5 单股
2	电阻（100 Ω）	1		
3	电阻（1 K）	1		
4	电位器（100 K（104））	1		
5	发光二极管（3 mm）	2		
6	定时器（NE555）	1		
7	IC 座（DIP8P）	1		
8	电容（10 μF）	1		
9	电容（103）	1		
10	万能板	1		
11	单排针	2		

三、训练内容

（1）焊接电子装配图，如图 4-24 所示。

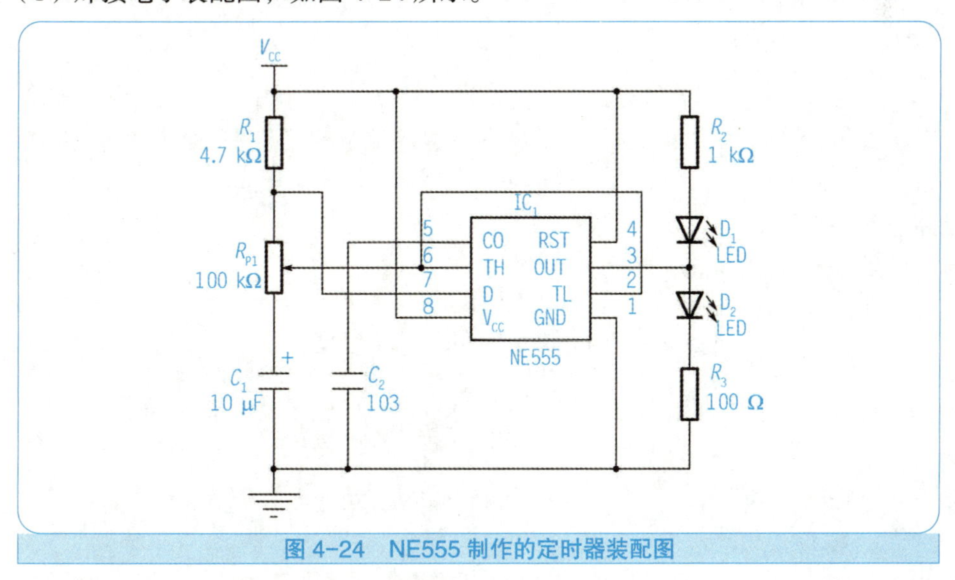

图 4-24 NE555 制作的定时器装配图

（2）电路元件实物图，如图 4-25 所示。

（3）装配完成的整体效果图，如图 4-26 所示。

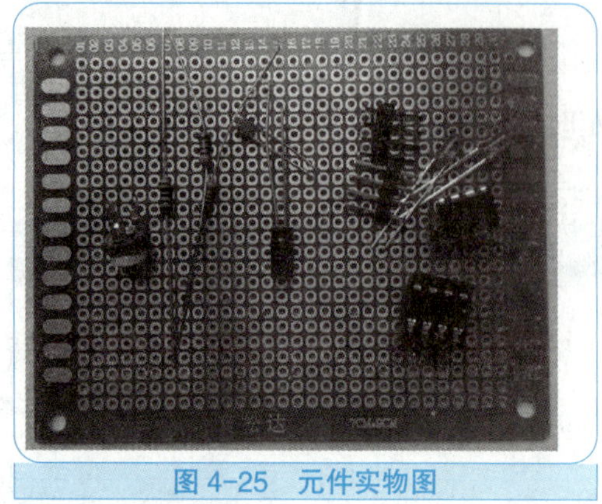
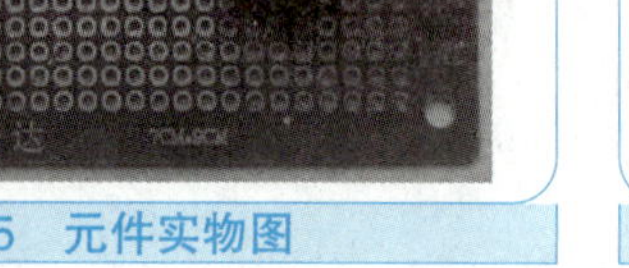

图 4-25　元件实物图

图 4-26　NE555 制作的定时器整体效果图

创意DIY

用 PCB 板制作安踏鞋

请同学们充分发挥想象力，用你搜集到的废线和废旧 PCB 板制作属于你自己的安踏鞋，如图 4-27 所示。

图 4-27　用 PCB 板制作的安踏鞋

项目五 数字电子技术基本功能电路的制作、调试与检测

项目简介

本项目介绍的是几种数字电子技术基本功能电路中较为典型的数字电路，在教材中起着承上启下的作用，既是对逻辑图、真值表等的综合应用，也为后续中等规模逻辑电路的学习，奠定一定的基础。培养学生严谨认真的工作态度，团结协作的职业素养。

项目实训

任务一　三人表决器的安装与调试

任务目标

（1）了解三人表决器的工作原理及功能。
（2）掌握组合逻辑电路的一般设计步骤。
（3）掌握 74LS10 芯片与实训电路。
（4）能按照工艺要求安装三人表决器。
（5）会安装、测试、估算三人表决器的相关参数。
（6）能分析并排除电路故障。

情景描述

三人表决器是组合逻辑电路的典型应用，本任务需要学生拥有扎实的组合逻辑电路知识及分析与设计能力。通过创设情景，引出任务的解决方案；通过分析，推导电路的逻辑功能；通过实操，完成三人表决器的安装与调试。三人表决器通常由信号输入端、主电路及信号输出端组成。

任务准备

一、三人表决器的功能

在比赛中，有 A、B、C 三名裁判，其中 A 为主裁，在对有争议的问题进行表决时，当有两位以上裁判（必须包括 A）同意时，表决方才通过，请同学们通过已有知识，设计解决方案。

设计过程如下：

（1）列出通过方案，如表 5-1 所示。

表 5-1　表决通过方案

通过方案	A 赞成 B 赞成 C 赞成	A 赞成 B 反对 C 赞成	A 赞成 B 赞成 C 反对		

续表

不通过方案	A反对 B反对 C反对	A反对 B赞成 C赞成	A赞成 B反对 C反对	A反对 B反对 C赞成	A反对 B赞成 C反对

（2）将3名裁判定义为输入变量A、B、C，将投票是否通过设为Y，则通过方案即为：

$$Y = ABC + A\overline{B}C + AB\overline{C} \quad (5\text{-}1)$$

（3）化解上述表达式：

$$Y=AB+AC \quad (5\text{-}2)$$

二、组合逻辑电路的设计步骤

数字逻辑电路包括组合逻辑电路和时序逻辑电路两大类。组合逻辑电路的任一时刻的输出状态仅与当时电路的输入状态有关，而与电路原来所处的状态无关。

根据给定任务，组合逻辑电路的设计一般可按照下述步骤进行。

（1）明确实际逻辑问题。如上述案例中，裁判表决方案即为逻辑方案。

（2）列真值表。如上述案例中，将3名裁判确定为输入变量，并设定赞成为1，反对为0，将投票结果确定为输出变量，并设定通过为1，反对为0，列出真值表，见表5-2。

表5-2 三人表决器真值表

A	B	C	Y
0	0	0	0
0	0	1	0
0	1	0	0
0	1	1	0
1	0	0	0
1	0	1	1
1	1	0	1
1	1	1	1

（3）写逻辑表达式。累加真值表中Y为1的所有项，如式（5-1）。

（4）化简逻辑表达式。通常采用公式法或卡诺图化简，如式（5-2）。

（5）转换表达式。根据设计给定的逻辑门电路不同，对表达式做相应转换，如本项目给定74LS10芯片，则采用与非－与非表达式。

（6）画出逻辑图。根据最终表达式，绘制由逻辑门电路组成的逻辑电路。

组合逻辑电路的设计流程如图5-1所示。

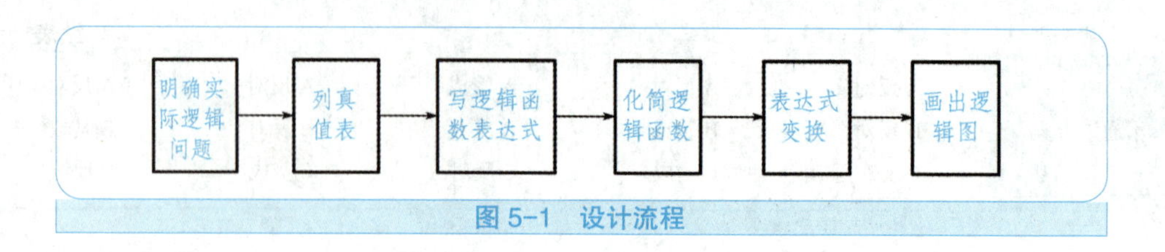

图 5-1 设计流程

三、74LS10 芯片与实训电路

74LS10 是常用的三 3 输入与非门电路（见图 5-2），在数字电路和单片机系统中常用。

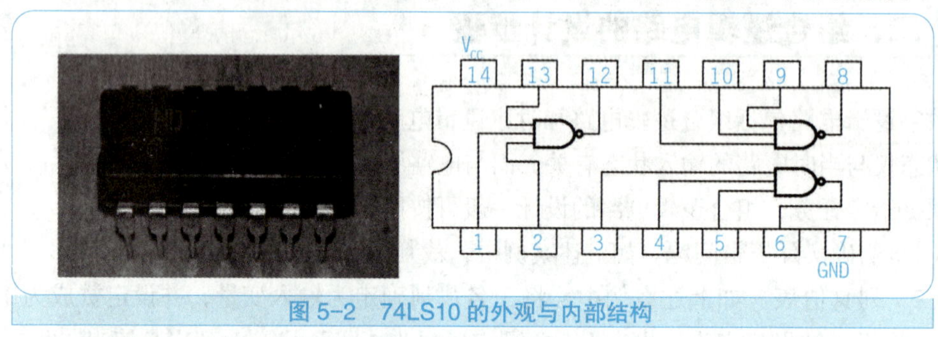

图 5-2 74LS10 的外观与内部结构

三人表决器电路原理图如图 5-3 所示。

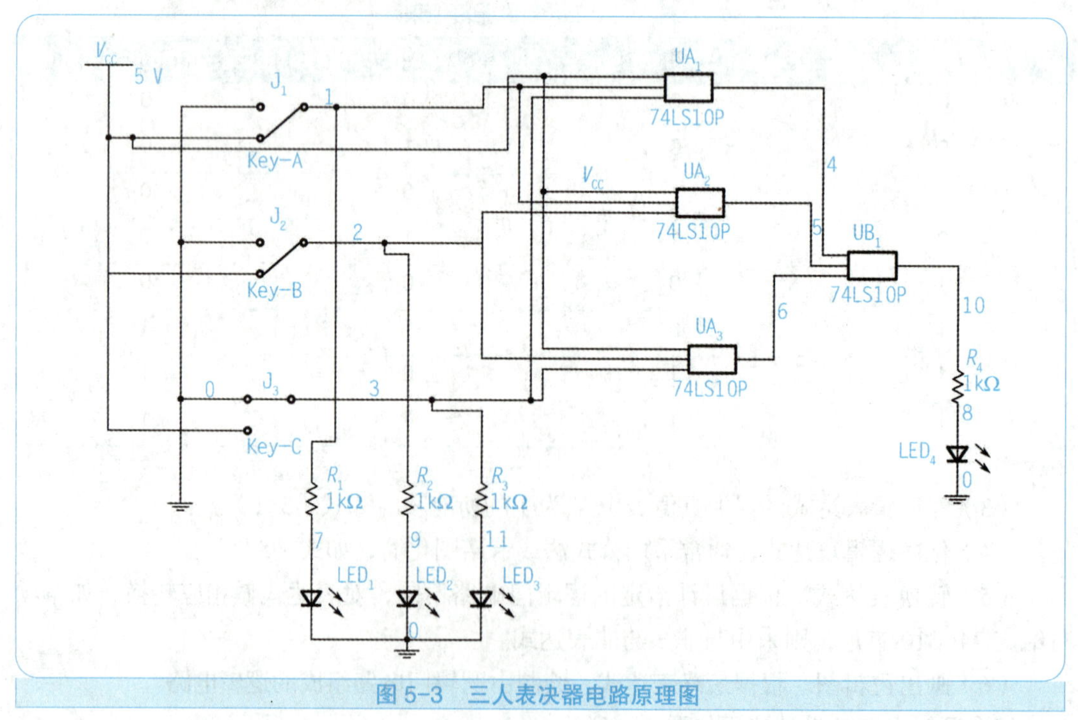

图 5-3 三人表决器电路原理图

任务实训

实训：三人表决器的制作、调试与检测

1. 设备及工量具

万用表（指针式、数字式）、示波器、常用电子工具、电烙铁及带5 V直流电的工作台。三人表决器材料准备见表5-3。

表5-3 三人表决器材料准备

元器件清单			
序号	名称	型号	数量
1	电阻	1 K	4
2	双位按钮		3
3	发光二极管		4
4	集成电路	74LS10	2
5	IC座	IC插座14P	2

2. 实训过程

步骤1 元器件的识别与检测

根据原理图5-3列出元器件清单并领取元器件，使用万用表进行元器件的识别与检测，将识别与检测的内容填入表5-4中。

表5-4 元器件的识别与检测

序号	标称	名称	测量结果
1	R_1、R_2 R_3、R_4	电阻	标称阻值________ 实测阻值________
2	LED_1 LED_2 LED_3 LED_4	发光二极管	正向电阻________ 反向电阻________
3	74LS10	集成芯片	引脚排列________
4	J_1、J_2、J_3	双位按钮开关	质量________

步骤2 电路装配的布局和布线方法

按电路原理的结构在万能板上绘制电路元器件排列的布局，如图5-4所示。按工艺要

求对元器件的引脚进行成型加工。按布局图在实验电路板上依次进行元器件的排列、插装。

元器件的排列与布局以合理、美观为标准。其中，色环电阻采用水平安装，发光二极管、开关采用直立式安装，开关安装时应尽量紧贴印制电路板。

步骤 3 焊接

在教师的指导下进行三人表决器电路的焊接，焊接时参照上述要求的焊接内容，焊接过程要严格按照 5 步操作法进行。布线时要尽量做到水平和竖直走线，整洁清晰。在焊接过程中要注意安全用电，正确使用电烙铁。注意送锡时控制好送锡量，焊点要适中，不可过大或过小。烙铁使用完毕后，应放在烙铁架上，并拔掉电源，注意安全文明生产。电路焊接图如图 5-5 所示。

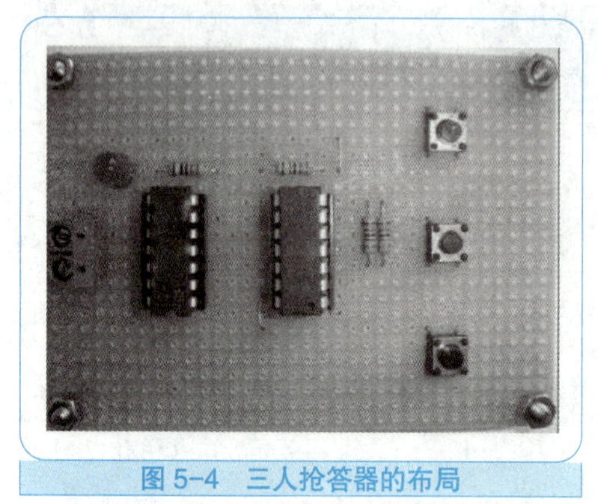

图 5-4 三人抢答器的布局

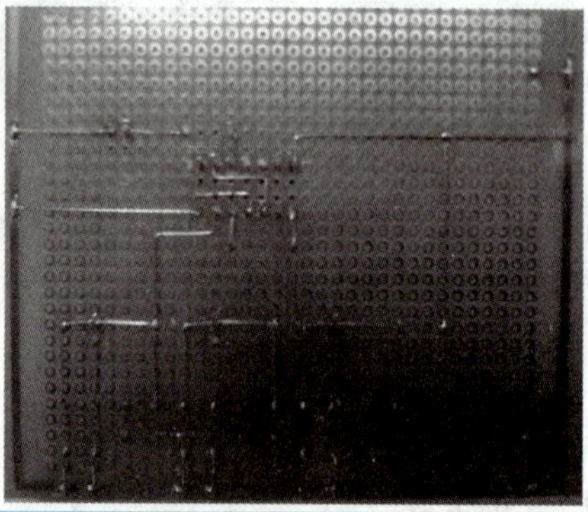

图 5-5 电路焊接图

步骤 4 电路测试

电路焊接完成以后，用万用表进行自我检测，检测合格后在教师指导下进行电路测试。接通电源后，分别按下按钮 A、B、C，对应的发光二极管亮，当同时按下两个或两个以上按钮时（且必须包括 A），除对应二极管亮外，输出端发光二极管亮。测试完毕后，将相关测试内容填入表 5-5 中，并在下面框里绘制焊接的实际电路图。

绘制焊接实际电路图

表 5-5 输入测试结果（LED 的点亮与熄灭情况）

LED_1	LED_2	LED_3	LED_4

3. 实训交验

实训交验时请填写实训交验表，见表 1-3。

4. 实训评定

对三人表决器项目的评价，请填写实训内容评价表，见表 5-6。

表 5-6 三人表决器项目评价表

班级		姓名		学号		得分	
项目	考核要求		配分	评分标准			得分
元器件识别与检测	（1）双位开关的识别与检测； （2）电阻的识别与检测； （3）发光二极管的识别与检测； （4）74LS10 芯片的识别		10	（1）元器件识别每错一个扣 1 分； （2）元器件检测每错一个扣 2 分			
元器件成型、插装与排列	（1）元器件按工艺要求成型； （2）元器件插装符合插装工艺要求； （3）元器件排列整齐、标记方向一致、布局合理		15	（1）元器件成型不符合要求的，每处扣 1 分； （2）插装位置、极性错误的，每处扣 2 分； （3）元器件排列参差不齐、标记方向混乱、布局不合理，扣 3 ～ 10 分			
导线连接	（1）导线挺直、紧贴印制电路板； （2）板上的连接线呈直线或直角，且不能相交		10	（1）导线弯曲、拱起的，每处扣 2 分； （2）板上连接线弯曲时不呈直角的，每处扣 2 分； （3）相交或在正面连线的，每处扣 2 分			
焊接质量	（1）焊点均匀、光滑、一致，无毛刺、无假焊等现象； （2）焊点上引脚不能过长		15	（1）有搭焊、假焊、虚焊、漏焊、焊盘脱落、桥接等现象的，每处扣 2 分； （2）出现毛刺、焊料过多、焊料过少、焊点不光滑、引线过长等现象的，每处扣 3 分			
电路测试	正确使用工作台的要求电源		10	不会正确使用电源，扣 5 ～ 10 分			
电路调试	LED 的状态与开关状态是否一致		30	（1）调试不当，扣 1 ～ 5 分； （2）不符合变化要求，扣 25 ～ 30 分			
安全文明操作	（1）工作台上的工具摆放整齐； （2）严格遵守安全操作规程		10	（1）工作台面不整洁，扣 1 ～ 2 分； （2）违反安全文明操作规程，酌情扣 1 ～ 5 分			
合计			100				
教师签名							

任务二　四路抢答器的安装与调试

任务目标

（1）了解四路抢答器的工作原理及功能。

（2）掌握时序逻辑电路的一般设计步骤。

（3）了解74LS112、74LS20芯片。

（4）能按照工艺要求安装四路抢答器。

（5）会安装、测试、估算四路抢答器的相关参数。

（6）能分析并排除电路故障。

情景描述

四路抢答器是时序逻辑电路的典型应用，本任务需要学生拥有扎实的时序逻辑电路知识及分析与设计能力。通过创设情景，引出任务的解决方案；通过分析，推导电路的逻辑功能；通过实操，完成四路抢答器的安装与调试。四路抢答器通常由信号输入端、主电路及信号输出端组成。

任务准备

一、四路抢答器的功能

四路抢答器如图5-6所示。在比赛中，有A、B、C、D四位选手，要求在同一时刻内，有且仅有一位选手抢答成功，请同学们通过已有知识，设计解决方案。

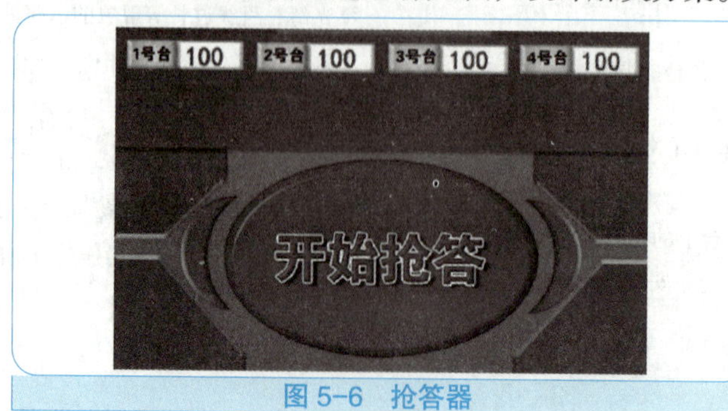

图5-6　抢答器

二、四路抢答器的设计过程

（1）将四位选手的抢答器定义为输入变量 S_0、S_1、S_2、S_3，并且将抢答指示灯定义为 LED_0、LED_1、LED_2、LED_3。

（2）将四路抢答器复位清零。

（3）假如 A 选手抢答成功，则对应的 LED_0 点亮，其余三位选手的指示灯保持熄灭状态。

（4）清零，为下一题做准备。

三、四路抢答器的工作电路

图 5-7 所示为一个四路抢答器电路。

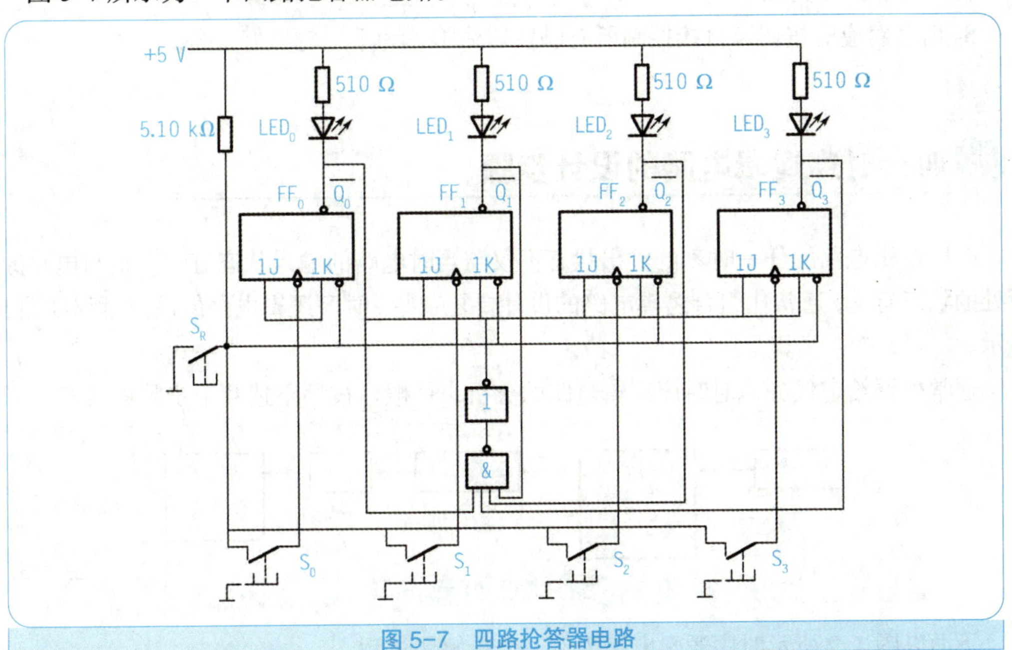

图 5-7 四路抢答器电路

根据图 5-7 可知：

① $FF_0 \sim FF_3$ 四个 JK 触发器的时钟方程为：

$$CP_0=S_0 \qquad CP_1=S_1 \qquad CP_2=S_2 \qquad CP_3=S_3$$

由图可知，在初始状态下，按钮均保持高电平状态，当按钮按下之后，S_0、S_1、S_2、S_3 变为低电平，即产生 CP 下降沿脉冲信号。

②列出 $FF_0 \sim FF_3$ 触发器的驱动方程。

触发器 FF_0： $J_0 = K_0 = \overline{Q_3^n}\,\overline{Q_2^n}\,\overline{Q_1^n}\,\overline{Q_0^n}$

触发器 FF_1： $J_1 = K_1 = \overline{Q_3^n}\,\overline{Q_2^n}\,\overline{Q_1^n}\,\overline{Q_0^n}$

触发器 FF_2：　$J_2=K_2=\overline{Q_3^n}\,\overline{Q_2^n}\,\overline{Q_1^n}\,\overline{Q_0^n}$

触发器 FF_3：　$J_3=K_3=\overline{Q_3^n}\,\overline{Q_2^n}\,\overline{Q_1^n}\,\overline{Q_0^n}$

③根据特征方程，列出 $FF_0 \sim FF_3$ 触发器的状态方程为：

触发器 FF_0：　$Q_0^{n+1}=\overline{Q_3^n}\,\overline{Q_2^n}\,\overline{Q_1^n}\,\overline{Q_0^n}+Q_0^n$

触发器 FF_1：　$Q_1^{n+1}=\overline{Q_3^n}\,\overline{Q_2^n}\,\overline{Q_1^n}\,\overline{Q_0^n}+Q_1^n$

触发器 FF_2：　$Q_2^{n+1}=\overline{Q_3^n}\,\overline{Q_2^n}\,\overline{Q_1^n}\,\overline{Q_0^n}+Q_2^n$

触发器 FF_3：　$Q_3^{n+1}=\overline{Q_3^n}\,\overline{Q_2^n}\,\overline{Q_1^n}\,\overline{Q_0^n}+Q_3^n$

从各触发器的状态方程可知：只要任意有一个触发器输出为 1（Q^n=1），则其他触发器将保持原来状态。设触发器初始输出都为 0，发光二极管都不亮，当 S_0、S_1、S_2、S_3 中任意一个按钮先按下时，其下降沿率先到达，则该触发器输出为 1（Q^n=1），其$\overline{Q^n}$=0，二极管点亮并保持，而其他触发器将被迫保持原来状态，无论是否按下，实现抢答功能。

④设置复位开关 S_R。

S_R 信号对应的按钮，直接控制所有触发器清零，为下一轮做好准备。

四、时序逻辑电路的设计步骤

时序逻辑电路的任一时刻的输出状态不仅与当时电路的输入状态有关，也与电路原来所处的状态有关，通常比组合逻辑电路的设计要复杂些。时序逻辑电路的设计过程如图 5-8 所示。

通常根据给定任务，对时序逻辑电路的分析，一般可按照下述几个步骤进行。

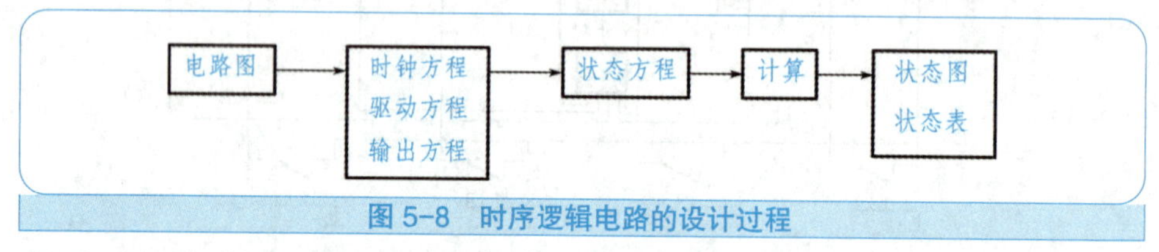

图 5-8　时序逻辑电路的设计过程

下面以图 5-9 所示时序逻辑电路为例，分析解题过程。

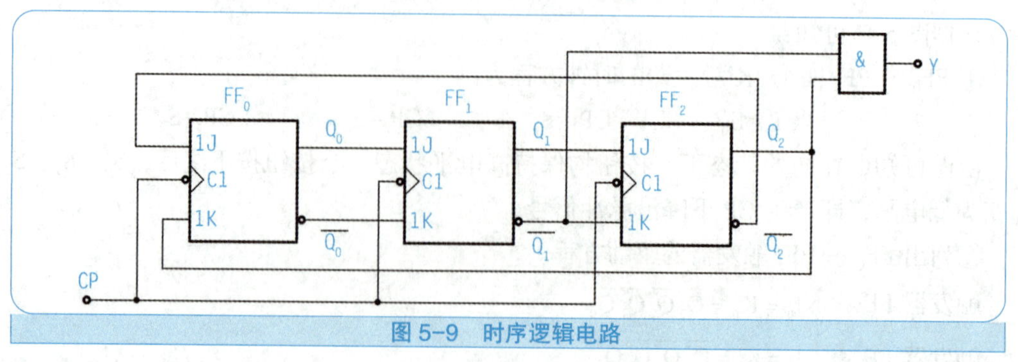

图 5-9　时序逻辑电路

（1）明确时钟脉冲：$CP_0=CP_1=CP_2=CP$。

写出驱动方程：

$$J_0=\overline{Q_2^n}，K_0=Q_2^n$$
$$J_1=Q_0^n，K_0=\overline{Q_0^n}$$
$$J_2=Q_1^n，K_0=\overline{Q_1^n}$$

（2）根据 JK 触发器特征方程$Q^{n+1}=J\overline{Q^n}=\overline{K}Q^n$写出状态方程：

$$Q_2^{n+1}=J_2\overline{Q_2^n}+\overline{K_2}Q_2^n=Q_1^n\overline{Q_2^n}+Q_1^nQ_2^n=Q_1^n$$
$$Q_1^{n+1}=J_1\overline{Q_1^n}+\overline{K_1}Q_1^n=Q_0^n\overline{Q_1^n}+Q_0^nQ_1^n=Q_0^n$$
$$Q_0^{n+1}=J_0\overline{Q_0^n}+\overline{K_0}Q_0^n=\overline{Q_2^n}\,\overline{Q_0^n}+\overline{Q_2^n}Q_0^n=\overline{Q_2^n}$$

（3）写出输出方程：$Y=\overline{Q_1^n}Q_2^n$

（4）列出状态表，如表 5-7 所示。

表 5-7 时序逻辑电路功能表

现态			次态			输出
Q_2^n	Q_1^n	Q_0^n	Q_2^{n+1}	Q_1^{n+1}	Q_0^{n+1}	Y
0	0	0	0	0	1	0
0	0	1	0	1	1	0
0	1	0	1	0	1	0
0	1	1	1	1	1	0
1	0	0	0	0	0	1
1	0	1	0	1	0	1
1	1	0	1	0	0	0
1	1	1	1	1	0	0

（5）画出状态图，如图 5-10 所示。

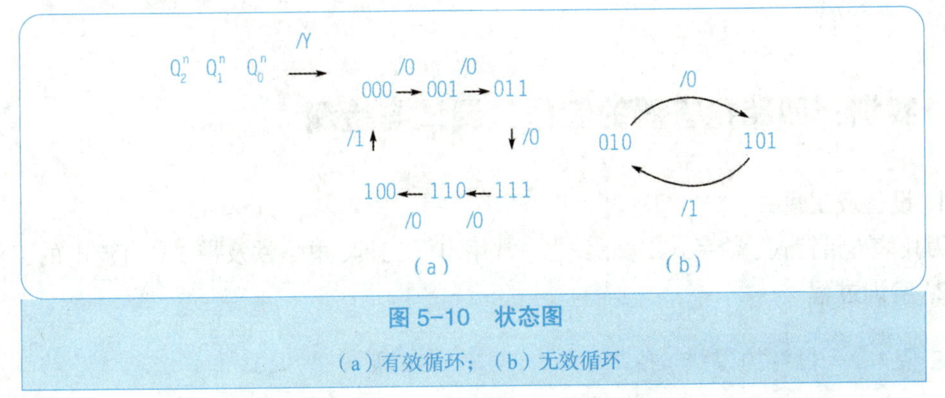

图 5-10 状态图

（a）有效循环；（b）无效循环

其中，图 5-10（a）为有效循环，图 5-10（b）为无效循环，需要剔除。

五、74LS112、74LS20 芯片

74LS112 是带清零端的两组 JK 触发器，本例中因有 4 个 JK 触发器，故采用两片 74LS112 构成。图 5-11 为 74LS112 的实物图和原理图。

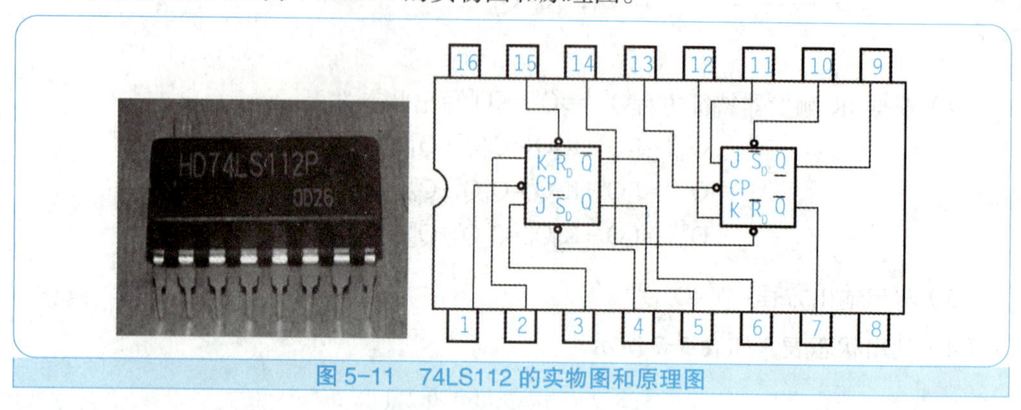

图 5-11 74LS112 的实物图和原理图

74LS20 是常用的双 4 输入与非门集成电路，常用在各种数字电路和单片机系统中。本例需用其中一组即可。图 5-12 为 74LS20 的实物图和原理图。

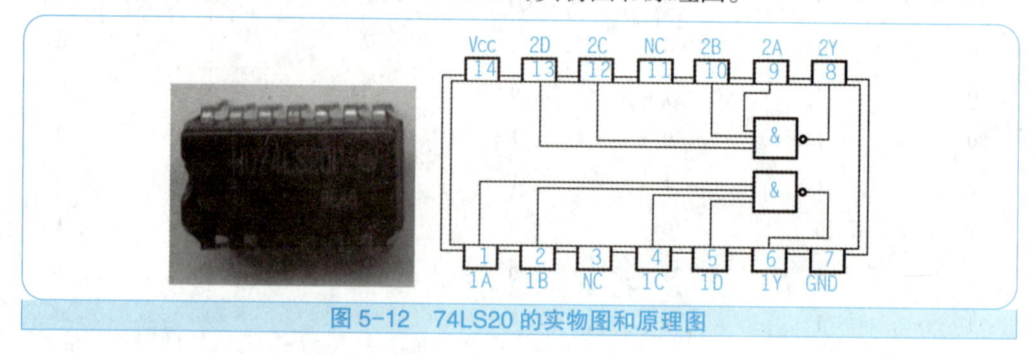

图 5-12 74LS20 的实物图和原理图

任务实训

实训：四路抢答器的制作、调试与检测

1. 设备及工量具

万用表（指针式、数字式）、示波器、常用电子工具、电烙铁及带 5 V 直流电的工作台。

2. 实训过程

步骤 1 元器件的识别与检测

根据原理图列出元器件清单并领取元器件，使用万用表进行元器件的识别与检测，将识别与检测的内容填入表 5-8 中。

表 5-8 元器件的识别与检测

序号	标称	名称	测量结果	序号	标称	名称	测量结果
1	$R_1\sim R_4$	电阻	标称阻值______ 实测阻值______	5		双位开关	
2	R	电阻	标称阻值______ 实测阻值______			微动开关	
2	LED_0 LED_1 LED_2 LED_3	发光二极管	正向电阻______ 反向电阻______	6		DIP16 集成座	
3	74LS112	集成芯片	引脚排列______	7		DIP14 集成座	
4	74LS20	集成芯片	引脚排列______	8			

步骤 2 电路装配的布局和布线方法

按电路原理的结构在万能板上绘制电路元器件排列的布局。按工艺要求对元器件的引脚进行成型加工。按布局图在实验电路板上依次进行元器件的排列、插装。

元器件的排列与布局以合理、美观为标准。其中，色环电阻采用水平安装，发光二极管、开关采用直立式安装，开关安装时应尽量紧贴印制电路板。

步骤 3 焊接

在教师的指导下进行四路抢答器电路的焊接，焊接时参照上述要求的焊接内容，焊接过程要严格按照 5 步操作法进行。布线时要尽量做到水平和竖直走线，整洁清晰。在焊接过程中要注意安全用电，正确使用电烙铁。注意送锡时控制好送锡量，焊点要适中，不可过大或过小。烙铁使用完毕后，应放在烙铁架上，并拔掉电源，注意安全文明生产。电路焊接图如图 5-13 所示。

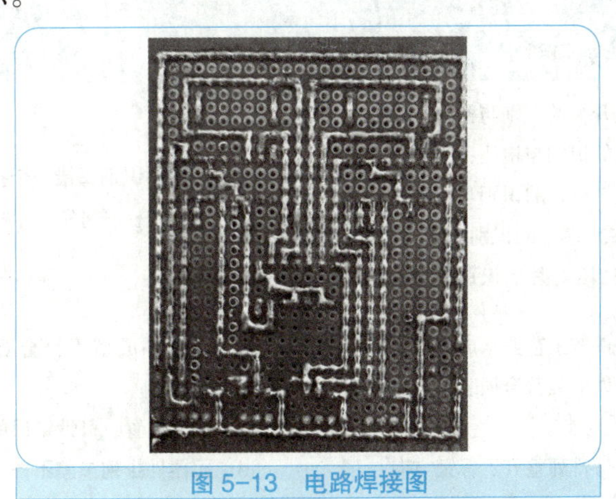

图 5-13 电路焊接图

步骤 4 电路测试

电路焊接完成以后，用万用表进行自我检测，检测合格后在教师指导下进行电路测试。接通电源后，分别按下按钮 S_0、S_1、S_2、S_3，对应的发光二极管亮，当继续按下两个或两个以上按钮时，灯保持原来状态，按下复位开关，所有灯熄灭。测试完毕后，将相关测试内容填入表 5-9 中，并在下面框中绘制焊接的实际电路图。

绘制焊接实际电路图：

表 5-9 输入测试结果（LED 的点亮与熄灭情况）

LED_0	LED_1	LED_2	LED_3

3. 实训交验

实训交验时请填写实训交验表，见表 1-3。

4. 实训评定

对四路抢答器项目的评定，请填写实训内容评定表 5-10。

表 5-10 四路抢答器项目评定表

班级	姓名		学号	得分
项目	考核要求	配分	评分标准	得分
元器件识别与检测	（1）双位开关的识别与检测； （2）电阻的识别与检测； （3）发光二极管的识别与检测； （4）74LS20 芯片的识别； （5）74LS112 芯片的识别	10	（1）元器件识别每错一个扣 1 分； （2）元器件检测每错一个扣 2 分	
元器件成型、插装与排列	（1）元器件按工艺要求成型； （2）元器件插装符合插装工艺要求； （3）元器件排列整齐、标记方向一致、布局合理	15	（1）元器件成型不符合要求的，每处扣 1 分； （2）插装位置、极性错误的，每处扣 2 分； （3）元器件排列参差不齐、标记方向混乱、布局不合理，扣 3 ～ 10 分	

续表

班级	姓名		学号	得分
项目	考核要求	配分	评分标准	得分
导线连接	（1）导线挺直、紧贴印制电路板； （2）板上的连接线呈直线或直角，且不能相交	10	（1）导线弯曲、拱起的，每处扣 2 分； （2）板上连接线弯曲时不呈直角的，每处扣 2 分； （3）相交或在正面连线的，每处扣 2 分	
焊接质量	（1）焊点均匀、光滑、一致，无毛刺、无假焊等现象； （2）焊点上引脚不能过长	15	（1）有搭焊、假焊、虚焊、漏焊、焊盘脱落、桥接等现象的，每处扣 2 分； （2）出现毛刺、焊料过多、焊料过少、焊点不光滑、引线过长等现象的，每处扣 3 分	
电路测试	正确使用工作台的要求电源	10	不会正确使用电源，扣 5 ~ 10 分	
电路调试	LED 的状态与开关状态是否一致	30	（1）调试不当，扣 1 ~ 5 分； （2）不符合变化要求，扣 25 ~ 30 分	
安全文明操作	（1）工作台上的工具摆放整齐； （2）严格遵守安全操作规程	10	（1）工作台面不整洁，扣 1 ~ 2 分； （2）违反安全文明操作规程，酌情扣 1 ~ 5 分	
合计		100		
教师签名				

任务三　秒计数器的安装与调试

任务目标

（1）确定设计目的与设计框架。

（2）了解单元电路的功能。

（3）掌握整机电路的工作原理。

（4）能按照工艺要求安装秒计数器。

（5）会安装、测试、估算秒计数器的相关参数。

（6）能分析并排除电路故障。

情景描述

秒计数器可以实现从 000 计数，最大计数范围为 999。它具有定时时间长、延时误差小、定时时间方便、恢复时间短等特点，其优良的可靠性，符合后续电路的扩展要求。秒计数器一般由秒信号发生电路、计数编码电路、译码驱动电路以及七段数码管显示电路组成。

任务准备

一、秒信号发生器的设计目的、要求和整机框架

秒计数器定时时间长，延时误差小，定时时间方便，恢复时间短，其综合性及可靠性符合职业学校学生的技能要求。

（1）设计目的。

①学会秒脉冲形成电路和数字显示电路的设计方法。

②掌握 CD4060/CD4518/CD4553/CD4511 等常用芯片的功能。

③了解产品设计的基本思路和方法。

④掌握常用电子元件的选择方法和元件参数的计算。

（2）设计要求。

①时间精度小于 0.01 s。

②定时范围为 0 ～ 999 s。

③显示部分无闪烁、稳定、清晰。

④电路结构简单、体积小、焊接质量优秀、稳定性好。

（3）整机框架，如图 5-14 所示。

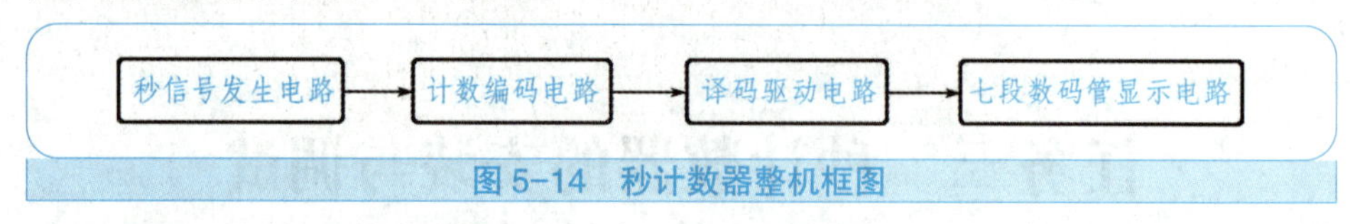

图 5-14　秒计数器整机框图

①该电路的秒信号发生电路由振荡器与分频器构成。

②该电路的计数编码电路由 CD4553 构成。

③该电路的译码驱动电路由 CD4511 构成。

④该电路的显示部分由 3 个七段数码管构成。

二、单元电路的功能

1. 秒信号发生电路的分析

秒信号发生电路由振荡器与分频器构成。其中石英晶体、电阻、电容构成频率为 32 768 Hz 的振荡器。而分频器由 CD4060、CD4518 与外接晶体振荡器及外部电路共同组成。

CD4060 是 14 级分配处理器，CD4518 为二分频处理器，两者构成 15 级分频器。其对振荡电路送来的 32 768 Hz 基准电路进行 15 级分频，得到稳定的秒信号。测试 CD4060 的 9 脚有无振荡信号输出便可以检验电路是否工作。

分频电路是如何工作的呢？假如晶振提供出 2.048 MHz 的信号，现需获得 8 kHz 的信号，则选取过程如下：

$$2.048\ \text{MHz}=2\ 048\ \text{KHz}$$

$$\frac{2\ 048\ \text{kHz}}{8\ \text{kHz}}=256=2^{8}$$

故在选用分频器时，只需选择 8 级分频器即可，如用 CD4060 分频时，采用管脚 Q_8 即可。

在本例中，输入信号为 32 768 Hz，经过 15 级分频，可以得到的信号大小为：

$$\frac{32\ 768\ \text{Hz}}{2^{15}}=1\ \text{Hz}$$

由选取结果可以发现，通过分频，最终获得 1 Hz 的频率信号，通过 CD4518 的 Q_1 脚，输入至计数编码电路。

2. 计数、译码、显示电路分析

计数、译码、显示电路如图 5-15 所示。

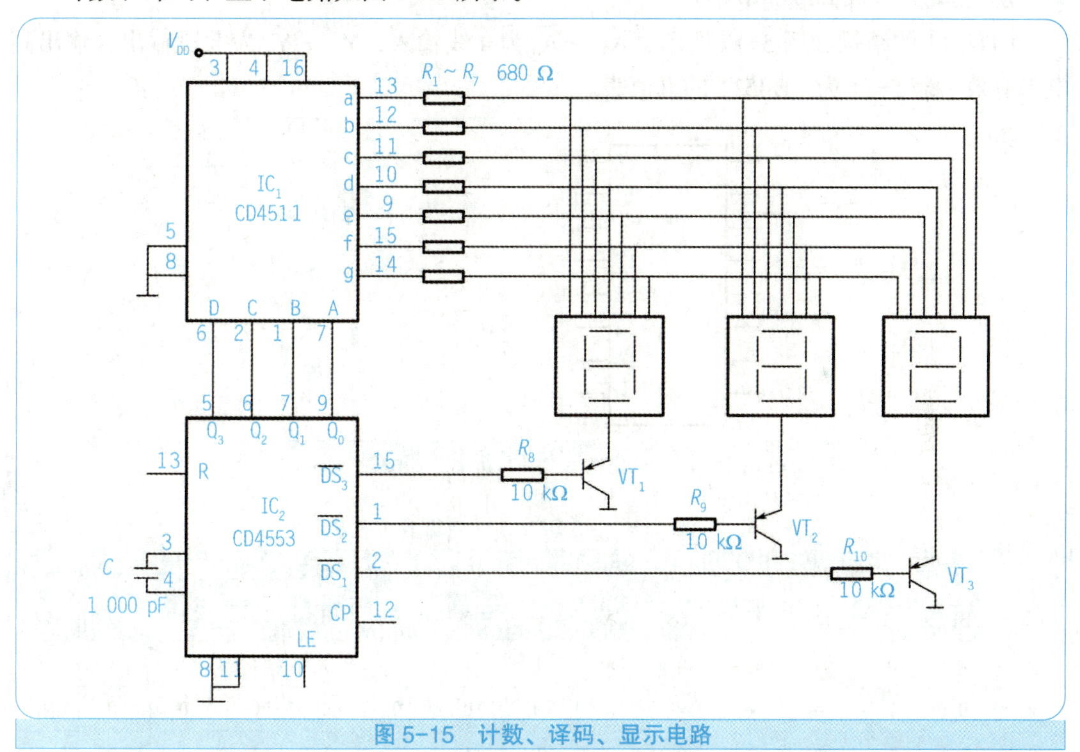

图 5-15 计数、译码、显示电路

1）CD4553（三位 BCD 码分时并行输出计数器）

CD4553 是含三位数字计数器、锁存器、多路复位器等电路的多功能计数芯片，其结构如图 5-16 所示。其中，12 脚接收秒信号发生器所发出的信号；3、4 脚接入 1 000 pF 定时电容，作为芯片内部扫描振荡器的内部时钟；2、1、15 脚输出负脉冲。$Q_0Q_1Q_2Q_3$ 端则输出计数信号到 CD4511 使用。送出个位数据时，$\overline{DS_1}$为低电平；送出十位数据时，$\overline{DS_2}$

为低电平；送出百位数据时，$\overline{DS_3}$为低电平。在任一时刻，$\overline{DS_1}$、$\overline{DS_2}$、$\overline{DS_3}$只有一个低电平，并作周期性循环，形成三位时序信号。

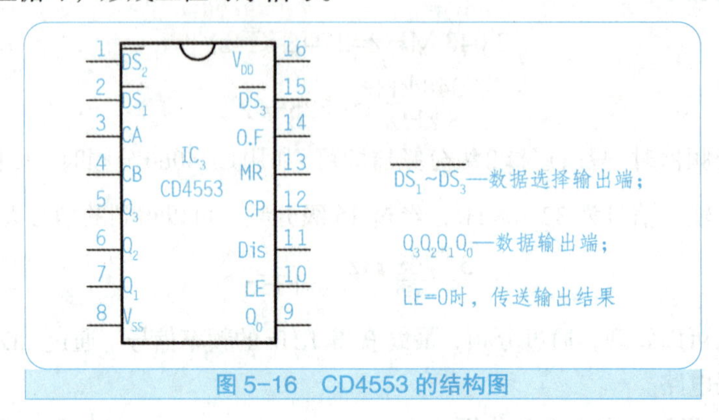

图 5-16　CD4553 的结构图

2）CD4511（译码驱动电路）

CD4511 的结构如图 5-17 所示，A_3 ～ A_0 为 4 线输入，Y_a ～ Y_g 为七段输出，输出高电平有效。表 5-11 为 CD4511 的真值表。

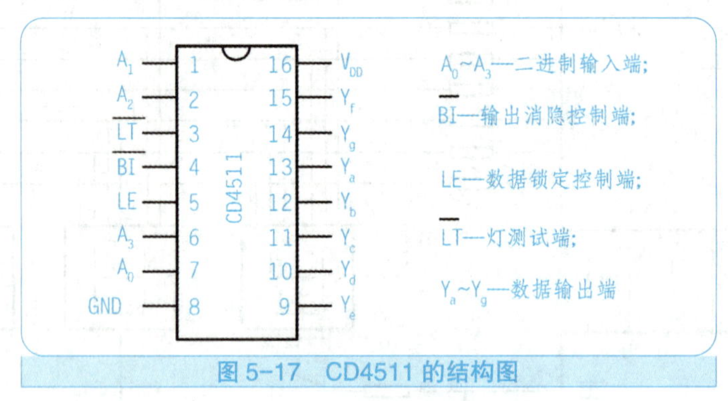

图 5-17　CD4511 的结构图

表 5-11　CD4511 的真值表

输　入							输　出							
LE	$\overline{BI}$	$\overline{LT}$	D	C	B	A	a	b	c	d	e	f	g	显示
×	×	0	×	×	×	×	1	1	1	1	1	1	1	8
×	0	1	×	×	×	×	0	0	0	0	0	0	0	消隐
0	1	1	0	0	0	0	1	1	1	1	1	1	0	0
0	1	1	0	0	0	1	0	1	1	0	0	0	0	1
0	1	1	0	0	1	0	1	1	0	1	1	0	1	2
0	1	1	0	0	1	1	1	1	1	1	0	0	1	3
0	1	1	0	1	0	0	0	1	1	0	0	1	1	4
0	1	1	0	1	0	1	1	0	1	1	0	1	1	5
0	1	1	0	1	1	0	0	0	1	1	1	1	1	6

续表

输 入							输 出							
LE	$\overline{BI}$	$\overline{LT}$	D	C	B	A	a	b	c	d	e	f	g	显示
0	1	1	0	1	1	1	1	1	1	0	0	0	0	7
0	1	1	1	0	0	0	1	1	1	1	1	1	1	8
0	1	1	1	0	0	1	1	1	1	0	0	1	1	9
0	1	1	1	0	1	0	0	0	0	0	0	0	0	消隐
0	1	1	1	0	1	1	0	0	0	0	0	0	0	消隐
0	1	1	1	1	0	0	0	0	0	0	0	0	0	消隐
0	1	1	1	1	0	1	0	0	0	0	0	0	0	消隐
0	1	1	1	1	1	0	0	0	0	0	0	0	0	消隐
0	1	1	1	1	1	1	0	0	0	0	0	0	0	消隐
1	1	1	×	×	×	×	锁 存							锁存

3）七段数码管

信号经过 CD4511 的译码，输出驱动信号至七段（a ~ g）数码管上，七段数码管显示器是通过（a ~ g）7 个发光线段的不同组合来表示 0 ~ 9 十进制数码的，它有共阴极型和共阳极型两种，如图 5-18 所示。

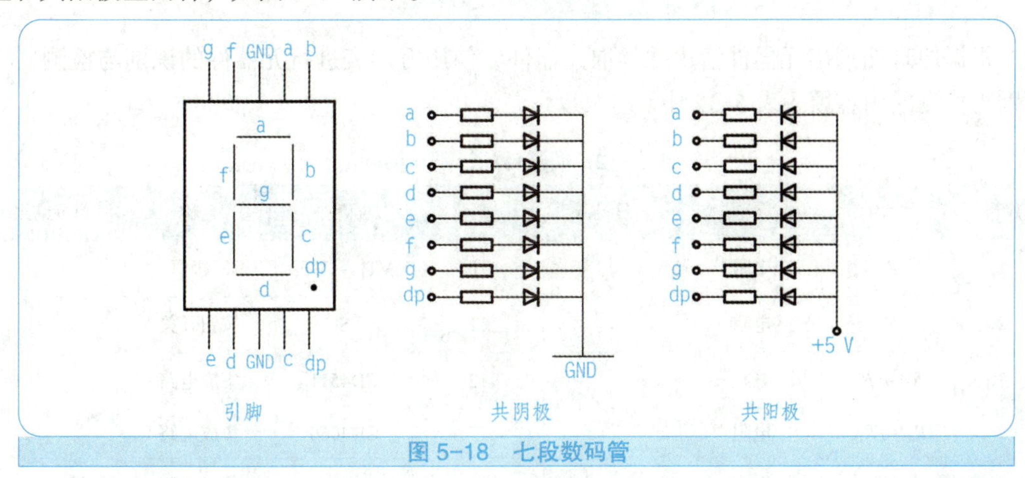

图 5-18 七段数码管

在需要显示个位数据时，CD4553 只有 2 脚即 $\overline{DS_1}$=0，VT_3 饱和导通，个位数码管的公共端 COM 经 VT_3 的 ec 接地而显示出这个数字，同理 CD4553 输出十位、百位数据时，分别由十位数码管和百位数码管显示出来。

三、整机电路的工作原理

CD4060 与晶振产生 2 Hz 的脉冲，经 3 脚输出（14 分频，32 767/16 384=2 Hz）给

CD4518，由 CD4518 内部的一个分频器二分频（2/2=1 Hz），由 3 脚输出 1Hz 的秒脉冲送至 CD4553，CD4553 的 12 脚在接到传送来的秒脉冲后，使 9 脚、7 脚、6 脚、5 脚产生一个 8421BCD 码，并将此 8421BCD 码送至 CD4511 的 7 脚、1 脚、2 脚、6 脚，经内部译码产生段选信号 a、b、c、d、e、f、g、dp，并输出至显示器。数码管接收信号，显示与 8421BCD 码所对应的十进制数字。另一方面数码管的显示与 CD4553 的位选位 2 脚、1 脚、15 脚有关，它们产生与 8421BCD 码相对应的数，从而控制位选通。如当显示个位时，2 脚为低电平，使 VT_3 导通，点亮个位，1 脚、15 脚为高电平，VT_1、VT_2 截止，使十位、百位灭。

任务实训

实训：秒计数器的制作、调试与检测

1. 设备及工量具

万用表（指针式、数字式）、示波器、常用电子工具、电烙铁。

2. 实训过程

步骤 1 元器件的识别与检测

根据原理图列出元器件清单并领取元器件，使用万用表进行元器件的识别与检测，将识别与检测的内容填入表 5-12 中。

表 5-12 元器件的识别与检测

序号	标称	名称	测量结果	序号	标称	名称	测量结果
1	R_1	电阻		10	VT_1 ~ VT_3	三极管	
2	R_2	电阻		11	S	按钮开关	
3	R_3 ~ R_5	电阻		12	CD4511	集成电路	
4	R_6 ~ R_{12}	电阻		13	CD4060	集成电路	
5	C_1	电容		14	CD4518	集成电路	
6	C_2	电容		15	CD4553	集成电路	
7	C_3	电容		16	DIP16	集成插座 4 块	
8	C_4	可调电容		17		万能板	
9	Y	石英晶振		18	BS202	共阴数码管	

步骤 2　电路装配的布局和布线方法

按电路原理的结构在万能板上绘制电路元器件排列的布局，如图 5-19 所示。按工艺要求对元器件的引脚进行成型加工。按布局图在实验电路板上依次进行元器件的排列、插装。

图 5-19　秒计数器电路布局图

元器件的排列与布局以合理、美观为标准。其中，普通二极管、色环电阻采用水平安装，电解电容器、发光二极管、开关采用直立式安装，开关安装时应尽量紧贴印制电路板。

步骤 3　焊接

清洁被焊元件处的积尘及油污，再将被焊元器件周围的元器件左右掰一掰，让电烙铁头可以触到被焊元器件的焊锡处，以免烙铁头伸向焊接处时烫坏其他元器件。焊接新的元器件时，应对元器件的引线镀锡，将沾有少许焊锡和松香的电烙铁头接触被焊元器件约几秒钟。

若是要拆下电路板上的元器件，则待烙铁头加热后，用手或镊子轻轻拉动元器件，看是否可以取下。

若所焊部位焊锡过多，可将烙铁头上的焊锡甩掉（注意不要烫伤皮肤，也不要甩到电路板上），用光烙锡头“蘸”些焊锡出来。若焊点焊锡过少、不圆滑时，可以用电烙铁头“蘸”些焊锡对焊点进行补焊。

看焊点是否圆润、光亮、牢固，是否有与周围元器件连焊的现象。

步骤 4　安装

安装完成后的电路如图 5-20 所示。

图 5-20 安装完成后的电路

步骤 5 电路测试

（1）用万用表“$R\times1$”挡测 CD4060 的 9 号脚有无信号，判断其是否工作。

当 CD4511 的 4 脚$\overline{BI}$ =1，3 脚$\overline{LT}$ =0 时，译码输出全为 1，不管输入 DCBA 状态如何，七段均发亮，显示“8”，它主要用来检测数码管的好坏。

（2）焊接完成后，电路接入 5 V 直流电源，通电后，按下 S 清理按钮，可以将计数器清零，从 000 开始计数，最大范围为 999。如发现计数时间与实际时间误差较大，调节可调电容 C_4。

3. 实训交验

实训交验时请填写实训交验表，见表 1-3。

4. 实训评定

对秒计数器电路项目的评定请填写实训内容评定表 5-13。

表 5-13 实训内容评定表

班级	姓名		学号	得分
项目	考核要求	配分	评分标准	得分
元器件识别与检测	（1）电阻的识别与检测； （2）电容器的识别与检测； （3）电解电容器的识别与检测； （4）三极管的识别与检测； （5）4 个集成电路的识别与检测	10	（1）元器件识别每错一个扣 1 分； （2）元器件检测每错一个扣 2 分	
元器件成型、插装与排列	（1）元器件按工艺要求成型； （2）元器件插装符合插装工艺要求； （3）元器件排列整齐、标记方向一致、布局合理	15	（1）元器件成型不符合要求的，每处扣 1 分； （2）插装位置、极性错误的，每处扣 2 分； （3）元器件排列参差不齐、标记方向混乱、布局不合理，扣 3 ～ 10 分	

续表

班级		姓名		学号		得分	
项目	考核要求		配分	评分标准			得分
导线连接	（1）导线挺直、紧贴印制电路板； （2）板上的连接线呈直线或直角，且不能相交		10	（1）导线弯曲、拱起的，每处扣2分； （2）板上连接线弯曲时不呈直角的，每处扣2分； （3）相交或在正面连线的，每处扣2分			
焊接质量	（1）焊点均匀、光滑、一致，无毛刺、无假焊等现象； （2）焊点上引脚不能过长		15	（1）有搭焊、假焊、虚焊、漏焊、焊盘脱落、桥接等现象的，每处扣2分； （2）出现毛刺、焊料过多、焊料过少、焊点不光滑、引线过长等现象的，每处扣3分			
电路调试	（1）CD4060的9脚有无输出信号； （2）CD4511是否可以完整显示		20	（1）调试不当，扣1～5分； （2）CD4511不符合要求，扣10～15分			
电路测试	将计数器清零，从000开始计数，最大范围为999		20	（1）计数时间与实际时间误差较大，扣5～10分； （2）不能正常计数，扣5～15分			
安全文明操作	（1）工作台上的工具摆放整齐； （2）严格遵守安全操作规程		10	（1）工作台面不整洁，扣1～2分； （2）违反安全文明操作规程，酌情扣1～5分			
合计			100				
教师签名							

任务四 单稳态触发器的安装与调试

任务目标

（1）了解RS触发器与电压比较器的工作原理及功能。

（2）掌握555时基电路的工作流程。

（3）掌握单稳态触发器的工作原理。

（4）能按照工艺要求安装单稳态触发器。

（5）会安装、测试、估算单稳态触发器的相关参数。

（6）能分析并排除电路故障。

情景描述

单稳态触发器是555时基电路的典型应用，单稳态触发器只有一个稳定状态，一个暂稳态。在外加脉冲的作用下，单稳态触发器可以从一个稳定状态翻转到一个暂稳态。由于电路中RC延时环节的作用，该暂稳态维持一段时间又回到原来的稳态，暂稳态维持的时间取决于RC的参数值。555时基电路在20世纪70年代问世，在定时器、门铃电路、报警器、照明电路、仪器仪表电路、自控开关、家用电器等器件上具有广泛的应用。

本任务需要学生具有扎实的逻辑电路、触发器电路以及脉冲发生电路等知识及分析与设计能力。通过创设情景，引出任务的解决方案；通过分析，推导电路的逻辑功能；通过实操，完成单稳态触发器的安装与调试。通过制作单稳态触发器，不仅提高了学生的职业素养，而且有利于学生提升对数字电路的创新设计能力。

任务准备

一、RS触发器与电压比较器的工作原理及功能

1. RS触发器

基本RS触发器是最简单的触发器，它由两个与非门的输入和输出交叉反馈连接而成，如图5-21所示。其中S、R为输入端低电平有效，Q与$\overline{Q}$是两个相反的输出端。

由图可知，基本RS触发器的特征方程为$Q^{n+1}=S+\overline{R}Q^n$，约束条件为$\overline{S}$和$\overline{R}$不能同时为0。RS触发器的功能如表5-14所示。

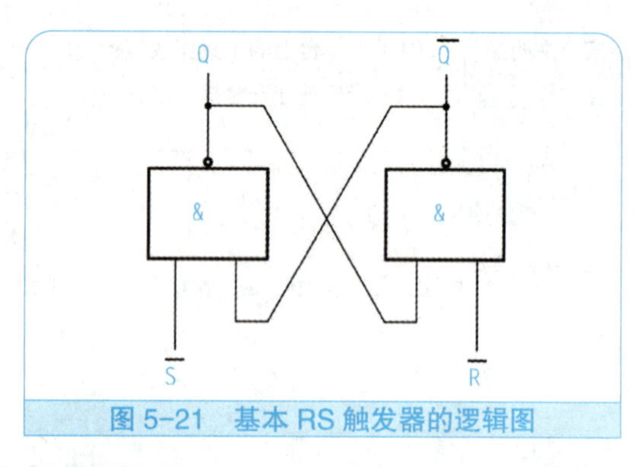

图5-21 基本RS触发器的逻辑图

表5-14 基本RS触发器的功能表

$\overline{S}$	$\overline{R}$	Q^n	Q^{n+1}	功能
0	0	0	不确定	不确定
		1	不确定	
0	1	0	1	置1 $Q^{n+1}=1$
		1	1	
1	0	0	0	置0 $Q^{n+1}=0$
		1	0	
1	1	0	0	保持 $Q^{n+1}=Q^n$
		1	1	

2. 电压比较器

所谓电压比较器，即是以输入电压和参考电压互相比较的电路，在进行比较时，电路成开环状态，使其有较强的增益，其输入电压加在输入端的一端（任意一端），参考电压则加在另一输入端。

图 5-22 中：

当 $U_i<U_{ref}$ 时，其输入因增益较高进入饱和状态，输出 $U_o=U_{OL}$；

当 $U_i=U_{ref}$ 时，其差模信号为零，没有任何信号输出，输出 $U_o=0$；

当 $U_i>U_{ref}$ 时，其差模信号为正，输出 $U_o=U_{OH}$；

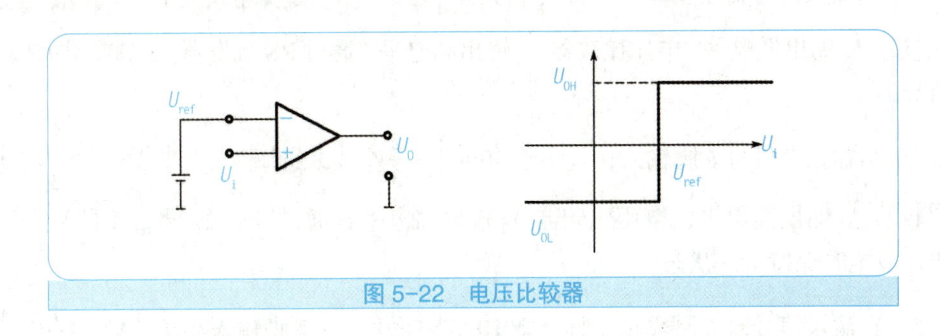

图 5-22 电压比较器

二、555 时基电路的工作流程

熟练掌握 555 时基电路的工作流程，对扩展数字逻辑电路有非常重要的意义。

1. 内部构造和外部管脚

555 时基电路的内部构造和外部管脚如图 5-23 所示。

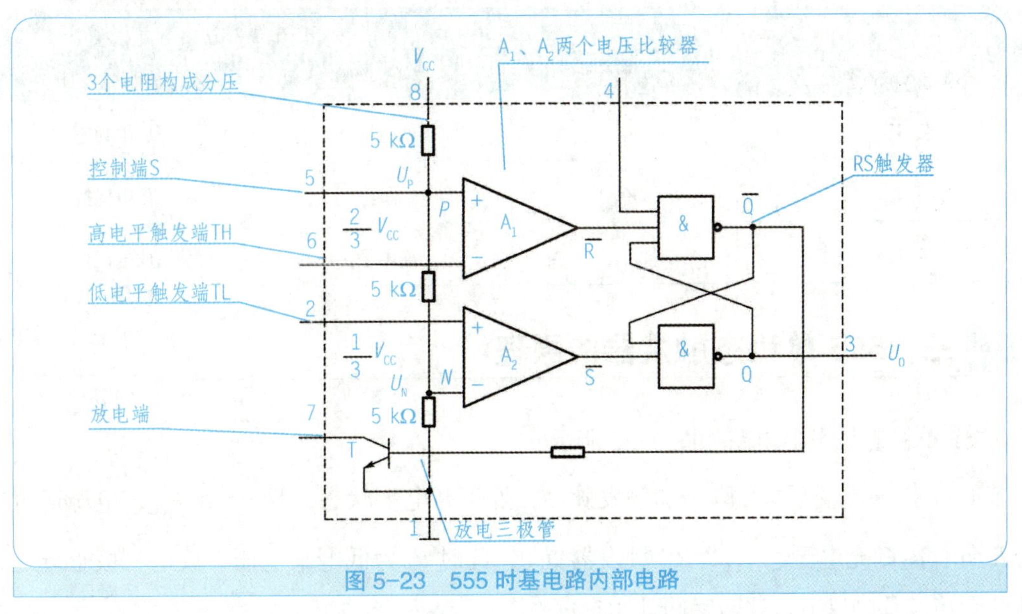

图 5-23 555 时基电路内部电路

555时基电路内部由分压电路的3个5 kΩ电阻，电压比较器A_1、A_2，RS触发器以及放电三极管T构成。

2. 通电启动

（1）假设V_{CC}端加入15 V直流电，则通过5 kΩ电阻后，分别在P点与N点获得U_P=10 V，U_N=5 V的电压，并作为比较器的参考电平，当5脚外接一个输入电压，即改变了比较器的参考电平，也实现了对输出的另一种控制。

（2）4脚为复位端，当其接入低电平时，输入为0；正常工作时接入高电平。

（3）当输入信号自6脚输入，且大于10 V$\left(>\frac{2}{3}V_{CC}\right)$，2脚输入大于5 V$\left(>\frac{1}{3}V_{CC}\right)$时，电压比较器$A_1$输出低电平，电压比较器$A_2$输出高电平，通过RS触发器，3脚输出为低电平，放电管导通。

（4）当输入信号自6脚输入，且小于10 V$\left(<\frac{2}{3}V_{CC}\right)$，2脚输入大于5 V$\left(>\frac{1}{3}V_{CC}\right)$时，电压比较器$A_1$输出高电平，电压比较器$A_2$输出高电平，通过RS触发器，3脚保持上一状态输出，放电管保持上一状态。

（5）当输入信号自6脚输入，且小于10 V$\left(<\frac{2}{3}V_{CC}\right)$，2脚输入小于5 V$\left(<\frac{1}{3}V_{CC}\right)$时，电压比较器$A_1$输出低电平，电压比较器$A_2$输出低电平，通过RS触发器，3脚输出为高电平，放电管截止。

（6）在5脚不接外电压的情况下，一般接0.01 μF电容到地，起滤波作用，以消除外来干扰。

555时基电路功能如表5-15所示。

表5-15 555时基电路功能表

输入部分		输出部分	
阈值输入端6脚	触发输入端2脚	输出端3脚	放电端7脚
$>\frac{2}{3}V_{CC}$	$>\frac{1}{3}V_{CC}$	低电平0	放电导通
$<\frac{2}{3}V_{CC}$	$>\frac{1}{3}V_{CC}$	保持	放电保持
$<\frac{2}{3}V_{CC}$	$<\frac{1}{3}V_{CC}$	高电平1	放电截止

三、555单稳态触发器的原理

555单稳态触发器电路如图5-24所示。

（1）接通电源后，2脚未加触发脉冲，处于高电平状态，且$u_i>\frac{1}{3}V_{CC}$，电源通过电阻R向电容C充电至$\frac{2}{3}V_{CC}$，RS触发器置0，此时u_o为低电平电压，放电三极管导通，电容C通过7脚放电，此时电路处于稳定状态。

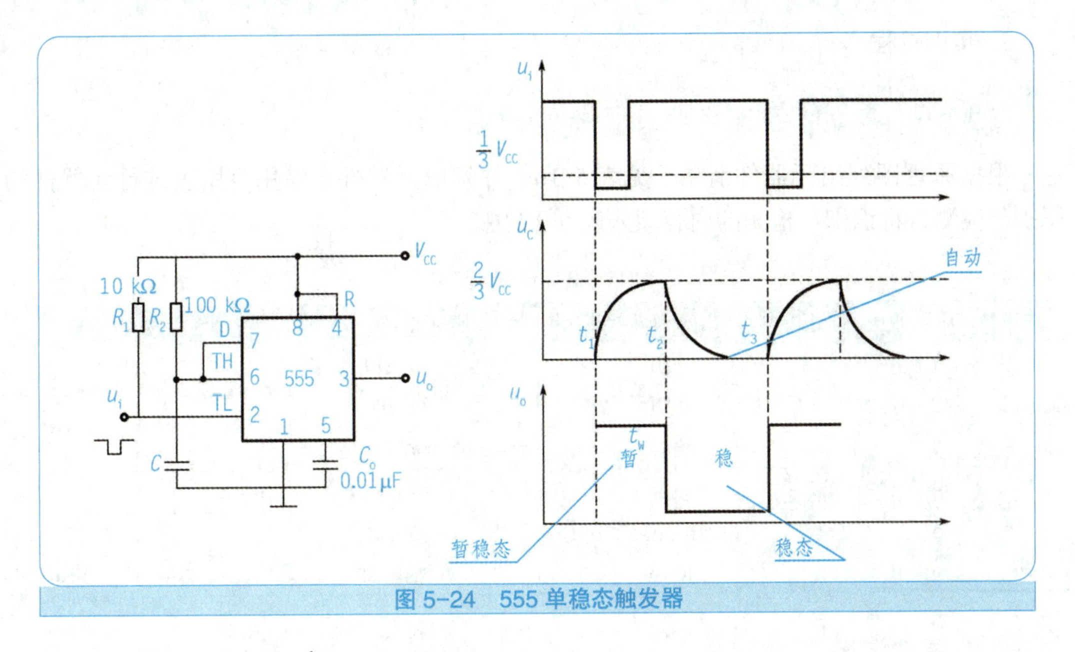

图 5-24 555 单稳态触发器

（2）2 脚加入电压 $<\frac{1}{3}V_{CC}$ 时，RS 触发器置 1，此时 u_o 为高电平电压，放电三极管截止，电容 C 再次充电，6 脚电压按指数规律上升，u_o 进入暂稳态。

（3）当电容 C 充电到 $\frac{2}{3}V_{CC}$ 时，重复第（1）步动作，u_o 处于低电平状态，放电三极管重新导通，电容 C 再次放电，暂稳态结束，恢复稳态。

暂稳态有一端持续时间，通过外部电容 C 和电阻 R 来决定，即调节 RC 大小，可以获得一个稳定的持续时间 $t_W=1.1\,RC$，一般取 $R=1\text{ k}\Omega \sim 10\text{ M}\Omega$，$C>1\,000\text{ pF}$。

当一个触发脉冲使单稳态触发器进入暂稳态以后，t_W 时间内的其他触发脉冲对触发器就不起作用；只有当触发器处于稳定状态时，输入的触发脉冲才起作用。单稳态触发器在数字电路中一般用于定时、整形以及延时，它有如下特点：

（1）电路有一个稳态、一个暂稳态。

（2）在外来触发脉冲作用下，电路由稳态翻转到暂稳态。

（3）暂稳态是一个不能长久保持的状态，经过一段时间后，电路会自动返回稳态。暂稳态的持续时间与脉冲无关，取决于电路本身的参数。

任务实训

实训：单稳态触发器的制作、调试与检测

1. 设备及工量具

万用表（指针式、数字式）、示波器、常用电子工具、电烙铁及带 5 V 直流电的工作台。

2. 实训过程

步骤 1 元器件的识别与检测

根据原理图列出元器件清单（见表 5-16）并领取元器件，使用万用表进行元器件的识别与检测，将识别与检测的内容填入表 5-17 中。

表 5-16 元器件清单

序号	名称	型号	数量
1	电阻	10 kΩ	1
2	电阻	100 kΩ	1
3	电容	0.01 μF	1
4	电容	10 μF	1
5	集成电路	555	1
6	IC 座	IC 插座 8P	1

表 5-17 元器件的识别与检测

序号	标称	名称	测量结果
1	R_1	电阻	管脚判别________ 实测阻值________
2	R_2	电阻	管脚判别________ 实测阻值________
3	C	电解电容 C	正向电阻________ 反向电阻________
4	C	瓷片电容 C_0	正向电阻________ 反向电阻________
5	集成电路	555 时基电路	引脚排列________

步骤 2 电路装配的布局和布线方法

按电路原理的结构在万能板上绘制电路元器件排列的布局，按工艺要求对元器件的引脚进行成型加工。按布局图在实验电路板上依次进行元器件的排列、插装。

元器件的排列与布局以合理、美观为标准。此次安装所有元件均为直立式安装。

步骤 3 焊接

在教师的指导下进行单稳态触发器电路的焊接，焊接时参照上述要求的焊接内容，焊接过程要严格按照 5 步操作法进行。布线时要尽量做到水平和竖直走线，整洁清晰。在焊接过程中要注意安全用电，正确使用电烙铁。 注意送锡时控制好送锡量，焊点要适中，不可过大或过小。烙铁使用完毕后，应放在烙铁架上，并拔掉电源，注意安全文明生产。电路焊接图如图 5-25 所示。

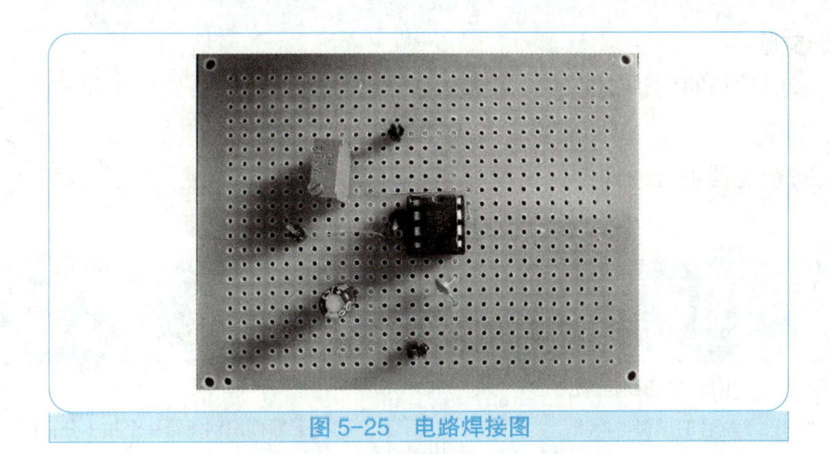

图 5-25 电路焊接图

步骤 4 电路测试

电路焊接完成以后，用示波器进行自我检测，检测合格后在教师指导下进行电路测试。接入 +5 V 电源后，脉冲信号发生器发出信号接入 555 触发器的 2 脚，观察波形，并测定幅度与稳态时间。测试完毕后，将相关测试内容填入下列表格中。

（1）绘制焊接实际电路图：

（2）输入测试结果（绘制 u_i、u_C、u_o 波形，调节 t_W 时间）。

u_i、u_C、u_o 图形： 理论的峰 - 峰值：u_i=（　　），u_o=（　　），t_W=（　　） 实测的峰 - 峰值：u_i=（　　），u_o=（　　），t_W=（　　）

3. 实训交验

实训交验时请填写实训交验表，见表 1-3。

4. 实训评定

对单稳态触发器项目的评定，请填写实训内容评定表 5-18。

表 5-18　实训内容评定表

班级	姓名		学号	得分
项目	考核要求	配分	评分标准	得分
元器件识别与检测	（1）电位器的识别与检测； （2）电容的识别与检测； （3）电解电容的识别与检测 （4）555 芯片的识别	10	（1）元器件识别每错一个扣 1 分； （2）元器件检测每错一个扣 2 分	
元器件成型、插装与排列	（1）元器件按工艺要求成型； （2）元器件插装符合插装工艺要求； （3）元器件排列整齐、标记方向一致、布局合理	15	（1）元器件成型不符合要求的，每处扣 1 分； （2）插装位置、极性错误的，每处扣 2 分； （3）元器件排列参差不齐、标记方向混乱、布局不合理，扣 3 ～ 10 分	
导线连接	（1）导线挺直、紧贴印制电路板； （2）板上的连接线呈直线或直角，且不能相交	10	（1）导线弯曲、拱起的，每处扣 2 分； （2）板上连接线弯曲时不呈直角的，每处扣 2 分； （3）相交或在正面连线的，每处扣 2 分	
焊接质量	（1）焊点均匀、光滑、一致，无毛刺、无假焊等现象； （2）焊点上引脚不能过长	15	（1）有搭焊、假焊、虚焊、漏焊、焊盘脱落、桥接等现象的，每处扣 2 分； （2）出现毛刺、焊料过多、焊料过少、焊点不光滑、引线过长等现象的，每处扣 3 分	
电路测试	正确使用工作台的要求电源	10	不会正确使用电源，扣 5 ～ 10 分	
电路调试	输出波形与理论波形是否吻合	30	（1）调试不当，扣 1 ～ 5 分； （2）不符合变化要求，扣 25 ～ 30 分	
安全文明操作	（1）工作台上的工具摆放整齐； （2）严格遵守安全操作规程	10	（1）工作台面不整洁，扣 1 ～ 2 分； （2）违反安全文明操作规程，酌情扣 1 ～ 5 分	
合计		100		
教师签名				

知识拓展

工业 4.0（第四次工业革命）

所谓工业 4.0（Industry 4.0），是基于工业发展的不同阶段作出的划分。按照共识，工业 1.0 是蒸汽机时代，工业 2.0 是电气化时代，工业 3.0 是信息化时代，工业 4.0 则是利用信息化技术促进产业变革的时代，也就是智能化时代。这个概念最早出现在德国，2013 年的汉诺威工业博览会上正式推出，其核心目的是为了提高德国工业的竞争力，在新一轮工业革命中占领先机。随后由德国政府列入《德国 2020 高技术战略》中所提出的十大未来项目之一。该项目由德国联邦教育局及研究部和联邦经济技术部联合资助，投资预计达 2 亿欧元。旨在提升制造业的智能化水平，建立具有适应性、资源效率及基因工程学的智慧工厂，在商业流程及价值流程中整合客户及商业伙伴。其技术基础是网络实体系统及物联网。

德国所谓的工业 4.0 是指利用物联信息系统（Cyber—Physical System 简称 CPS）将生产中的供应、制造、销售信息数据化、智慧化，最后达到快速、有效、个人化的产品供应。工业 4.0 战略已经得到德国科研机构和产业界的广泛认同，弗劳恩霍夫协会将在其下属 6~7 个生产领域的研究所引入工业 4.0 概念，西门子公司已经开始将这一概念引入其工业软件开发和生产控制系统。

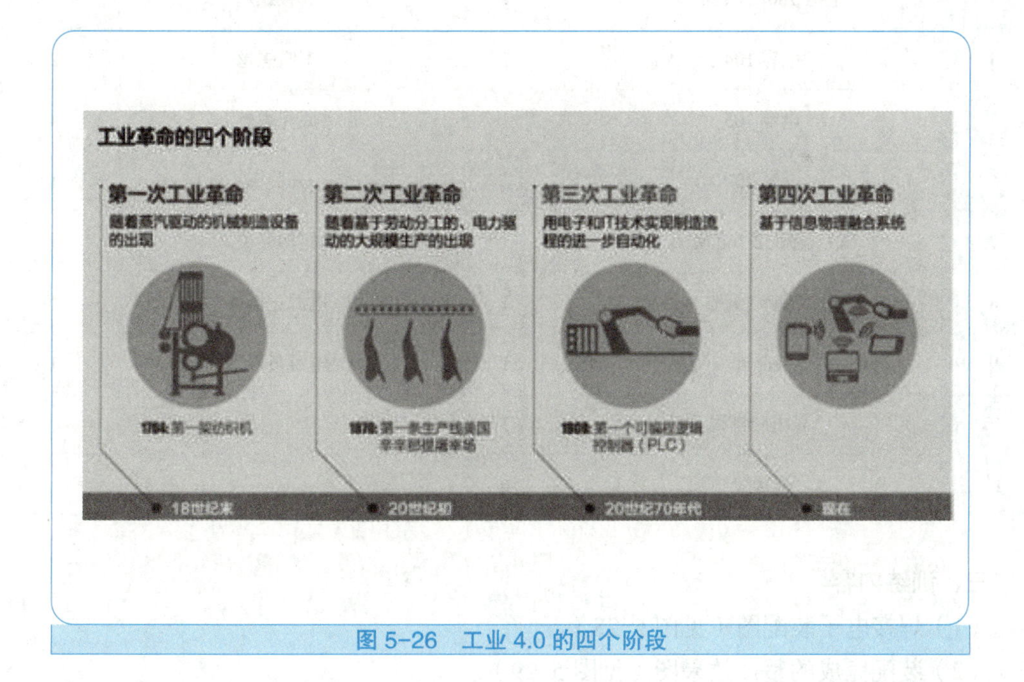

图 5-26 工业 4.0 的四个阶段

拓展训练

电子万年历DIY套件焊接训练

数字钟器件

一、训练要求

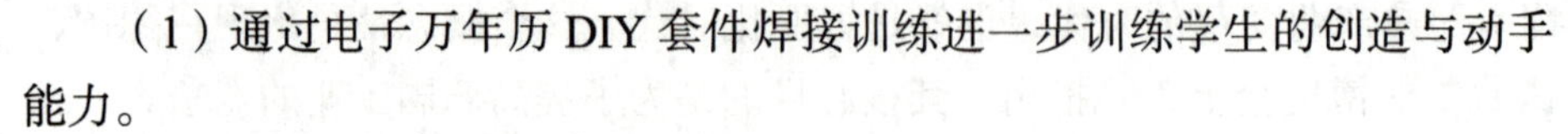

（1）通过电子万年历DIY套件焊接训练进一步训练学生的创造与动手能力。

（2）进一步熟练掌握贴片元件的焊接技巧。

（3）掌握液晶显示屏的焊接方法。

二、训练材料

训练材料详见表5-19。

表5-19 电子万年历元器件清单

序号	元件名称	数量	元件名称	数量
1	R_T 10K热敏电阻	1	电路板	1
2	电阻10K（103）	1	外壳	1
3	电阻180K（184）	1	底板螺丝	7
4	电容104	7	喇叭螺丝	2
5	电容105	1	底壳螺丝	4
6	电容20P	2	开关键	1
7	X1晶振32.768 MHz	1	轻触开关	1
8	功能转换键	1	电源正极片	1
9	液晶屏	1	电源负极片	1
10	导电胶排线	1		
11	连接线	6		

三、训练内容

（1）焊接电子装配图（见图5-28）。

（2）装配完成的整体效果图（见图5-29）。

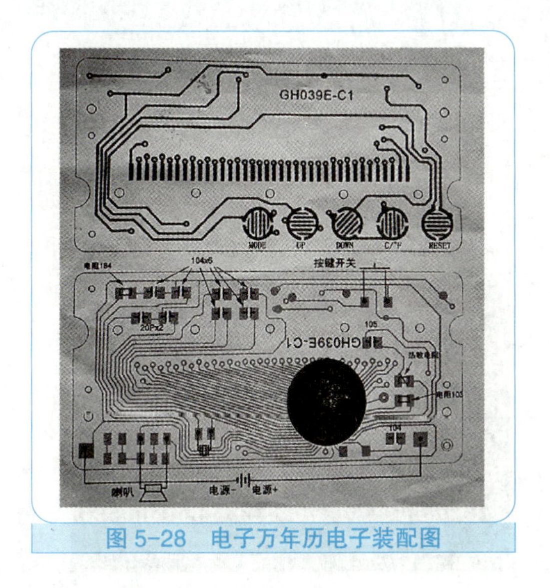

图 5-28　电子万年历电子装配图

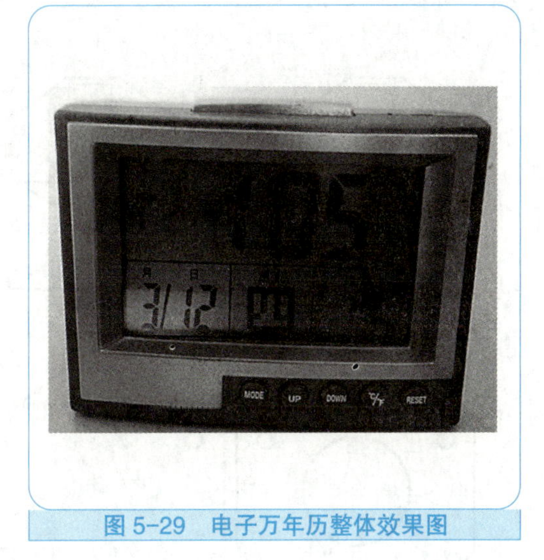

图 5-29　电子万年历整体效果图

创意DIY

会发光的 LED 项链

在这个项目中，我们将使用的主要材料是亚克力板，他可以用来雕刻你需要的图片和文字。

步骤 1　准备材料

首先，需要一个 5 毫米 LED，如图 5-30 所示。

然后你还需要自攻螺丝和电池，如图 5-31、图 5-32 所示。

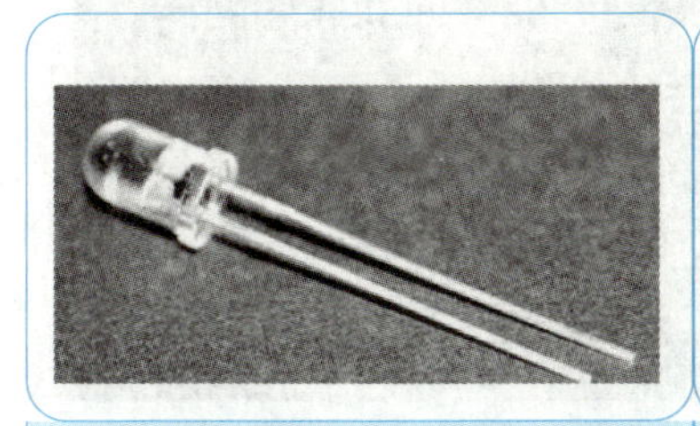

图 5-30　LED

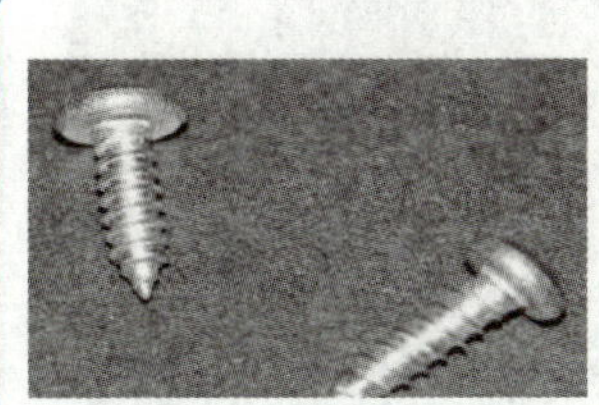

图 5-31　自攻螺丝

图 5-32　电池

步骤 2　项链图形的设计与制作

在这个项目中，我们使用 Corel 绘图工具，使用螺丝刀或激光数控系统雕刻，如图 5-33 所示。

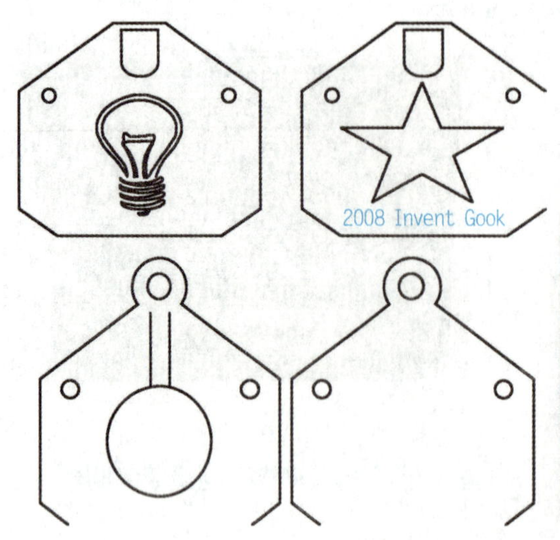

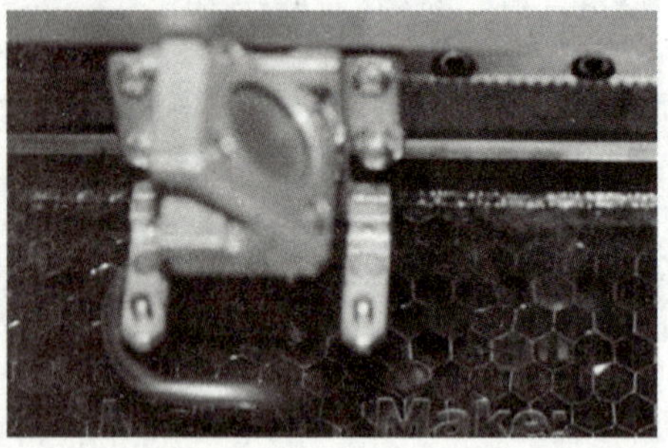

刀具生产成品层

都从激光切割机打磨，非常清晰

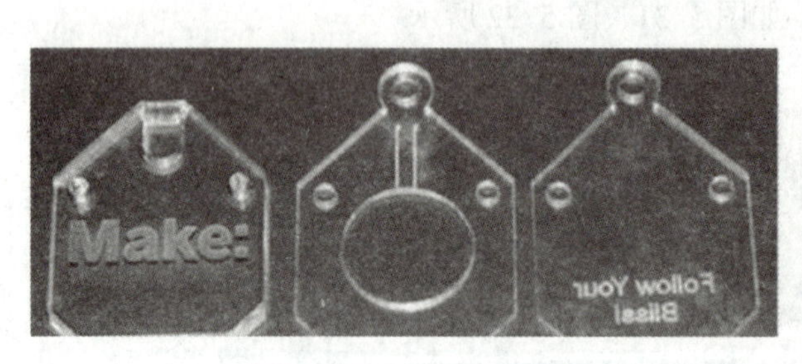

有三个层：顶部（左一）、中部（左二）、底部（右一）。在中部蚀刻小槽来安装 LED 灯和电池。在顶部和底部可以蚀刻某种有意义的语句

图 5-33　Corel 绘图工具、螺丝刀或激光数控系统雕刻

步骤3　安装LED灯（见图5-34）

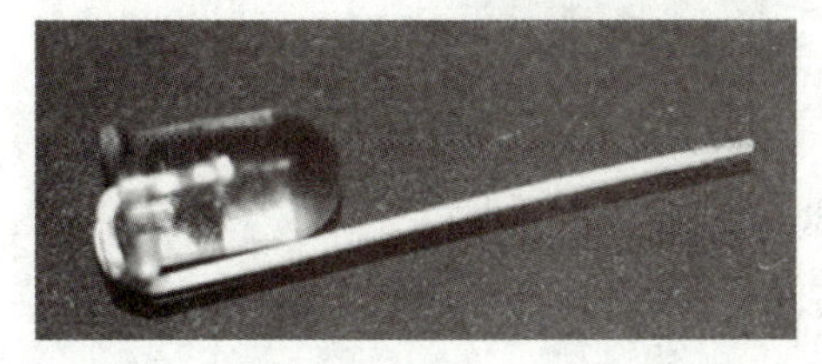

安装LED

图5-34　安装LED

步骤4　安装电池（见图5-35）

图5-35　安装电池

步骤5　发光LED项链成品展示（见图5-36）

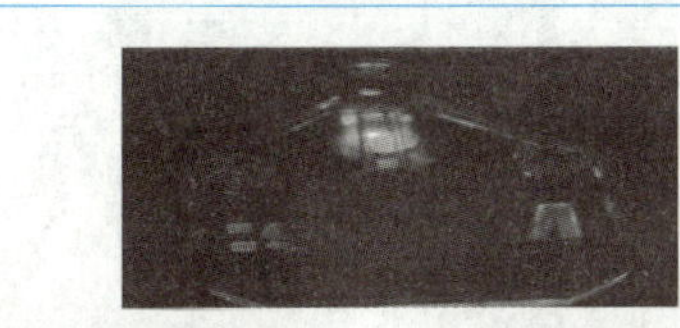

图5-36　发光LED项链成品

在这里我们可以清楚地看到LED照亮了成品项链。项链的灯光效果是潜移默化的，但漂亮的是背面上的雕刻。

综 合 篇（选学）

电子 DIY 套件的制作与调试

项目六

声光控楼道灯电路的制作与调试

段宝岩：用科学连接宇宙的尽头

项目简介

本项目介绍的是声光控楼道灯电路的制作与调试。声光控楼道灯电路是利用声波为控制源的新型智能开关，它避免了烦琐的人工开灯，同时具有自动延时熄灭的功能，更加节能，且无机械触点、无火花、寿命长，广泛应用于各种建筑的楼梯过道、洗手间等公共场所。培养学生崇尚勤俭节约、科 学用电、绿色节能环保意识。

项目实训

任务目标

（1）根据电路图列出声光控楼道灯电路所需电子元器件的材料清单。

（2）根据声光控楼道灯电路的电子元器件的清单识别相应电子元器件。

（3）熟练使用万用表检测所需的电子元器件。

（4）掌握声光控楼道灯电路的焊接及布线工艺。

（5）掌握声光控楼道灯电路的调试及检测方法。

情景描述

××学校机电工程系教学楼的过道里，有一组照明线路因线路老化需要改造成声光控延时楼道灯控制电路，学校采购了一批声光控楼道灯电路套件。学校总务处要求机电技术专业的学生来完成这一安装及调试的任务，以便师生正常使用。

任务准备

一、声光控楼道灯电路原理图的识读

电路原理图可将该电路所用的各种元器件用规定的符号表示出来，并用连线画出它们之间的连接情况，在各元器件旁边还要注明其规格、型号和参数。电路原理图主要用于分析电路的工作原理。在数字电路中，电路原理图是用逻辑符号表示各信号之间逻辑关系的逻辑图，应注意的是，在逻辑符号上没有画出电源和接地线，当逻辑符号出现在逻辑图上时，应理解为数字集成电路内部已经接通了电源。

声光报警布局

声光报警仿真

在图 6-1 所示的声光控延时楼道灯控制电路原理图中，CD4011 为四 2 输入与非门电路，其功能为有 0 出 1，全 1 出 0。交流电源 12 V 经桥式全波整流和 VD_2、电容 C_2 滤波获得直流电压 1.2×12≈14.4 V，经限流电阻 R_1，使 VS 稳压管有 U_Z=+6.2 V 稳定电压供给电路（灯亮时 U_Z 有所降低），而灯泡 L 串于整流电路中。白天时，光敏电阻 R_G 阻值较小，与非门 U1A 的 2 脚（TP_4）输入为低电平 0 态，U1A 门被封锁，即不管 U1A 的 1 脚（TP_3）为何种状态，U1A 总是输出 1，U1B 输出 0，U1C 输入端（TP_5）为 0，U1C 输出（TP_6）1，U1D 输出 0，TP_7 为低电平，单向晶闸管 VT_2 不导通。在晚上天暗时，R_G 阻值增大，TP_4 为高电平 1 态，U1A 门打开，TP_3 信号可传送。若无脚步声或掌声，驻极体话筒 MC 无动态信号。偏置电阻（R_{P2}、R_4 和 R_3）使 VT_1（NPN 三极管）导通，TP_3 为低电平 0 态，则 U1A 出 1，其余状态与上述相同，晶闸管 VT_2 控制极 G 无触发信号，故不导通，灯泡 L 不亮。

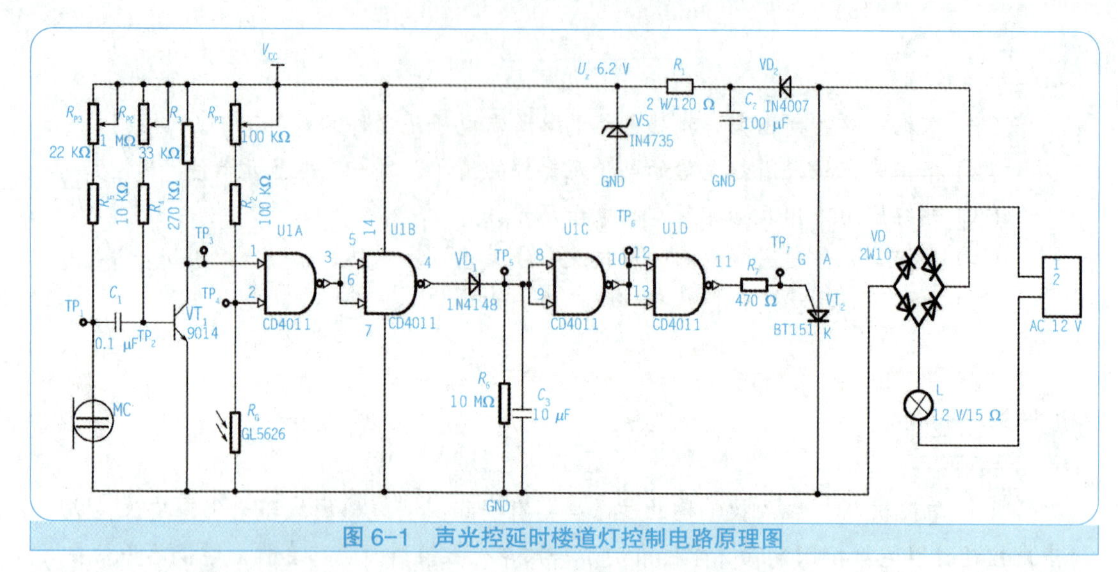

图 6-1　声光控延时楼道灯控制电路原理图

晚上当有脚步声或掌声时，驻极体话筒 MC 有动态波动信号输入到放大电路 VT_1 的基极，由于电容 C_1 的隔直通交作用，加在基极信号相对零电平有正、负波动信号，使集电极输出端 TP_3 有高电平动态信号（为 1 态），因此使 U1A 全 1 出 0 为负脉冲，而 U1B 输出 1 为正脉冲，二极管 VD_1 导通，对 C_3 充电达 5 V，TP_5 也为 1，U1C 输出 0，U1D 输出 1 为高电平，经 R_7 限流，在单向晶闸管 VT_2 控制极 G 有触发信号使 VT_2 导通，桥式全波整流电路中串联的灯泡 L 经晶闸管 VT_2 导通，灯泡 L 点亮。由于晶闸管导通后的 U_{AK} 正向压降会降至约 1.8 V，因此 VD_2 用来防止 U_Z 电压下降，避免影响控制电路电源。在脚步声消失后，电容 C_3 上的电压经过 R_6 放电过程，TP_5 电压仍为 1 态，故灯泡 L 仍亮，直到 TP_5 电压小于与非门阈值电压 $U_{TH}=\frac{1}{2}V_{CC}$ 时刻，U1C 输出 1，U1D 输出 0，当 U_{AK} 过零电压时，晶闸管 VT_2 截止，整个过程持续 30 ~ 60 s 后，灯泡 L 熄灭。

二、电子装配图的识读

声光控延时楼道灯控制电路装配图如图 6-2 所示，识读电子装配安装图时要注意以下几点：

（1）图上的元器件全部用实物表示，但没有细节，只有外形轮廓。

（2）对有极性或方向定位的元件，按照实际排列时要找出元件极性的安装位置。

（3）图上的集成电路都有管脚顺序标志，且大小和实物成比例。

（4）图上的每个元件都有代号。

（5）对某些规律性较强的器件如数码管等，有时在图上采用了简化表示方法。

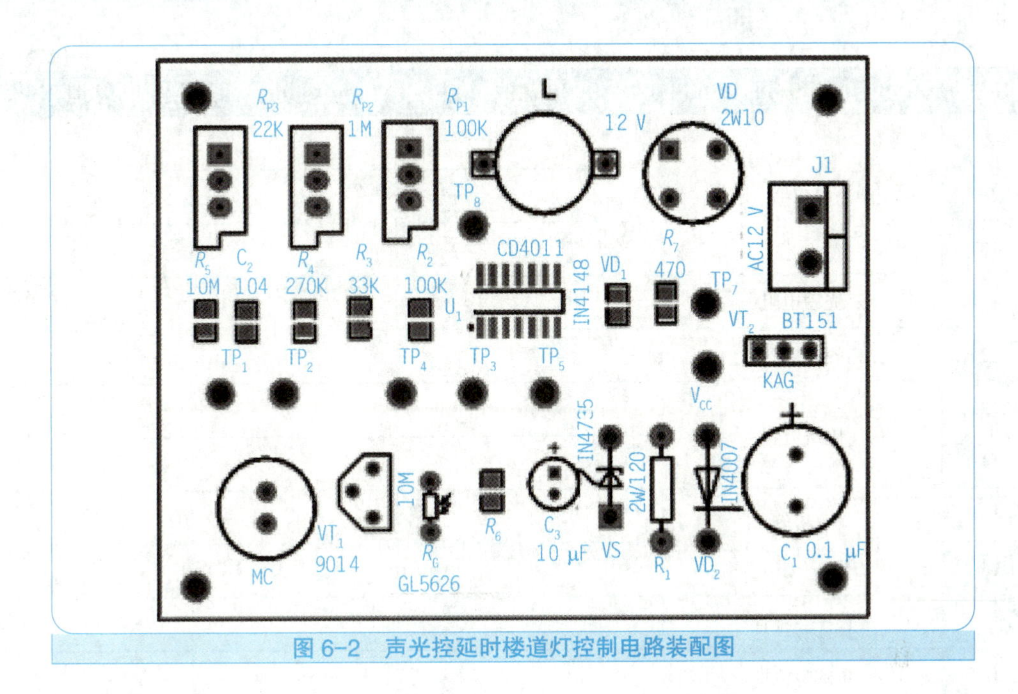

图 6-2　声光控延时楼道灯控制电路装配图

任务实训

声光控楼道灯电路的制作、调试与检测

1. 设备及工量具

万用表（指针式、数字式）、镊子、螺丝刀、电烙铁等。

2. 实训过程

步骤 1　识读元器件清单

对照图 6-2 认真清理元器件，看实际元器件与套件配套的清单是否相符，有无少或多的元器件，如果存在少元器件的情况，学生应立即报告老师进行补充。清理完毕后，填写表 6-1。

表 6-1　元器件清单

序号	名称	规格	位号	数量
1				
2				
3				
4	电阻			
5				
6				
7				

续表

序号	名称	规格	位号	数量
8	电位器			
9				
10				
11	光敏电阻			
12	瓷片电容			
13	电解电容			
14				
15	二极管			
16				
17	稳压二极管			
18	桥式整流堆			
19	三极管			
20	晶闸管			
21	灯泡			
22	灯泡座			
23	驻极体话筒			
24	集成电路			
25	IC 插座			
26	单排针			
27	电压插座			
28	杜邦电源线			
29	鳄鱼夹			
30	螺丝			
31	铜柱			
32	电路板			

步骤 2　元器件的检测

根据元器件清单，将所有要焊接的元器件检测一遍，并将检测结果填到表 6-2 中。

表 6-2 元器件检测表

序号	名称	位号	检测情况	序号	名称	位号	检测情况
1	电阻	R_1		18	桥式整流堆	VD	
2		R_2		19	三极管	VT_1	
3		R_3		20	晶闸管	VT_2	
4		R_4		21	灯泡	L	
5		R_5		22	灯泡座	配 L	
6		R_6		23	驻极体话筒	MC	
7		R_7		24	集成电路	U1	
8	电位器	R_{P1}		25	IC 插座	配 U1	
9		R_{P2}		26	单排针	$TP_1 \sim TP_7$	
10		R_{P3}				VCC，GND	
11	光敏电阻	R_G		27	电压插座	AC 12 V	
12	瓷片电容	C_1		28	杜邦电源线		
13	电解电容	C_2		29	鳄鱼夹		
14		C_3		30	螺丝		
15	二极管	VD_1		31	铜柱		
16		VD_2		32	电路板		
17	稳压二极管	VS					

步骤 3 装配

对照原理图和印制电路板，解读各元器件在印制板上的位置。装配时注意：

（1）元器件不能齐根部处理，以防折断，安装元器件时要注意极性，元器件的标注方向要一致。

（2）电阻要卧式安装（包括二极管），电容要立式安装。

（3）注意带有极性的元器件，正负极不要装错。

安装顺序：一般是按先小后大，先里后外，先低后高，先贴片后插件，先集成后分立的顺序进行安装，而且同类元器件要安装一致，有标识的元器件标识面尽量朝外安装，以便识别。

步骤 4 焊接

要进行认真的检查，有无虚焊和假焊，焊点之间有否连接，以防引起短路，烧坏集成短路。焊接完成后应剪去多余引脚，留头在焊面以上 0.5 ~ 1 mm，且不能损坏焊接面，焊接安装完成后的电路如图 6-3 所示。

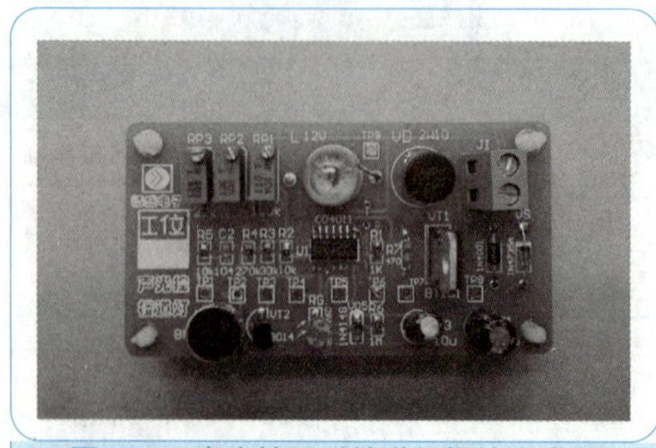

图 6-3 声光控延时楼道灯焊接完成图

步骤 5 调试

手触检查：在外观检查的基础上，采用手触检查，主要是检查元器件在印制电路板上有无松动、焊接是否牢靠、有无机械损伤。可用镊子轻轻拨动焊点看有无虚假焊，或夹住元器件的引线轻轻拉动看有无松动现象。

为了确保声光控楼道灯电路能够正常工作，也就是说要稳定、准确地反映白天、黑夜灯的变化，在完成声光控延时楼道灯控制电路的焊接与安装后，必须要对电路进行测量和调试。利用通用仪器（示波器或万用表）对电路进行测量和调整，确保电路能够实现所有功能。

测试过程记录：

测试稳压管 VS 输出端应为 6.2 V 左右，用万用表测试。

（1）将光敏电阻放在自然光照下，用万用表测量电路中各参考点电压，并记录在表 6-3 的序号 1 中。

（2）将光敏电阻用黑胶布遮光，并在拍手声过程中用示波器观察参考点电压波形状态，并观察灯的亮态，记录于表 6-3 的序号 2 中，并估算灯泡发光持续时间。

表 6-3 各参考点电压记录表

序号	测试情况工作条件	各参考点电压测试值 /V					
		TP_3	TP_4	TP_5	TP_6	TP_7	灯泡 L 的状态
1	光敏电阻受光						
2	光敏电阻遮住、有拍手声						亮态持续时间 =______s

注意事项：

（1）对光敏电阻暗阻环境要求达到夜晚光度、遮挡严实下测试。

（2）对 C_2 和 C_3 电解电容极性不能接反，在外壳有“-”号一边为负极接地。

（3）当灯亮时，电容 C_3 上的电压（TP_5）波形为直线缓慢下降，说明 C_3 在放电，当达到低电压时，延时结束，灯泡熄灭。

3. 实训交验

实训交验时请填写实训交验表，见表 1-3。

4. 实训评定

实训评定时请填写实训内容评定表，见表 6-4。

表 6-4 实训内容评定表

项目内容			配分	评分标准	扣分
1	元器件识别	（1）根据元器件清单核对所用元件的规格、型号和数量； （2）对电路板按图作线路检查和外观检查	10	（1）清点元器件，若有遗漏扣 1 分； （2）不按图进行检查或存在问题没有检查出来的扣 2 分	
2	元器件检测	（1）用万用表对元器件进行检测并判断好坏； （2）将不合格的元器件筛选出来	15	（1）不会用万用表对元器件检测的扣 3 分； （2）检查元器件方法不正确，不合格的元器件没有筛选出来的扣 1 分	
3	安装元器件	（1）元器件成型美观、整齐； （2）线路板清洁、装配美观	20	（1）元器件插件不规范、位置和方向不正确的扣 2 分； （2）元器件插错扣 1 分，插件不规范扣 1 分	
4	焊接	（1）焊点光滑，无虚焊和漏焊； （2）焊接过程中不损坏元件	30	（1）有漏焊、连焊、虚焊等不良焊点的每处扣 1 分； （2）焊接后元器件引线裸露长度不符合标准的扣 1 分； （3）焊接时损坏焊盘及铜箔的，每次扣 2 分； （4）焊接时损坏元器件的，每处扣 3 分	
5	调试	光敏电阻受光与光敏电阻遮住、有拍手声时各参考点电压测试值及灯泡 L 的状态	25	（1）方法不对的，每处扣 2 分；不会用仪器的，每处扣 2 分；操作不熟练的，每处扣 2 分； （2）不做好记录、结果不正确的，每处扣 2 分； （3）不进行项目调试的，每处扣 5 分	
6	工时定额		每超 1 课时扣 2 分		
安全文明生产			违反安全文明生产规程，扣 5 ~ 30 分		
得分					
评语	自评：		小组评：	指导老师评：	

知识拓展

智能照明

智能照明是指利用计算机、无线通信数据传输、扩频电力载波通信技术、计算机智能化信息处理及节能型电器控制等技术组成的分布式无线遥测、遥控、遥信控制系统，具有灯光亮度的强弱调节、灯光软启动、定时控制、场景设置等功能。

智能照明是智能家居范畴的重要组成部分，自苹果 iPhone、iPad 及 Android 手机和平板日益普及后，智能照明离普通消费者的家庭越来越近，从智能灯泡，到智能灯座和智能控制盒产品已经曝光，其中 Philips Hue 灯泡的出现，第一次打开了普通家庭的智能照明场景变化的神奇面纱，揭开了低功耗、环保、调光、配色的智能化家居照明新篇章。

智能照明行业自 20 世纪 90 年代进入中国市场，受市场的消费意识、市场环境、产品价格、推广力度等各方面的影响，一直处于缓慢发展的态势。近些年，随着国民经济的快速发展，特别是地产行业的高歌猛进，国内智能照明行业迅速发展，各类智能照明产品纷纷面市。

20 世纪 90 年代开始，国外智能照明系统厂商就已经在中国投资建厂。进入 21 世纪，国内智能照明厂家和商家也如雨后春笋般迅速发展，涌现出了如瑞郎、百分百照明、清华同方、索博等大小不一的几十家企业，国内智能照明行业进入一个崭新的发展阶段。但由于国外品牌智能照明系统起步早，跨国企业研发实力较强，其产品在创意、质量等方面均走在智能照明行业前端，国内智能照明市场是国外品牌的天下。国外品牌占据了国内 90% 以上的大型公用建筑（如体育场馆、写字楼、酒店等）和 70% 以上家居智能照明系统的市场份额，国内的业内企业还无法与之争锋。

与传统照明相比，智能照明可达到安全、节能、舒适、高效的目的，因此智能照明在家居领域、办公领域、商务领域及公共设施领域均有较好发展前景。中国智能照明市场并未成熟，智能照明的应用领域还主要集中在商务领域和公共设施领域，酒店、会展场馆、市政工程、道路交通领域内对智能照明的采纳使用较多；此外，办公建筑和高端别墅项目也有采用智能照明。随着国内智能照明研发生产技术的发展和产品推广力度的加大，家居领域的智能照明应用有望得以普及。图 6-4 为智能照明 RFbeam 微波感应模块。

图 6-4 智能照明 RFbeam 微波感应模块

拓展训练

四路呼吸灯电路的制作

呼吸灯，顾名思义，灯光在电路的控制之下完成由亮到暗的逐渐变化，感觉像是在呼吸。它被广泛用于数码产品、电脑、音响、汽车等各个领域，起到很好的视觉装饰效果。

一、训练要求

（1）通过对 LM358 的灵活运用来制作一个四路呼吸灯电路，通过焊接训练进一步训练学生创造与动手能力。

（2）进一步熟练掌握数字电子电路的焊接技巧。

二、训练材料

训练材料详见表 6-5。

表 6-5 四路呼吸灯电路元器件清单

序号	名称	型号规格	位号	数量
1	电阻	47	R_1、R_7	2
2	电阻	47K	R_2、R_3、R_6	3
3	电阻	75K	R_5	1
4	发光管	5 mm	LED_1 ~ LED_4	4
5	三极管	9014	VT_1	1
6	电解电容	22 μF	C_1	1
7	可调电阻	100K	R_P	1
8	LM358			1
9	说明书			1
10	电路板			1

三、训练内容

（1）电路原理图。

四路呼吸灯电路原理图如图 6-5 所示。

（2）电路实物效果图。

四路呼吸灯电路实物效果图如图 6-6 所示。

（3）PCB 板焊接效果图。

四路呼吸灯 PCB 板焊接效果图如图 6-7 所示。

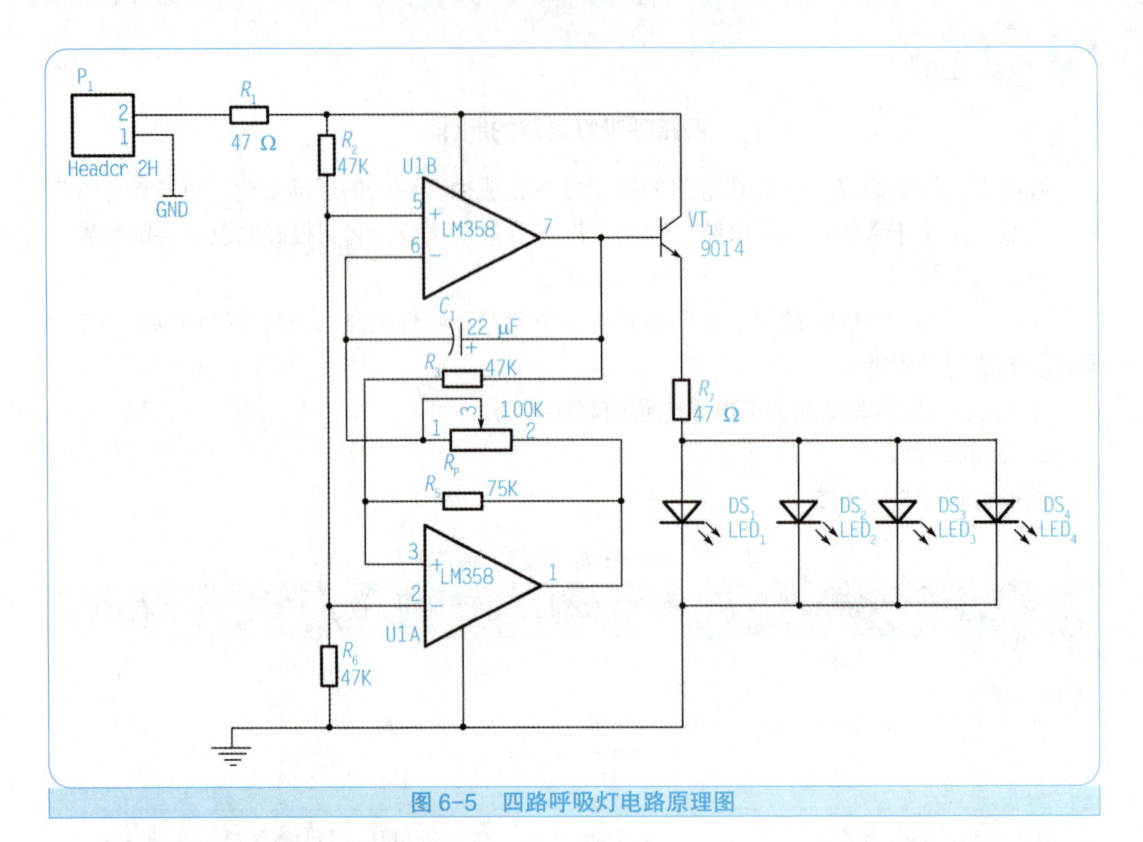

图 6-5 四路呼吸灯电路原理图

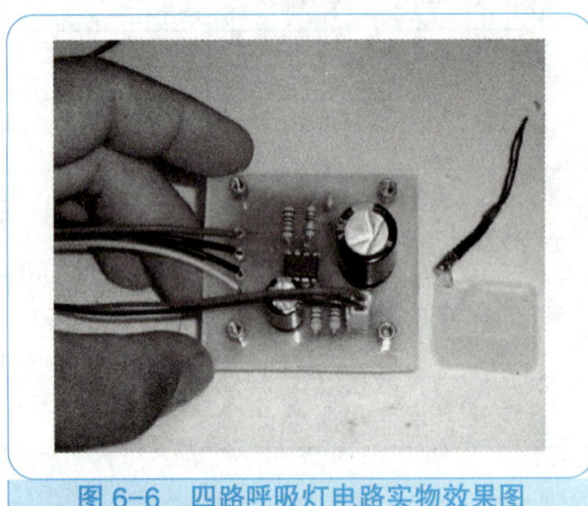

图 6-6 四路呼吸灯电路实物效果图

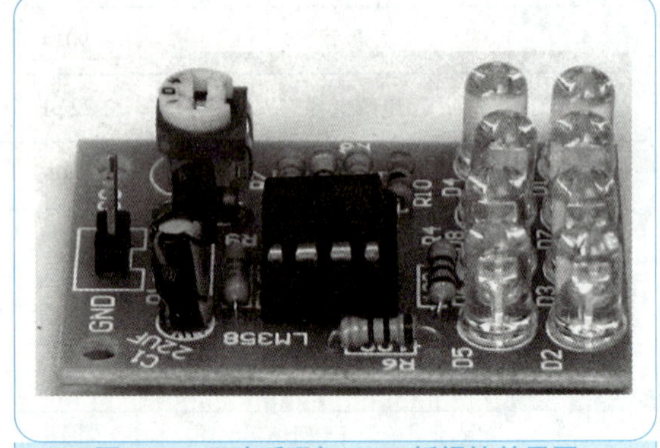

图 6-7 四路呼吸灯 PCB 板焊接效果图

创意DIY

智能变色杯垫

“葡萄美酒夜光杯，欲饮琵琶马上催。醉卧沙场君莫笑，古来征战几人回。”古诗中的夜光杯诚然不容易得到，但现在可是 21 世纪了，制作出一款同样意境的杯子不算难事。

今天我们更进一步打造一款能和任意玻璃杯交互，根据温度变色发光的杯垫，利用它将每一个玻璃杯都变成“夜光杯”。

杯垫上有 4 个彩色 LED，随着放在它上面的玻璃杯温度不同而发出不同颜色的光。

在 20 ℃以下，发出冷色调的光，在 28 ℃以上，发出暖色调的光。而当没有杯子搁在上面（在室温 20 ℃ ~ 28 ℃之间）时，它将会自动关闭。

效果是神奇的，原理却是简单的。它的主要原理就是依靠温度传感器 LM35 采集杯子温度数据，然后通过 ATtiny13V-10PU 这个 MCU 计算出对应的颜色后，以 PWM 方式调制彩色 LED，控制它变色。图 6-8 为变色杯垫视觉效果。

图 6-8 变色杯垫视觉效果

焊接上元件以后，使用透明的环氧树脂将 PCB 板封装起来，然后加工成杯垫状，如图 6-9 所示。夏天来了，一起来制作这款清凉养眼的“夜光杯”吧！

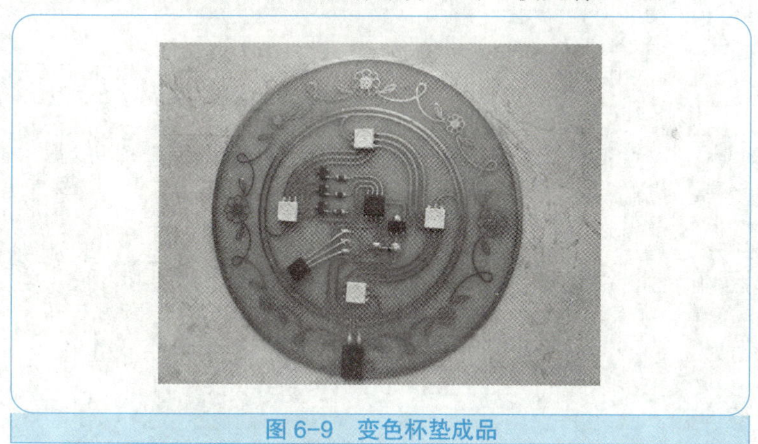

图 6-9 变色杯垫成品

项目七

苹果外观有源小音箱的制作与调试

探火总设计师张荣桥：中国航天将探索更多的星球

项目简介

本项目介绍的套件做成的成品可应用在MP3、手机、电脑等家用电器设备上，通过安装好的功放电路直接推动扬声器工作，电路用4节7号电池供电，具有体积小、携带方便、工作稳定可靠、声音效果好、苹果外观生动可爱等优点，非常适合广大电子技术爱好者装配使用。培养学生严谨认真的职业精神，开拓学生国际化视野；培养正确的科学观和价值观。

项目实训

任务目标

（1）根据电路图识别苹果外观有源小音箱所需电子元器件的材料。

（2）熟练使用万用表检测所需的电子元器件。

（3）掌握苹果外观有源小音箱的焊接及布线工艺。

（4）掌握苹果外观有源小音箱的安装方法。

情景描述

××学校机电工程系的机房里，需要安装一批电脑用的有源小音箱。学校设备处采购了一批苹果外观有源小音箱套件，希望机电技术专业的学生来完成这一安装及调试的任务，以便机房里的师生可以正常使用。要求按时完成，经过调试后可以正常使用。

任务准备

苹果外观有源小音箱电路原理图的识读

苹果外观有源小音箱的工作原理图如图 7-1 所示，通过音频线将 MP3、MP4 等设备的左、右两路音频信号输入到立体声盘式电位器的输入端，两路音频信号再分别经过 R_1、C_1、R_4、C_4 耦合到功率放大集成电路 D2822 的输入端 6、7 脚，经过 IC_1（D2822）内部功率放大后由其 1、3 脚输出经过放大后的音频信号以推动左、右两路扬声器工作。电路中的发光二极管 LED（VD_1）起电源通电指示作用。拨动开关 K_1 可以控制电源的开或关。直流电源插座 DC 起电路可以外接电源的作用。电位器 VOL 是用来控制音量大小的。

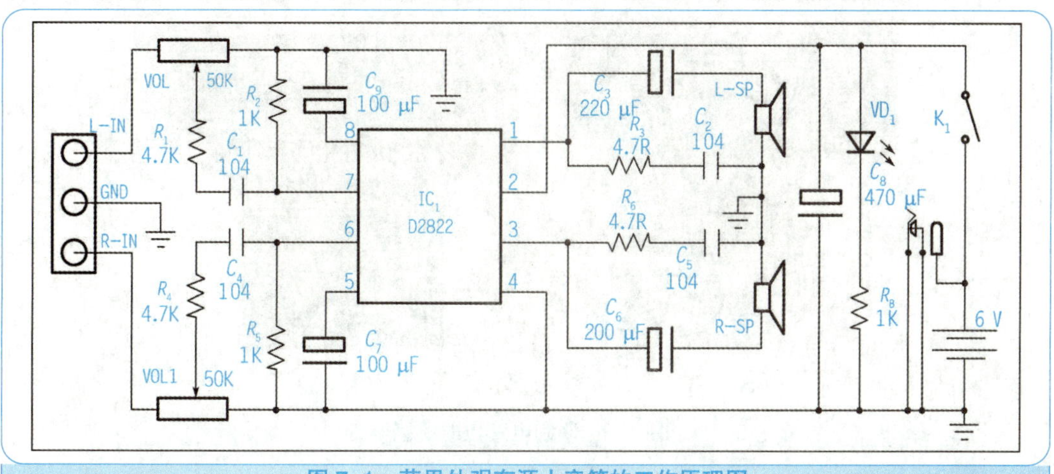

图 7-1 苹果外观有源小音箱的工作原理图

任务实训

实训：苹果外观有源小音箱的制作、调试

1. 设备及工量具

万用表（指针式、数字式）、镊子、螺丝刀、电烙铁等。

2. 实训过程

步骤 1　识别清点元器件

元器件的识别与清点如图 7-2 所示。

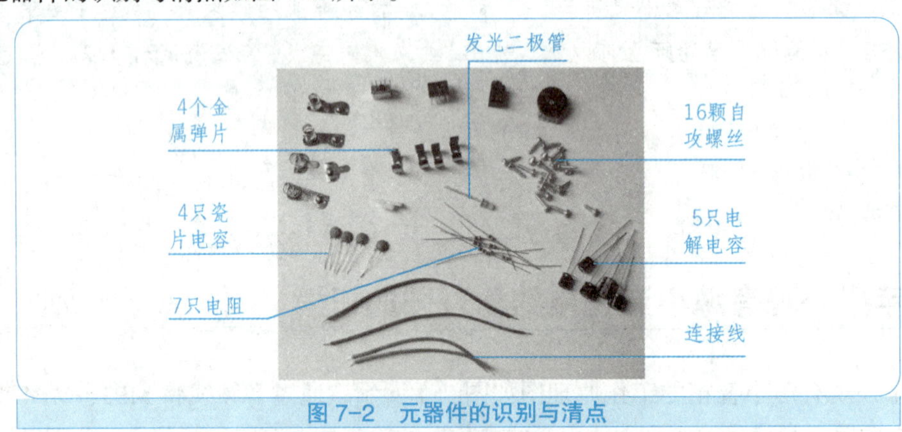

图 7-2　元器件的识别与清点

注：拿到套件后，放到盒子中，认真清点，防止丢失！

步骤 2　识读印制电路板

识读如图 7-3 所示的印制电路板。

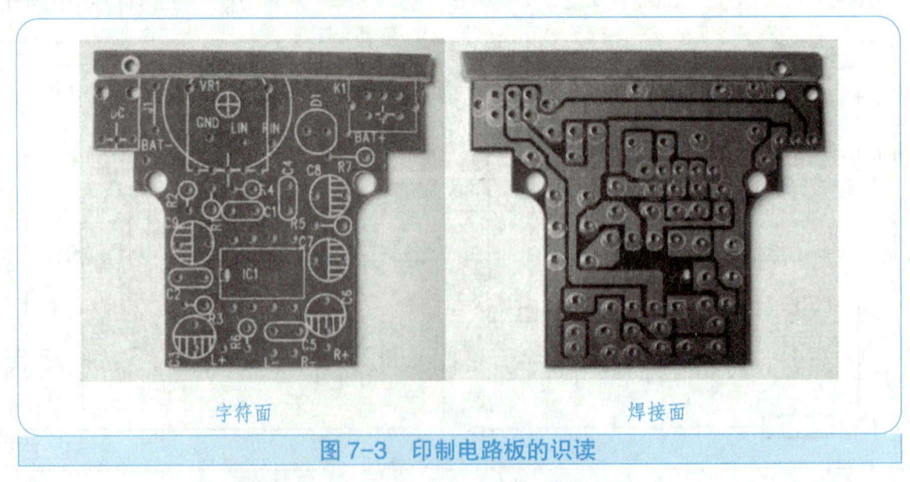

图 7-3　印制电路板的识读

步骤 3 印制电路板的焊接

（1）焊接电阻器，如图 7-4 所示。

（2）焊接电位器，如图 7-5 所示。

图 7-4 电阻的焊接

图 7-5 电位器的焊接

（3）焊接瓷片电容器，如图 7-6 所示。

图 7-6 瓷片电容器的焊接

（4）焊接集成电路，如图 7-7 所示。

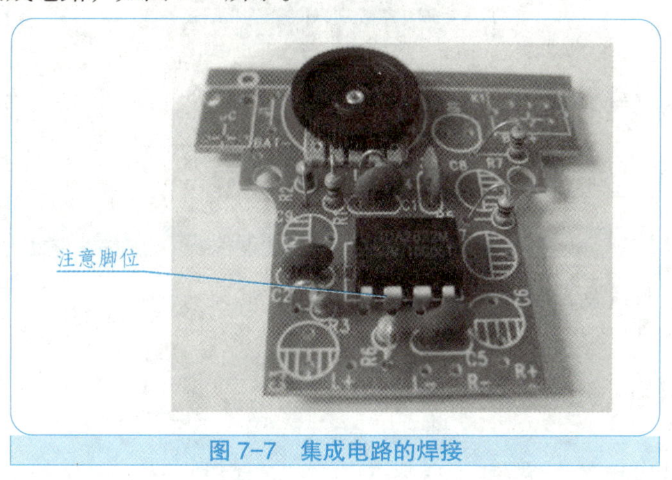

图 7-7 集成电路的焊接

（5）焊接电解电容，如图 7-8 所示。

图 7-8 电解电容器的焊接

（6）焊接发光二极管，如图 7-9 所示。

图 7-9 发光二极管的焊接

（7）焊接电源开关及插座，如图 7-10 所示。

图 7-10 电源开关及插座的焊接

（8）焊接电源线及音频线，如图 7-11 所示。

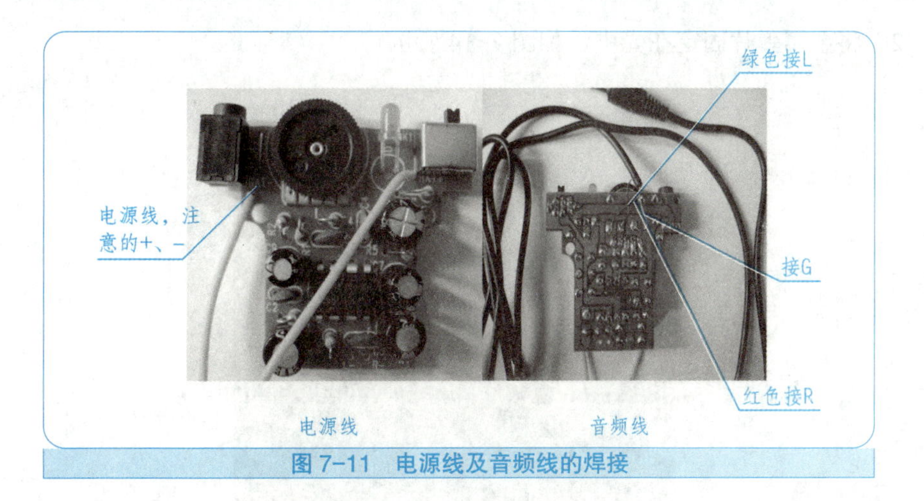

图 7-11 电源线及音频线的焊接

（9）焊接扬声器，如图 7-12 所示。

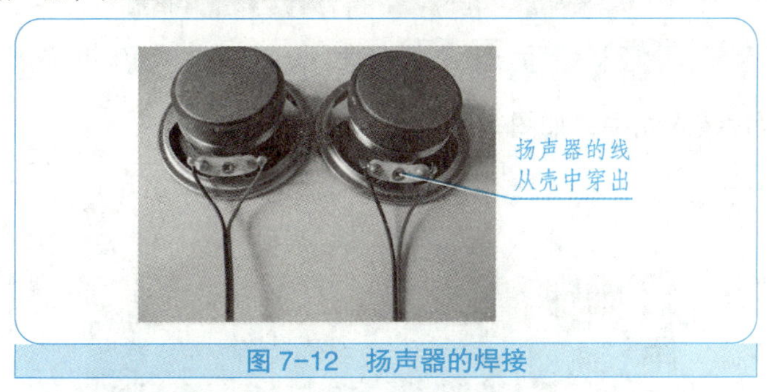

图 7-12 扬声器的焊接

步骤 3 小音箱的安装

（1）用热风枪烫压扬声器周围的塑料将其固定在壳中，如图 7-13 所示。

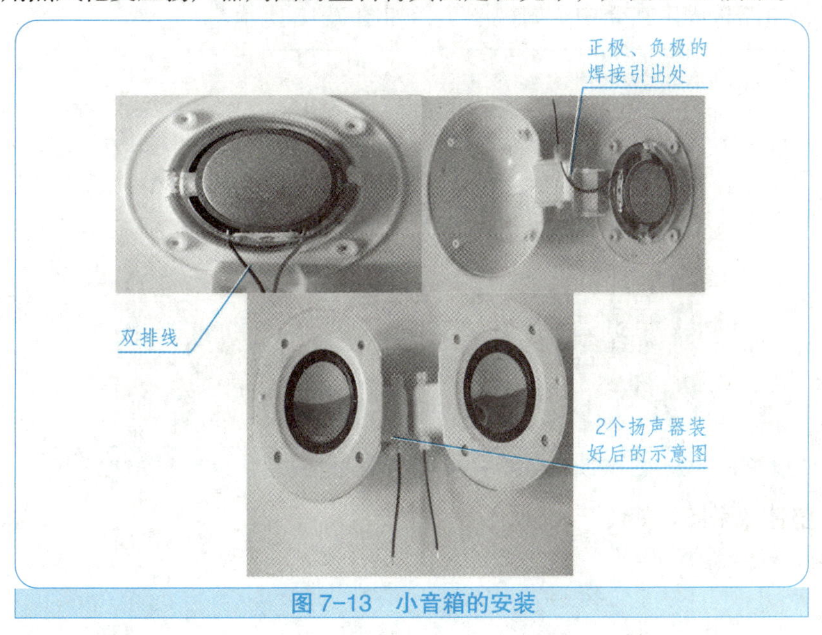

图 7-13 小音箱的安装

（2）将金属弹片固定在壳中，如图 7-14 所示。

图 7-14　金属弹片的固定

（3）将电池片装入壳中，如图 7-15 所示。

图 7-15　电池片的安装

（4）将电路板固定在壳中（俯视图），如图 7-16 所示。

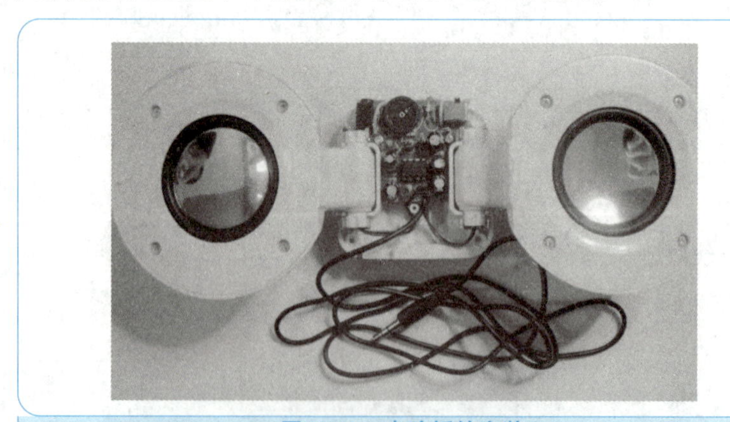

图 7-16　电路板的安装

（5）整体效果图，如图 7-17 所示。

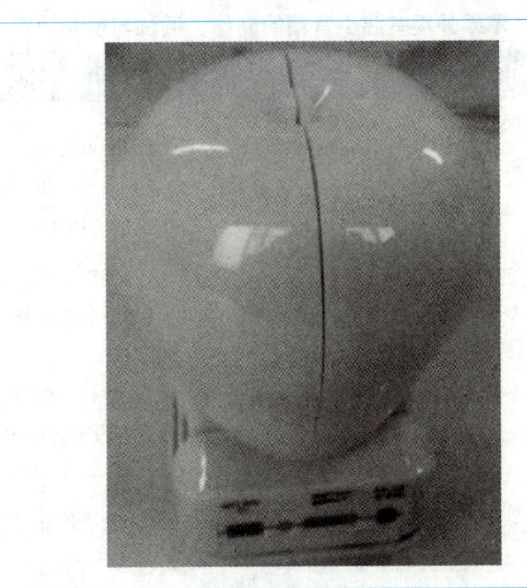

图 7-17 整体效果图

步骤 4 小音箱的调试

安装完毕后，用 4 节 7 号电池装入小音箱并将其接在电脑上进行调试，将调试内容填入表 7-1 中。

表 7-1 苹果外观有源小音箱的调试

调试内容	调试结果	调试中遇到的问题	处理方法

3. 实训交验

实训交验时请填写实训交验表，见表 1-3。

4. 实训评定

实训评定时请填写苹果外观有源小音箱的制作、调试与检测评定表，见表 7-2。

表 7-2 苹果外观有源小音箱的制作、调试与检测评定表

项目内容			配分	评分标准	扣分
1	元器件识别	（1）根据元器件清单核对所用元件的规格、型号和数量； （2）对电路板按图作线路检查和外观检查	10	（1）清点元器件，若有遗漏扣 1 分； （2）不按图进行检查或存在问题没有检查出来的扣 2 分	
2	元器件检测	（1）用万用表对元器件进行检测，并判断好坏； （2）将不合格的元器件筛选出来	15	（1）不会用万用表对元器件检测的扣 3 分； （2）检查元器件方法不正确，不合格的元器件没有筛选出来的扣 1 分	
3	安装元器件	（1）元器件成型美观、整齐； （2）线路板清洁，装配美观	20	（1）元器件插件不规范、位置和方向不正确的扣 2 分； （2）元器件插错扣 1 分，插件不规范扣 1 分	
4	焊接	（1）焊点光滑，无虚焊和漏焊； （2）焊接过程中不损坏元件	30	（1）有漏焊、连焊、虚焊等不良焊点的，每处扣 1 分； （2）焊接后元器件引线裸露长度不符合标准的扣 1 分； （3）焊接时损坏焊盘及铜箔的，每次扣 2 分； （4）焊接时损坏元器件的，每次扣 3 分	
5	调试	小音箱的调试	25	（1）方法不对的，每次扣 2 分；不会用仪器的，每次扣 2 分；操作不熟练的，每次扣 2 分； （2）不做好记录、结果不正确的，每处扣 2 分； （3）不进行项目调试的，每次扣 5 分	
6	工时定额		每超 1 课时扣 2 分		
安全文明生产			违反安全文明生产规程的扣 5 ~ 30 分		
得分					
评语	自评：		小组评：	指导老师评：	

知识拓展

脑－机接口技术

脑－机接口是在人脑与计算机或其他电子设备之间建立的直接的交流和控制通道，通过这种通道，人就可以直接通过脑来表达想法或操纵设备，而不需要语言或动作，这可以有效增强身体严重残疾的患者与外界交流或控制外部环境的能力，以提高患者的生活质量。脑－机接口技术是一种涉及神经科学 、信号检测、信号处理、模式识别等多学科的交叉技术。

脑－机接口技术的研究具有重要的理论意义和广阔的应用前景。由于脑－机接口技术的发展起步较晚，相应的理论和算法很不成熟，对其应用的研究很不完善，有待于更多的科技工作者致力于这一领域的研究工作。随着技术的不断完善和成熟，脑－机接口技术将会逐步地应用于现实，并为仿生学开辟新的应用领域。

拓展训练

太阳能电子风铃创意焊接训练

一、训练要求

（1）通过太阳电子风铃创意焊接训练进一步提高学生的创造与动手能力。

（2）进一步熟练掌握焊接技巧。

二、训练材料

训练材料详见表 7-3。

表 7-3 太阳能电子风铃元器件清单

序号	元件名称	数量
1	太阳能电池板（4 V）	1
2	电容（2 200 μF）	4
3	MN1381-L	1
4	三极管 8050	1
5	三极管 8550	1
6	二极管	2
7	电阻（1K）	2
8	电磁线圈	1
9	洞洞板	1
10	风铃	1
11	钕铁硼磁铁	1
注：风铃宜选用日式江户风铃，这种风铃通体以玻璃制成，所以不会影响磁力线通过。		

三、训练内容

（1）焊接电子电路原理图（见图 7-18）。

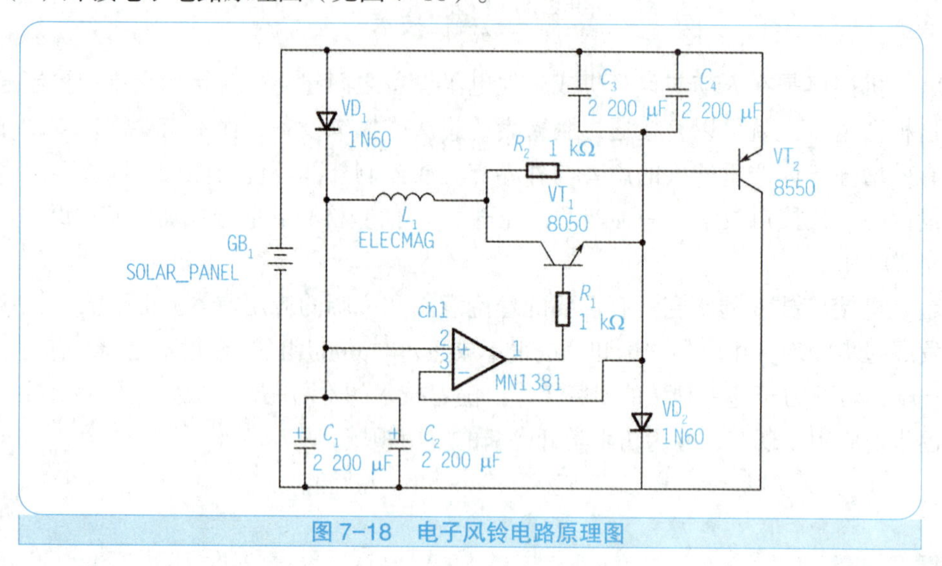

图 7-18 电子风铃电路原理图

（2）装配完成的整体效果图（见图 7-19）。

图 7-19 电子风铃整体效果图

创意DIY

日常用品也可以“发声”

生活中的大喇叭和小耳机，每个人都非常熟悉。但不知你有没有想过，无论是布料、纸页、木片、还是贝壳，都能在一些经简易地改造之后变身扬声器呢？只要自制一个平面线圈，再加上一个大磁铁，就可以让一些再普通不过的日常物品发出或许微小、却很动人的声音。图 7-20 为一个平面扬声器的设计。

电磁感应现象是电磁式扬声器的基础。给平面线圈通电的时候，线圈可以等效为一个电磁铁。当通入电流变化时，线圈产生的磁力变化，受到固定磁体的吸引 / 排斥，运动的线圈带动基材运动，将振动传播到空气中，就形成了我们听到的声音。

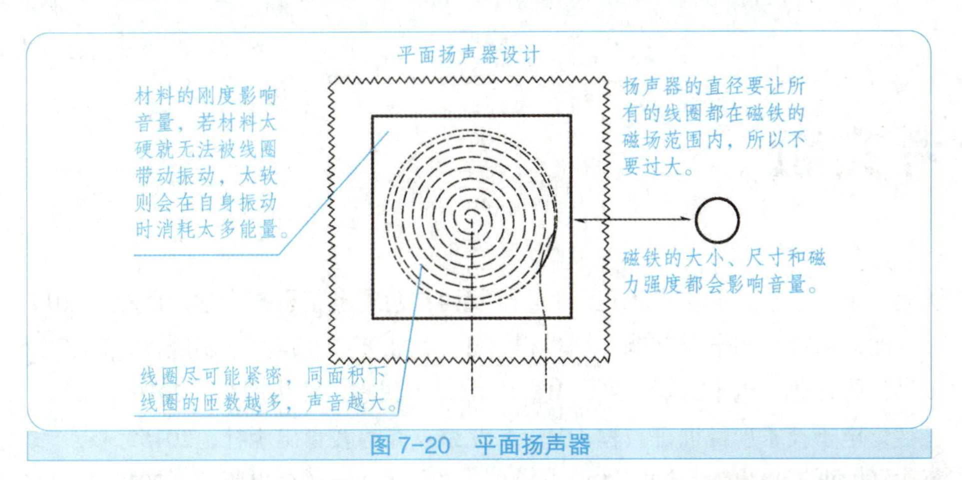

图 7-20　平面扬声器

如图 7-21 所示，若用铜箔直接裁下或者腐蚀出需要的形状线圈，在纸片或者布片上粘牢就行。引出线可以直接焊在上面。最后的工序是把做好的导电线圈固定在强磁铁的磁极附近，建议做一个坚实不易变形的支架，把线圈挂在磁铁上方，并且把线圈和磁铁都和支架粘结实。固定好以后，接上电源试试吧。自制的扬声器需要的功耗比较大，所以一般需要一级功率放大电路来驱动。

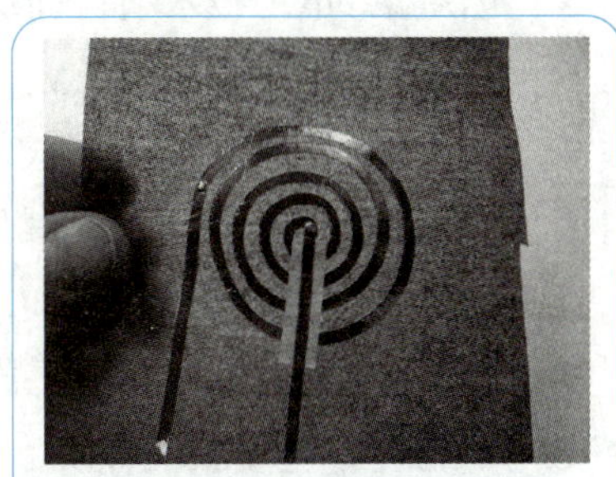

图 7-21　纸和铜箔的搭配

最后完成的扬声器实物图如图 7-22 所示。

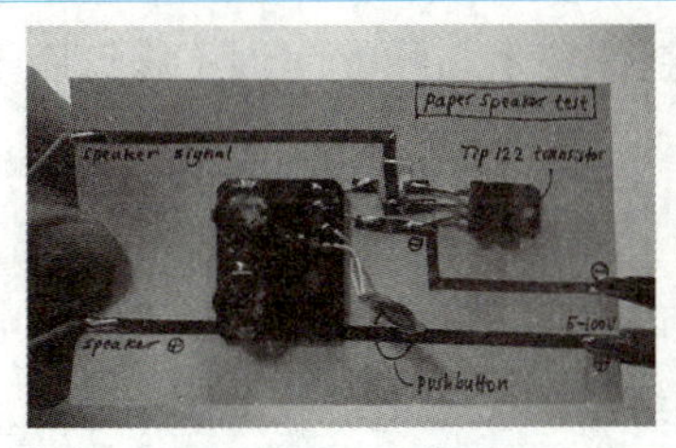

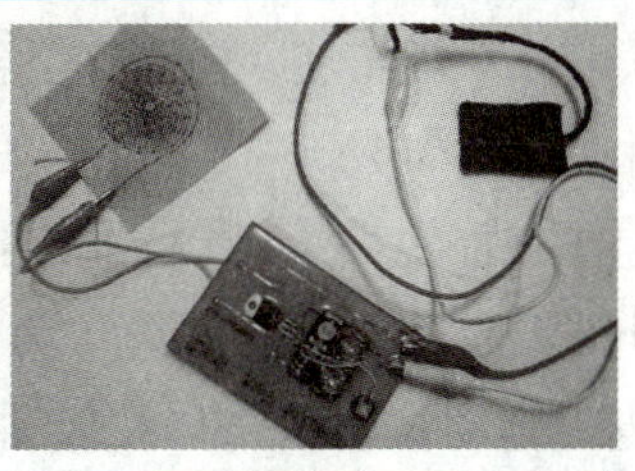

图 7-22　扬声器实物图

参考文献

[1] 顾涵. 电工电子技能实训教程 [M]. 陕西：西安电子科技大学出版社，2017.

[2] 孙玉丽. 对口单招电子技能实训教程 [M]. 江苏：苏州大学出版社，2017.

[3] 王晔，陈计葱. 电子技能实训 [M]. 北京：机械工业出版社，2016.

[4] 王猛. 电子技术项目训练教程 [M]. 北京：高等教育出版社，2015.

[5] 范次猛. 电工技术项目训练教程 [M]. 北京：高等教育出版社，2015.

[6] 谢飞. 电子技能实训 [M]. 北京：机械工业出版社，2015.

[7] 钱琴梅，金明星. 电子技能实训 [M]. 北京：中国劳动社会保障出版社，2014.

[8] 余寒. 电动机继电控制线路安装与检修 [M]. 北京：中国劳动社会保障出版社，2013.

[9] 王春霞，朱延枫. 电子元器件手工焊接技术 [M]. 北京：机械工业出版社，2013.

[10] 殷志坚. 电子技能训练 [M]. 湖南：中南大学出版社，2013.

[11] 张敏. 照明线路安装与检修 [M]. 北京：中国劳动社会保障出版社，2012.

[12] 卢孟常. 电工电子技能实训项目教程 [M]. 北京：北京大学出版社，2012

[13] 孙余凯，吴鸣山，项绮明. 电子产品制作技术与技能实训（修订版）[M]. 北京：电子工业出版社，2012.

[14] 赵妮娜. 电子技能实训 [M]. 北京：机械工业出版社，2011.

[15] 谭克清. 电子技能实训：初级篇（第2版）[M]. 北京：人民邮电出版社，2010.

[16] 李敬梅. 电力拖动控制线路与技能训练 [M]. 北京：中国劳动社会保障出版社，2007.